彩图 1　色彩变化

(a)　　　　　　(b)　　　　　　(c)

(a) 平涂；(b) 加深背光区；(c) 画投影

彩图 2　彩色铅笔着色步骤

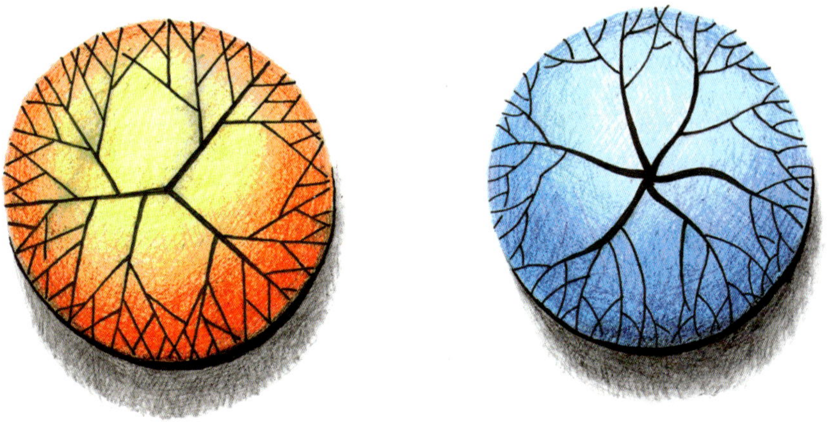

彩图 3　彩色铅笔着色的树例示例

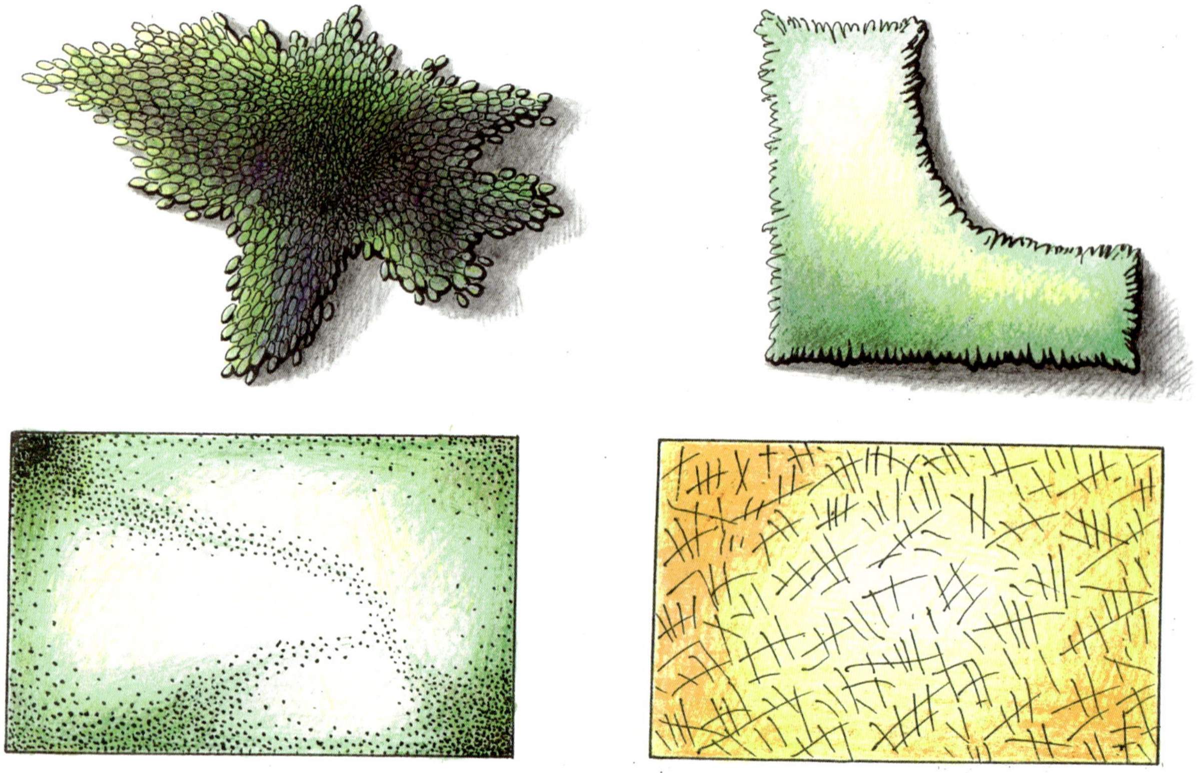

彩图 4　灌木丛、草坪、地被彩色铅笔着色示例

彩图 5　砖、石板、置石、水体彩色铅笔着色示例

(a)　　　　　　(b)　　　　　　(c)

(a) 先平涂整个树例；（b）叠加树例暗部；（c）用灰色马克笔画投影，强调暗部，加强空间感

彩图 6　马克笔着色步骤

彩图 7　马克笔着色的树例示例

彩图 8　灌木丛、草坪、地被马克笔着色示例

彩图 9　砖、石板、置石、水体马克笔着色示例

（a）　　　　　　　　　　　　　　　　　　（b）

（a）点画强调：用马克笔在平涂上点画处理，形成不同虚实感觉；（b）铅笔强调：马克笔平涂后

彩图 10　强调

高职高专教育"十三五"规划建设教材

园林制图与识图

第2版

常会宁　武　新　主编

中国农业大学出版社
·北京·

内容简介

全书包括有关园林制图与识图的基础知识、原理、基本绘图方法和专业制图技能。本书以实用和适用为原则，充分满足高职园林技术专业和园林工程技术专业园林制图与识图课程教学对学生专业技能培养的要求。本书吸收了当前园林制图与识图的最新案例，内容丰富、实例典型、图文并茂、步骤详细。通过大量的实际案例训练，循序渐进，使读者能轻松入门，熟练掌握园林规划设计方案和园林工程施工图纸的绘制和识读方法，可迅速提高岗位技能。

本书可作为高职高专院校、本科院校举办的职业技术学院园林技术和园林工程技术专业及相关专业教材，也可作为五年制高职、成人教育园林及相关专业教材，也可供从事园林规划设计、园林工程施工的技术人员参考。

图书在版编目(CIP)数据

园林制图与识图/常会宁，武新主编. —2版. —北京：中国农业大学出版社，2015.8(2021.8重印)
ISBN 978-7-5655-1312-1

Ⅰ.①园… Ⅱ.①常…②武… Ⅲ.①造园林-制图-高等职业教育-教材②造园林-识图-高等职业教育-教材 Ⅳ.①TU986.2

中国版本图书馆CIP数据核字(2015)第156843号

书　名 园林制图与识图 第2版
作　者 常会宁 武 新 主编

策划编辑 张 玉 姚慧敏　　**责任编辑** 洪重光
封面设计 郑 川　　**责任校对** 王晓凤
出版发行 中国农业大学出版社
社　址 北京市海淀区圆明园西路2号　　**邮政编码** 100193
电　话 发行部 010-62731190，2620　　读者服务部 010-62732336
编辑部 010-62732617，2618　　出 版 部 010-62733440
网　址 http://www.cau.edu.cn/caup　　**e-mail** cbsszs @ cau.edu.cn
经　销 新华书店
印　刷 涿州市星河印刷有限公司
版　次 2015年8月第2版　2021年8月第5次印刷
规　格 889×1194　16开本　12.75印张　378千字　彩插2
定　价 36.00元

编写人员
CONTRIBUTORS

主　编　常会宁　武　新

副主编　韩亚利　韩学颖　苏　丹

编　者　（按姓氏笔画排列）

王　蜜　辽宁农业职业技术学院
代明慧　黑龙江职业学院
卢伟娜　河南农业职业学院
刘睿颖　黑龙江农业职业技术学院
苏　丹　辽宁农业职业技术学院
陈　婕　保定职业技术学院
邱李梅　黑龙江生物科技职业学院
肖娇娣　娄底职业技术学院
武　新　辽宁农业职业技术学院
胡江川　廊坊职业技术学院
徐国柱　黑龙江生态工程职业学院
常会宁　辽宁农业职业技术学院
韩亚利　河北政法职业学院
韩学颖　辽宁农业职业技术学院

前言 PREFACE

高职高专教育应该以服务为宗旨，以就业为导向，走产学研结合的道路。现在高职高专教育教学改革进入到课程建设层面。而教材建设是课程改革的重要内容，也是反映教学改革成果的窗口。根据教育部《关于加强高职高专教育教材建设的若干意见》的有关精神，按照培养高技能型园林建设人才的具体要求，园林制图与识图教材的编写，要以基础知识够用为度，以实用为原则；要以基本绘图方法和专业制图能力培养为主线，并使这条主线始终贯穿于整个教材内容中。园林制图与识图课程是高职高专园林技术和园林工程技术专业学生必修课之一，是专业基础课。通过本课程的学习，使学生知道有关园林制图的规范和标准；掌握园林制图的基础知识和原理；熟练掌握园林制图与识图的基本方法；能够熟练地阅读和绘制园林规划设计、园林工程施工图纸，并具有一定的专业制图和识图能力。因此，本课程在专业教育中具有重要地位。学好本门课程可迅速提高学生的岗位能力，这是本教材的特色。

园林制图与识图课程是园林规划设计、园林工程技术和园林建筑设计等专业课程的基础，在编写过程中必须处理好与这三门课程在内容上的前后衔接关系，并处理好与园林美术、园林测量和园林计算机辅助设计等课程在内容上的分工。

本教材内容共分 8 章，另外有附录部分。第 1 章园林制图基础知识，内容有园林制图的主要工具及其使用方法和制图标准。第 2 章制图基本技能，内容包括几何图形画法、徒手画图、平面图形绘制及绘图步骤和方法。第 3 章投影作图，介绍投影知识及剖面图与断面图的区别和画法。第 4 章轴测和透视投影，介绍轴测图和透视图的绘制方法和技巧。第 5 章园林要素表现技法，分别介绍园林植物、山石、地形设计、园路、水体和建筑小品的表现方法。第 6 章园林设计图绘制，介绍园林规划设计总平面图，种植设计图和园林建筑平、立、剖面图的绘制方法和技能。第 7 章园林工程施工图的识读，分别介绍园林竖向设计、园路、假山、水景和园林建筑工程图纸的识读方法。第 8 章结构和设备施工图识读，除介绍有关结构施工图的基础知识外，重点介绍园林建筑基础施工图、给排水工程施工图和电气工程施工图的识读方法。附录Ⅰ中简要介绍园林要素色彩表现技法，附录Ⅱ中收集了与本课程有关的园林制图典型案例，附录Ⅲ为常用建筑材料图例，附录Ⅳ为 CJJ 67—95 风景园林图例图示标准，可供教师、学生或读者阅读参考，为学生进一步学习奠定基础。

本教材由辽宁农业职业技术学院常会宁和武新主编，河北政法职业学院韩亚利、辽宁农业职业技术学院韩学颖和苏丹为副主编。具体编写分工如下：黑龙江职业学院代明慧编写第 1 章；黑龙江生物科技职业学院邱李梅编写第 2 章；河南农业职业学院卢伟娜和保定职业技术学院陈婕编写第 3 章；廊坊职业技术学院胡江川和河北政法职业学院韩亚利编写第 4 章；黑龙江生态工程职业学院徐国柱编写第 5 章；辽宁农业职业技术学院韩学颖和黑龙江农业职业技术学院刘睿颖编写第 6 章；辽宁农业职业技术学院苏丹和武新编写第 7 章和第 8 章；辽宁农业职业技术学院王蜜编写各章技能训练部分；娄底职业技术学院肖娇娣编写附录Ⅰ～Ⅳ部分。本书由常会宁和武新负责全书统稿工作。

本书在编写过程中参阅了相关的出版物和一些地方园林建设图纸资料，在此特向有关作者和单位表示感谢。

编　者

2015 年 5 月

目录 CONTENTS

Chapter 1

第1章

园林制图基础知识

学习目标

认识常用绘图工具并会正确使用；

了解国家制图标准；

掌握仿宋字基本写法，掌握尺寸标注和索引方法。

园林制图是风景园林设计的基本语言，是园林技术专业和园林工程技术专业学生必须掌握的基本技能。学习园林制图不仅应掌握常用制图工具的使用方法，以保证制图的质量和提高作图的效率，还必须遵照有关的制图标准，以保证制图的规范化。

1.1 绘图工具及其使用

在绘制园林图样时，了解常用绘图工具，掌握其正确使用的方法，是提高绘图水平和保证绘图质量的重要条件。

1.1.1 绘图板

绘图板用来固定图纸，一般用胶合板制成，板面要平整。短边为工作边（丁字尺导向边），要平直，如图1-1所示。绘图板有几种规格，其尺寸比同号图纸尺寸略大。绘图板不可受潮或高热，以防板面翘曲或破裂。

1.1.2 丁字尺

丁字尺由尺头和尺身组成，尺头与尺身固定成 90°，多是用有机玻璃制成的，按长度分1 200 mm、900 mm、600 mm 三种规格，如图 1-1 所示。

使用丁字尺画线时，尺头应紧靠图板左边，以左手扶尺头，使尺沿图板导向边上下移动，如图 1-2 所示。

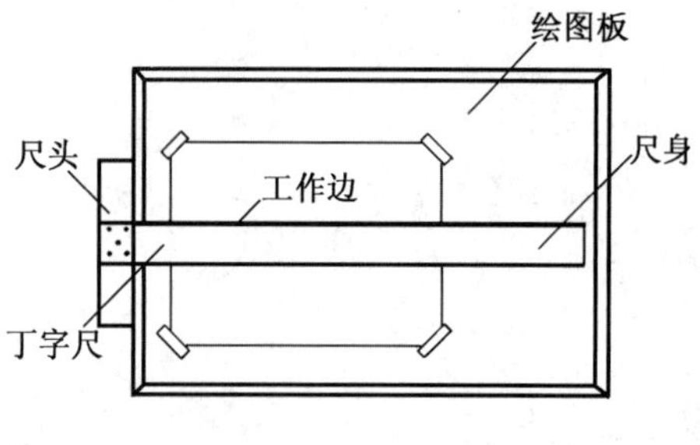

图 1-1 绘图板与丁字尺

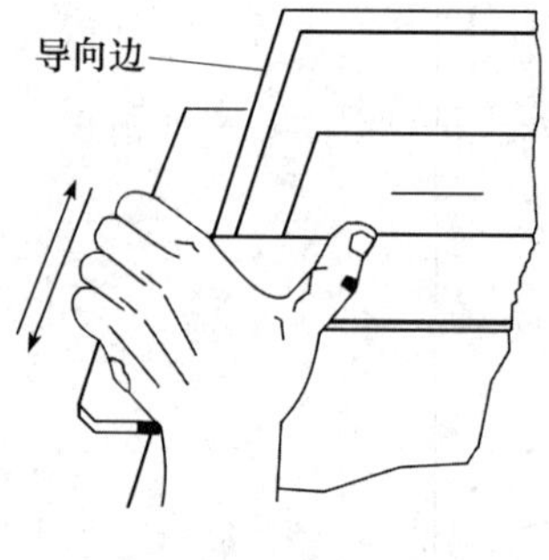

图 1-2 丁字尺的移动

丁字尺的尺身上有刻度的一侧称为工作边，用来画水平线、长斜线或配合三角板画铅垂线，如图 1-3 所示。

图板只有一个导向边，勿把丁字尺的尺头靠在图板的其他边上，应注意保护丁字尺的工作边，保证其平整光滑。丁字尺的错误用法如图 1-4 所示。不用时应将丁字尺装在尺套内悬挂起来，防止压弯变形。

1.1.3 三角板

一副三角板有 45°和 30°、60°的各一块，一般用有机玻璃制成，使用时宜选用板面略厚、两直角边斜坡、边上有刻度或有量角刻线的三角板。

三角板与丁字尺配合使用，可画垂直线及 15°、30°、45°、60°、75°等各种斜线，如图 1-5 所示。三角板

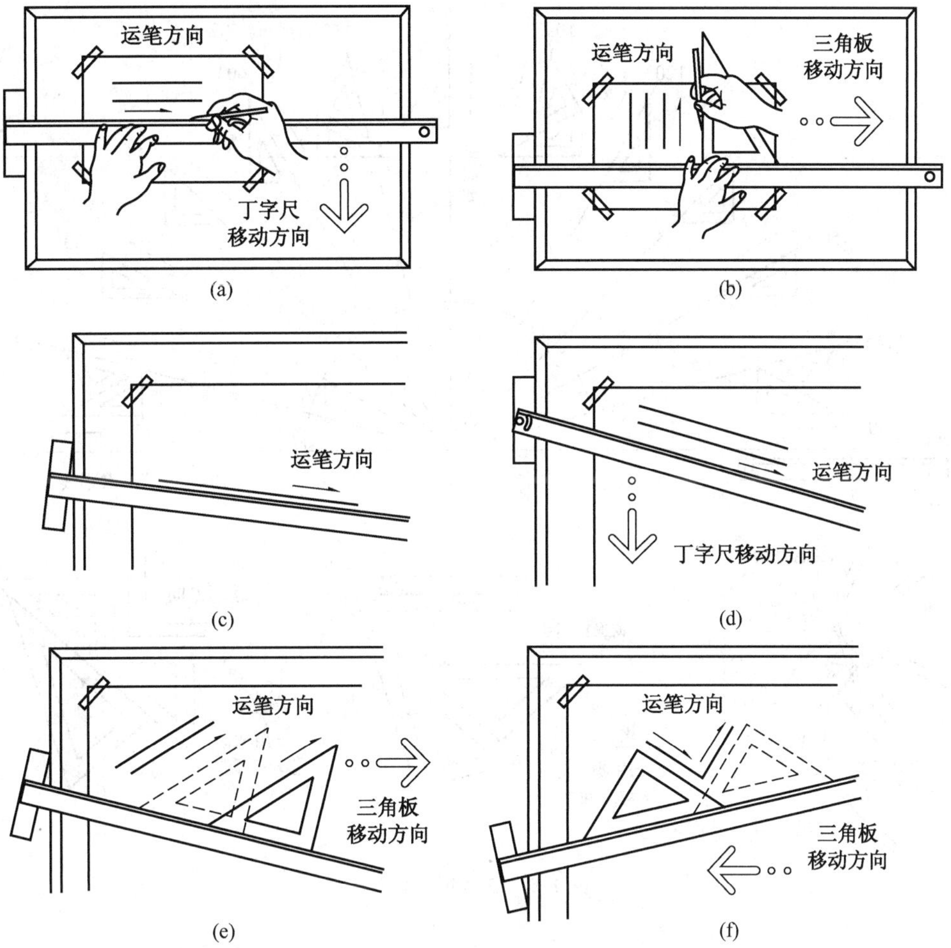

(a)绘制水平线;(b)绘制铅垂线;(c)绘制长斜线

(d)绘制平行长斜线组(可调丁字尺);(e)绘制一般平行线组;(f)绘制一般垂直线

图 1-3　丁字尺的基本用法

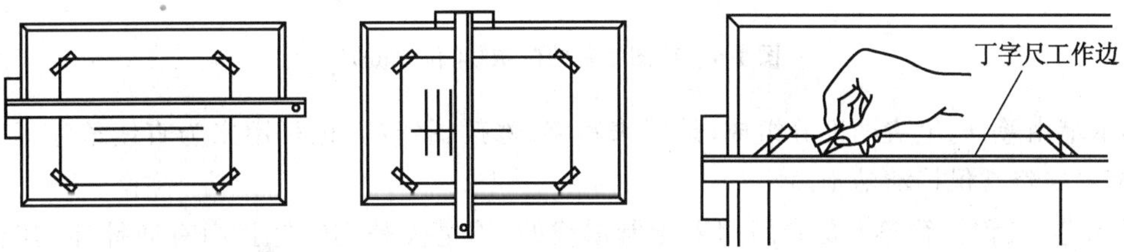

图 1-4　丁字尺的错误用法

在使用时应避免不正确的操作方法,用三角板绘制平行线组时,应按自上而下、从左到右的作图顺序,不宜颠倒,如图 1-5 所示。

1.1.4　绘图笔

绘图笔有铅笔、直线笔、绘图小钢笔、绘图墨水笔等。

绘图铅笔的铅芯有软硬之分,分别用字母 B 和 H 表示,B 前的数字越大表示铅芯越软,H 前的数字越大表示铅芯越硬;HB 表示软硬适中。铅笔应削成圆锥形,削去约 30 mm,铅芯露出 6～8 mm。铅芯可在砂纸上磨成圆锥或四棱锥形状。B 或 HB 铅笔画粗实线用;HB 或 H 铅笔画箭头和写字用;H 或 2H 铅笔画各种细线和画底稿用。其中用于画粗实线的铅笔笔尖磨成矩形,其余的磨成圆锥形,如图 1-6 所示。

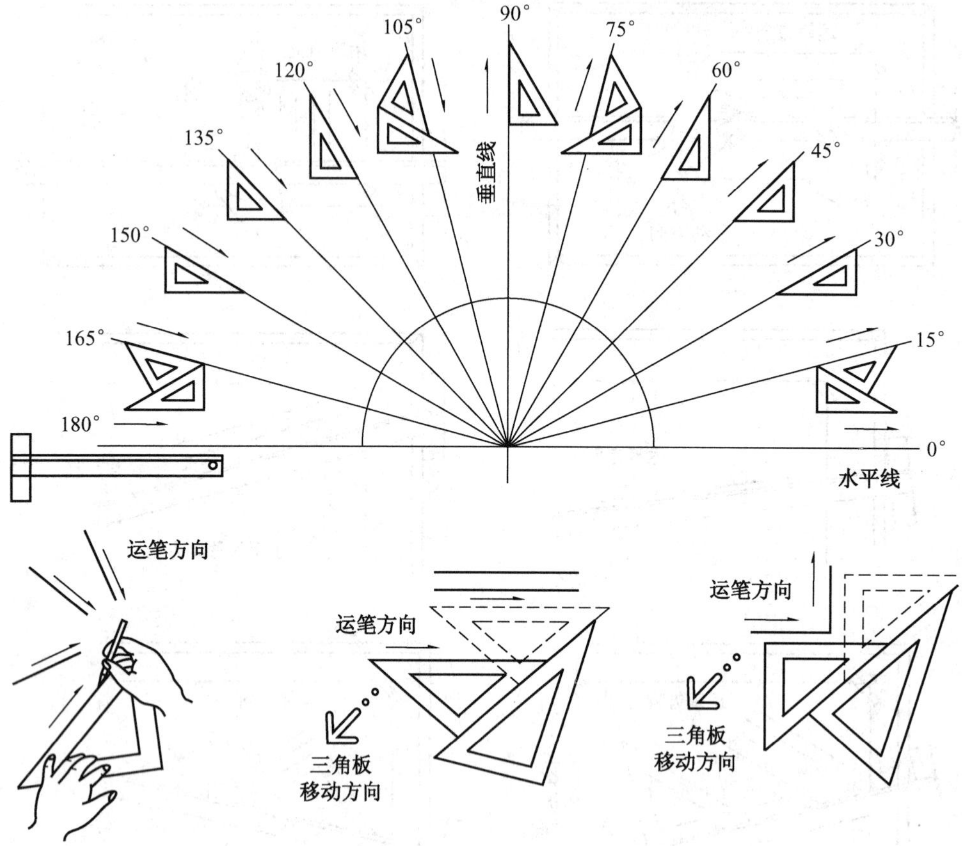

图 1-5　三角板的使用

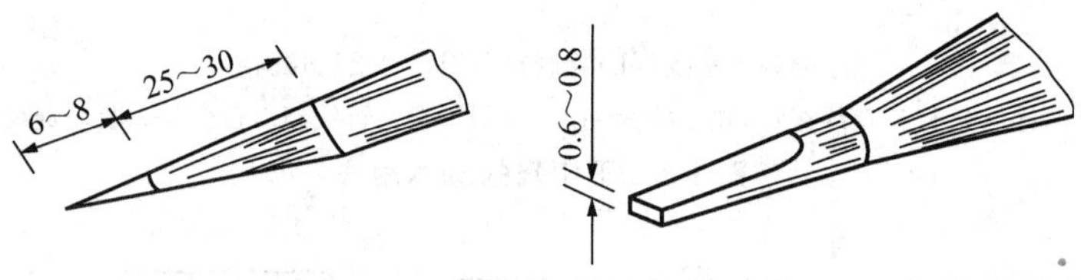

图 1-6　绘图铅笔的削法(单位:mm)

绘图小钢笔由笔杆、笔尖两部分组成,是用来写字、修改图线的,也可用来为直线笔注墨。使用时蘸墨要适量,笔尖要经常保持清洁干净。

绘图墨水笔(又称针管笔)是专门用来绘制墨线的,除笔尖是钢管针且内有通针外,其余部分的构造与普通钢笔基本相同。笔尖针管有多种规格,供绘制图线时选用。使用时如发现流水不畅,可将笔上下梭动,当听到管内有撞击声时,表明管心已通,即可继续使用。使用绘图笔时,笔身前后方向与图纸要垂直,让笔头针管管口边缘都接触纸面,如图 1-7 所示。

1.1.5　圆规、分规、比例尺

圆规是画圆和圆弧的工具,一条腿安装针脚,另一条腿可装上铅芯、钢针、直线笔三种插脚,如图 1-8 所示。圆规在使用前应先调整针脚,使针尖稍长于铅笔芯或直线笔的笔尖,取好半径,对准圆心,并使圆规略向旋转方向倾斜,按顺时针方向从右下角开始画圆。画圆或圆弧都应一次完成。

分规是等分线段和量取线段的工具,两腿端部均装有固定钢针。使用时,要先检查分规两腿的针尖靠拢后是否平齐。用分规将已知线段等分时,一般应采用试分的方法如图 1-8 所示。

比例尺又称三棱尺,如图 1-9(a)所示。尺上刻有几种不同比例的刻度,可直接用它在图纸上按实际

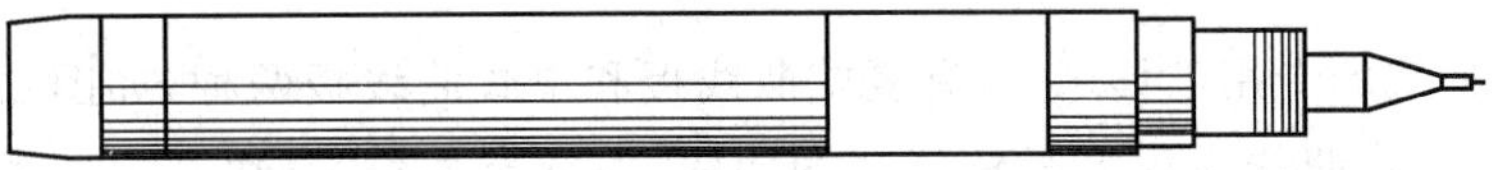

(a) 针管笔

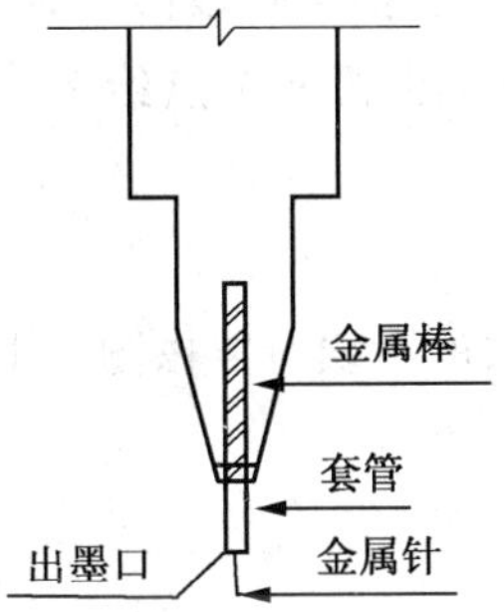

(b) 悬垂时

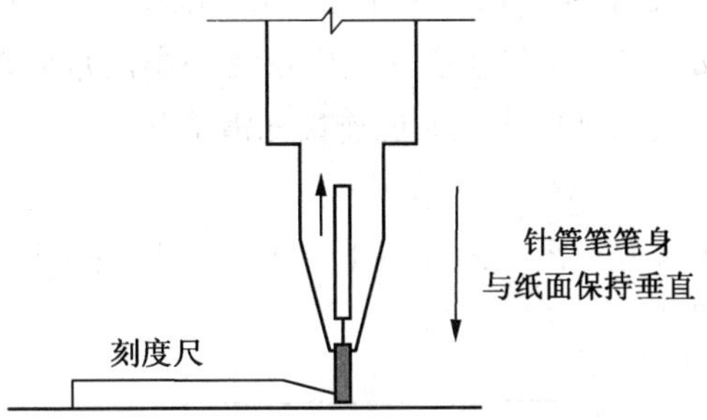

(c) 落笔时

图 1-7　绘图墨水笔及其构造示例

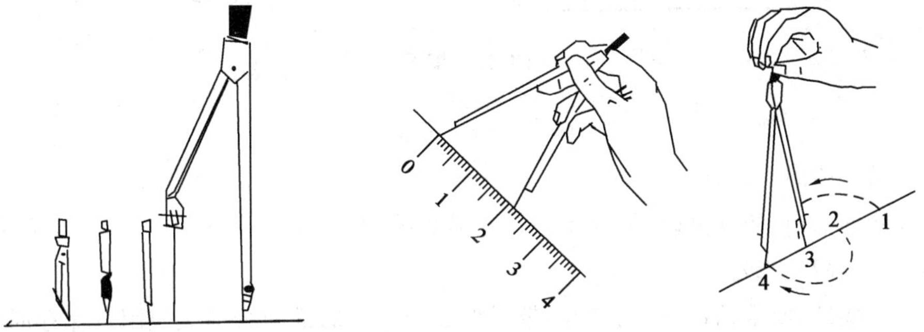

图 1-8　圆规及分规

尺寸绘出物体，不需换算。常用的比例尺一般刻有 6 种不同的比例刻度，可根据需要选用。绘图时千万不要把比例尺当作三角板画线。

1.1.6　其他用具

1. 建筑模板

建筑模板上刻有多种方形孔、圆形孔、建筑图例、轴线号、详图索引号等。可用来直接绘出模板上的各种图样的符号，如图 1-10 所示。

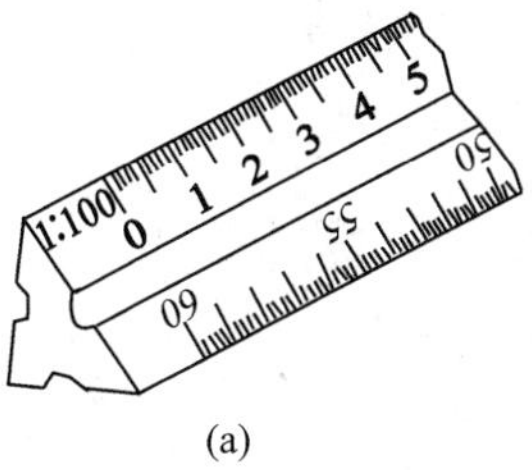

(a)

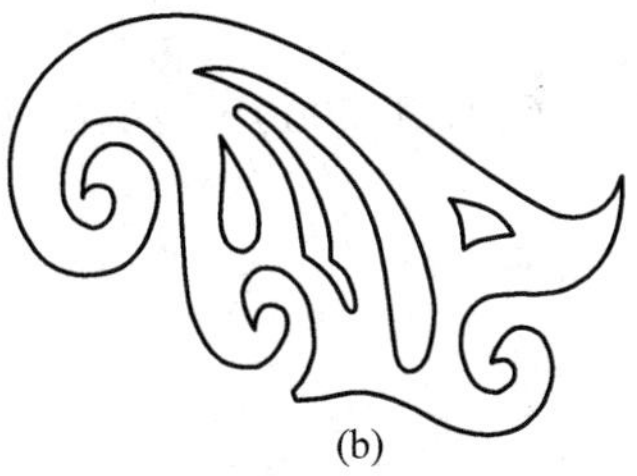

(b)

图 1-9　比例尺和曲线板

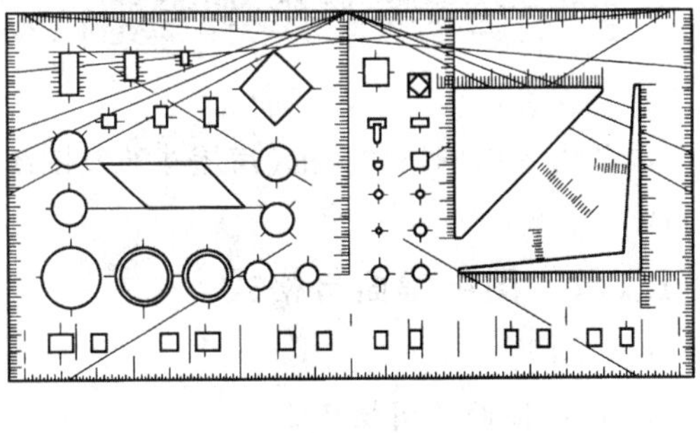

图 1-10　建筑模板

2. 曲线板

曲线板是画非圆曲线的专用工具之一，有复式曲线板和单式曲线板两种，如图 1-9(b)所示。复式曲线板用来画简单曲线；单式曲线板用来画较复杂的曲线，每套有多块，每块都由一些曲率不同的曲线组成。使用曲线板时，应根据曲线的弯曲趋势，从曲线板上选取与所画的曲线相吻合的一段描绘。吻合的点越多，所得曲线也就越光滑。每描绘一段曲线应不少于吻合四个点。描绘每段曲线时至少应包含前一段曲线的最后两个点（即与前段曲线应重复一小段)，而在本段后面至少留两个点给下一段描绘(即与后段曲线重复一小段)，这样才能保证连接光滑流畅。

3. 擦图片

擦图片是用来修改图线的如图 1-11 所示，使用时只要将该擦去的图线对准擦图片上相应的孔洞，用橡皮轻轻擦拭即可。

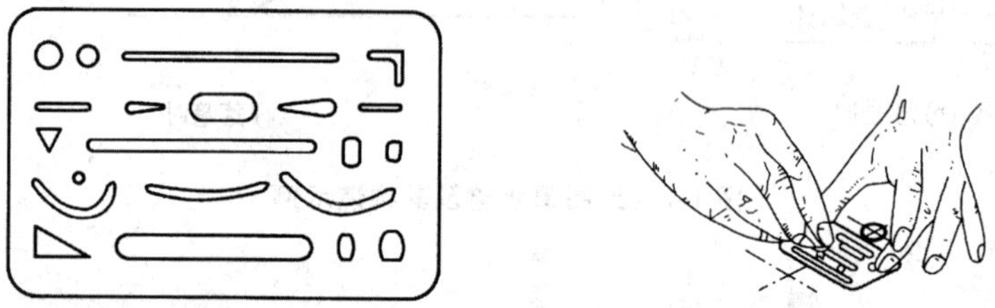

图 1-11　擦图片

4. 图纸

图纸分绘图纸和描图纸两种。

绘图纸要求纸面洁白、质地坚硬，用橡皮擦拭不易起毛，画墨线时不渗透，图纸幅面应符合国家标准。绘图纸不能卷曲、折叠和压皱。

描图纸也称硫酸纸，要求洁白、透明度好，带柔性。受潮后的描图纸不能使用。保存时应放在干燥通风处。

除了上述工具之外，在画园林设计图时还需要准备的工具有：测量角度的量角器、椭圆模板(其使用方法和购买时应注意的问题同画圆模板相似)、裁纸刀(用来裁纸的刀具，它的刀片是由一段段小刀片组成，当前一段刀片不锋利时，可将其掰掉即可)、刮纸刀片(用来画硫酸纸图时刮纸用，硫酸纸图如果有画错的地方，用橡皮擦不去，又不可用水洗，硫酸纸特别怕水，一沾水即起皱，就可用刀片刮去，这种刮纸刀一般选犀牛牌的单面刀片，因这种刀片刀身较硬，不易损坏，刮纸刀不应该与一般的削铅笔用刀片混杂，以保持其刀锋锐利)、橡皮(可购买专用的绘图橡皮，比较软，不易擦坏纸面)、固定图纸用的塑料胶纸及清除图画上橡皮屑的小刷等。

1.2　制图基本标准

本节内容以国家颁布的《房屋建筑制图统一标准》(GB/T 50001—2010)为依据。

1.2.1　图纸幅面与格式

1. 图纸幅面及图框尺寸

为了便于图样的装订、管理和交流，国家规定了图纸的幅面大小和图框尺寸，如表 1-1 所示，表中代号含义如图 1-12、图 1-13 所示。图纸中应有标题栏、图框线、幅面线、装订边和对中标志。

表 1-1　幅面及图框尺寸

mm

尺寸代号	幅面代号				
	A0	A1	A2	A3	A4
$b \times l$	841×1 189	594×841	420×594	297×420	210×297
c	10			5	
a	25				

从表 1-1 可以看出，图纸基本幅面的尺寸关系是：沿大一号幅面的长边对裁，即为小一号幅面的大小。

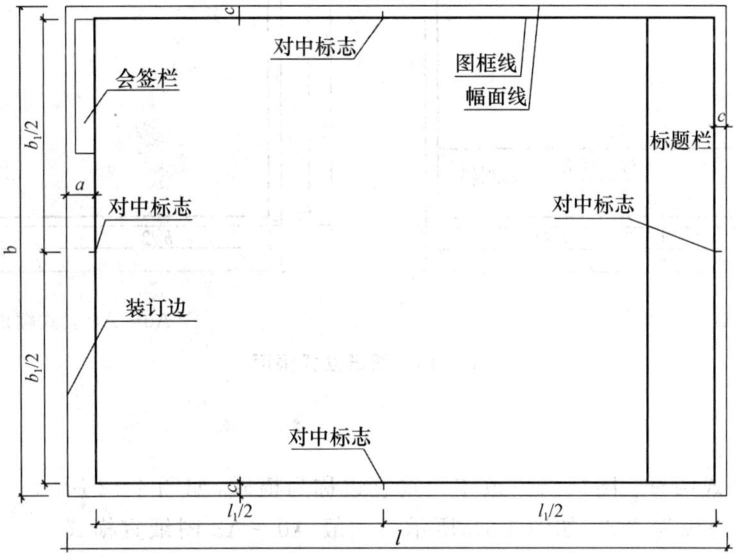

A0～A3 横式幅面(一)

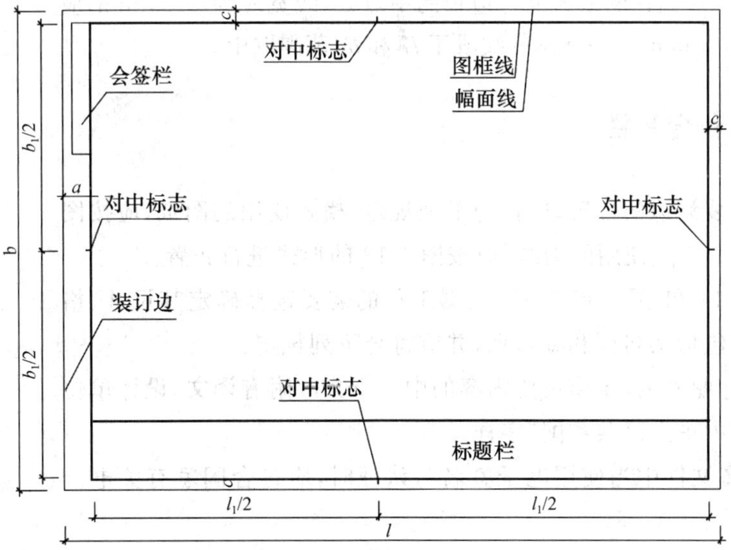

A0～A3 横式幅面(二)

图 1-12　图纸横式幅面

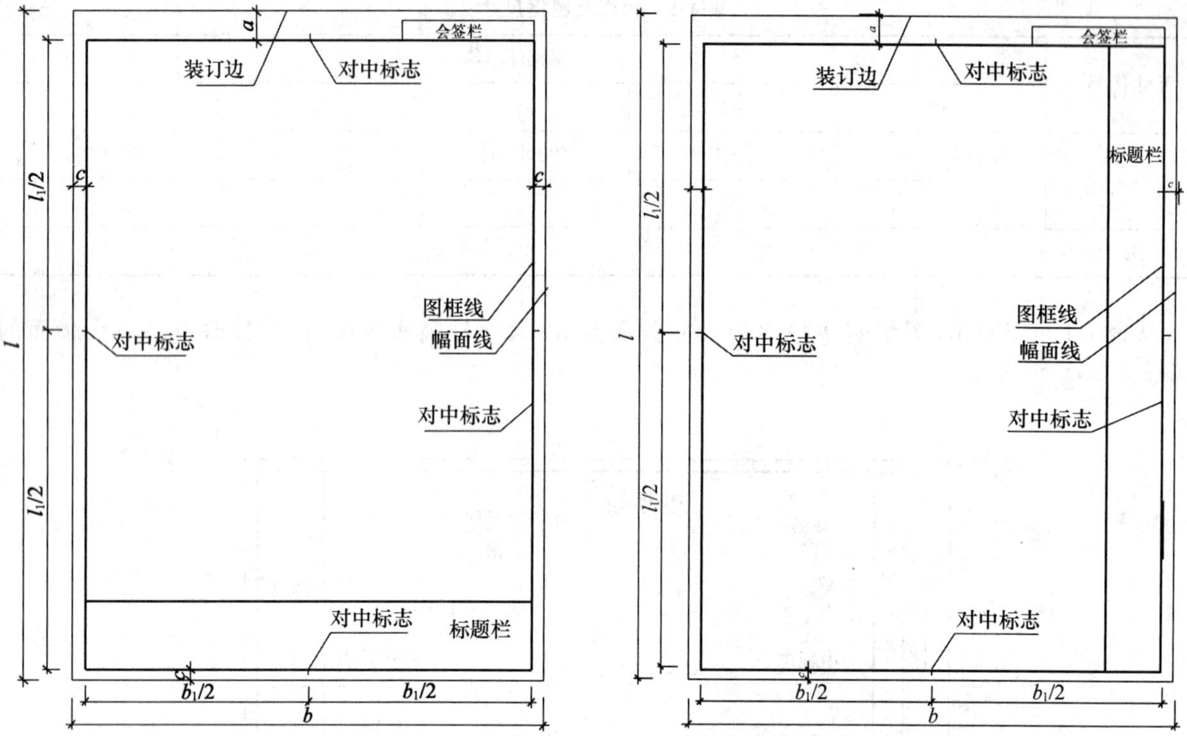

A0～A4 立式幅面(一)　　A0～A4 立式幅面(二)

图 1-13　图纸立式幅面

2. 格式

图纸有横式和立式两种。图纸以短边作为垂直边称为横式，如图 1-12 所示。以短边作为水平边称为立式，如图 1-13 所示。一般 A0～A3 图纸宜横式使用，必要时也可立式使用。

需要微缩复制的图纸，其一个边上应附有一段准确米制尺度，四个边上均附有对中标志。对中标志应画在图纸内框各边长的中点处，线宽应为 0.35 mm，应伸入内框边，在框外为 5 mm；对中标志的线段于 l_1 和 b_1 范围取中。

1.2.2　标题栏和会签栏

图纸的标题栏及装订边的位置，应符合下列规定：横式使用的图纸，应按图 1-12 的形式进行布置；立式使用的图纸，应按图 1-13 的形式进行布置。

标题栏应按图 1-14 和 图 1-15 所示，根据工程的需要选择确定其尺寸、格式及分区。签字栏应包括实名列和签名列，并应符合下列规定：

(1)涉外工程的标题栏内，各项主要内容的中文下方应附有译文，设计单位的上方或左方，应加“中华人民共和国”字样。

(2)在计算机制图文件中当使用电子签名与认证时，应符合国家有关电子签名法的规定。

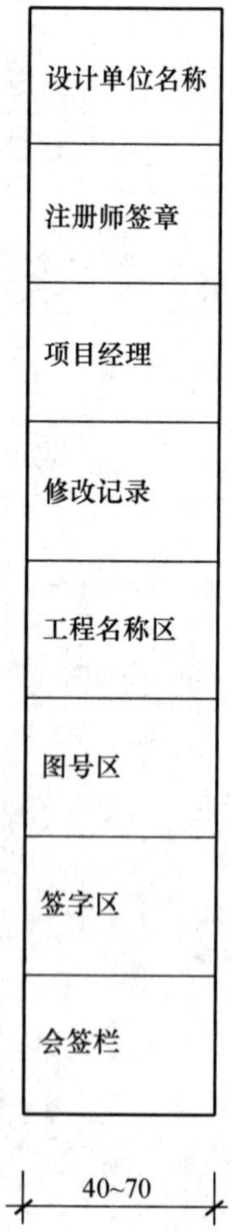

图 1-14　标题栏(一)

1.2.3　图线

1. 线型与线宽

图纸中的线条统称为图线。园林设计图和施工图的图样是用各种不同类型和粗细的图线绘制而成的。国家标准规定了工程建设图应选用的线型。每个图样都应根据复杂程度与比例大小，先确定基本线宽 b，见表 1-2；再选用适当的线宽组，见表 1-3。

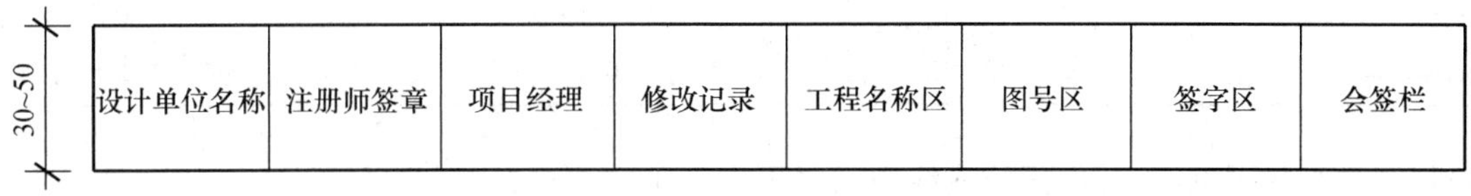

图 1-15 标题栏(二)

表 1-2 图线

名称		线型	线宽	一般用途
实线	粗		b	主要可见轮廓线
	中粗		$0.7b$	可见轮廓线
	中		$0.5b$	可见轮廓线、尺寸线、变更云线
	细		$0.25b$	图例填充线、家具线
虚线	粗		b	见各有关专业制图标准
	中粗		$0.7b$	不可见轮廓线
	中		$0.5b$	不可见轮廓线、图例线
	细		$0.25b$	图例填充线、家具线
单点长画线	粗		b	见各有关专业制图标准
	中		$0.5b$	见各有关专业制图标准
	细		$0.25b$	中心线、对称线、轴线等
双点长画线	粗		b	见各有关专业制图标准
	中		$0.5b$	见各有关专业制图标准
	细		$0.25b$	假想轮廓线、成型前原始轮廓线
折断线	细		$0.25b$	断开界线
波浪线	细		$0.25b$	断开界线

表 1-3 线宽组 mm

线宽比	线宽组			
b	1.4	1.0	0.7	0.5
$0.7b$	1.0	0.7	0.5	0.35
$0.5b$	0.7	0.5	0.35	0.25
$0.25b$	0.35	0.25	0.18	0.13

注：1 需要缩微的图纸，不宜采用 0.18 及更细的线宽。

2 同一张图纸内，各不同线宽中的细线，可统一采用较细的线宽组的细线。

2. 图线的画法

(1)在同一张图纸内，相同比例的各图样，应选用相同的线宽组。

(2)图纸的图框和标题栏线宽可采用表 1-4 的规定。

表 1-4 图框线、标题栏线的宽度 mm

幅面代号	图框线	标题栏外框线	标题栏分格线
A0、A1	*b*	0.5*b*	0.25*b*
A2、A3、A4	*b*	0.7*b*	0.35*b*

(3)相互平行的图例线,其净间隙或线中间隙不宜小于 0.2 mm。

(4)虚线、单点长画线或双点长画线的线段长度和间隔,宜各自相等。

(5)单点长画线或双点长画线,当在较小图形中绘制有困难时,可用实线代替。

(6)单点长画线或双点长画线的两端,不应是点。点画线与点画线交接点或点画线与其他图线交接时,应是线段交接。

(7)虚线与虚线交接或虚线与其他图线交接时,应是线段交接。虚线为实线段的延长线时,不得与实线连接,见表 1-5。

(8)图线不得与文字、数字或符号重叠、混淆,不可避免时,应首先保证文字等的清晰。

表 1-5 各类图线连接的方法

绘图种类	正确	不正确
实线相交	 交于一点	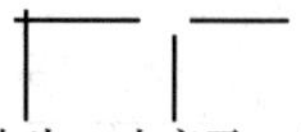 出头 未交于一点
二线相切	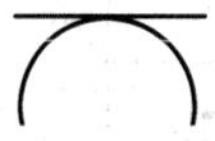 切点线宽=单线线宽	 切点线宽≠单线线宽
中心线与中心线、虚线与虚线相交	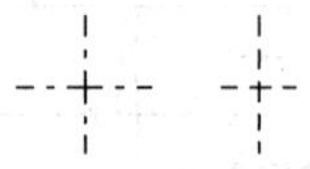 交于线段	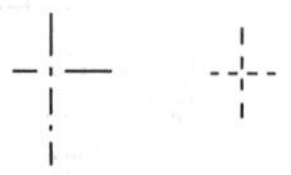 交于点或空隙
实线、虚线、中心线相交	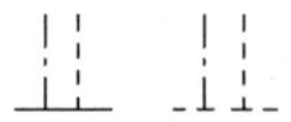 交于线段	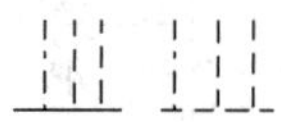 交于点或空隙
中心线与圆相交(直径小于12 mm 时中心线用细实线画)	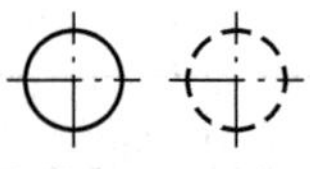 中心线出头 中心线交于线段	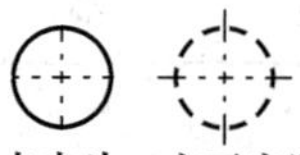 未出头 交于空隙
虚线在实线的延长线上	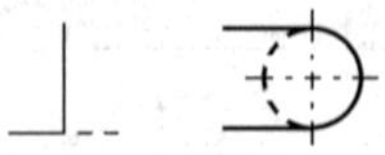 留有空隙	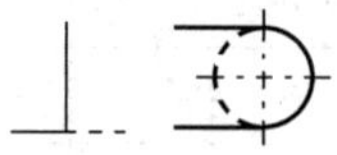 不应相接

1.2.4 比例

图形与实物相对应的线性尺寸之比称之为比例。比例的大小,是指其比值的大小如 1∶50 大于 1∶100。比例的符号用"∶"表示。

比例宜注写在图名的右侧,字的基准线应取平,比例的字高宜比图名的字高小一号或二号,如图 1-16 所示。

平面图　1:100　　⑥　1:100

图 1-16　比例的注写

绘图所用的比例，应根据图样的用途与被绘对象的复杂程度，从表 1-6 中选用。一般情况下，一个图样应选用一种比例。根据专业制图需要，同一图样可选用两种比例。特殊情况下也可自选比例，这时除应注写绘图比例外，还必须在适当位置绘制出相应的比例尺。

表 1-6　绘图常用的比例

绘图种类	常用比例							
详图	1∶2	1∶3	1∶4	1∶5	1∶10	1∶20	1∶30	1∶40　1∶50
道路绿化图	1∶50	1∶100	1∶200	1∶300	1∶150	1∶250		
小游园规划图	1∶50	1∶100	1∶200	1∶300	1∶150	1∶250		
居住区规划图	1∶100	1∶200	1∶300	1∶400	1∶500	1∶1 000		
公园规划图	1∶500	1∶1 000	1∶2 000					

1.2.5　文字

制图中常用的文字有汉字、阿拉伯数字及拉丁字母、罗马数字和希腊字母等。按国家标准规定：图纸上需要书写的文字、数字或符号等，均应笔画清晰、字体端正、排列整齐，标点符号清楚正确，且必须用黑墨水写。

1. 汉字

工程制图中常用的文字有汉字、阿拉伯数字及外文字母。

文字的字高应从如下系列中选用：3.5、5、7、10、14、20 mm。如需书写更大的字，其高度应按$\sqrt{2}$的比值递增。

(1)长仿宋字　图样及说明中的汉字，宜采用长仿宋体，宽度与高度的关系应符合表 1-7 的规定。字间距约为字高的 1/4，行间距约为字高的 1/3。大标题、图册封面、地形图等的汉字，也可书写成其他字体，但应易于辨认。

表 1-7　长仿宋字字高和宽的关系　mm

字高	20	14	10	7	5	3.5
字宽	14	10	7	5	3.5	2.5

汉字的简化字书写，必须符合国务院公布的《汉字简化方案》和有关规定。

书写长仿宋体的基本要领是：横平竖直、起落有锋、布局均匀、填满方格。

①字体笔画。基本笔画有点、横、竖、撇、捺、钩、挑等，如图 1-17 所示。主要笔画的运笔特征见表 1-8。

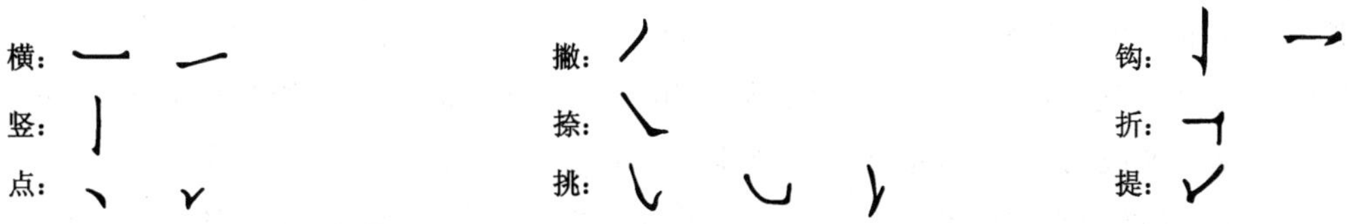

图 1-17　仿宋字基本笔画

表 1-8　仿宋字主要笔画的运笔特征

笔画名称	笔法	运笔说明
横		横可略斜，运笔起落略顿，使尽端呈三角形，但应一笔完成
竖		竖要垂直，有时可向左略斜，运笔同横
撇		撇的起笔同竖，但是随斜向逐渐变细，而运笔也由重到轻
捺		捺与撇相反，起笔轻而落笔重，终端稍顿再向右尖挑
点		点笔起笔轻而落笔重、形成上尖下圆的光滑形象
竖钩		竖钩的竖向竖笔，但要挺直，稍顿后向左上尖挑
横钩		横钩由两笔组成，横同横笔，末笔应起重落轻，钩尖如针
挑		运笔由轻到重再轻，由直转弯，过渡要圆滑，转折有棱角

②字体结构。必须做到：各部分大小长短间隔合乎比例；上下左右匀称；各部分的笔画疏密要合适，仿宋字字例见图 1-18。

园林制图

长仿宋体汉字书写要领　横平竖直结构均匀书写
端正排列填满方格图样中书写的汉字数字和字母
必须做到字体端正笔画清晰排列整齐间隔均匀

图 1-18　仿宋字字例

为了使字体排列整齐匀称，满型的字体如“图”、“醒” 等需略小些，而笔画少的字体如“一”、“小”等需略大些。这样统观起来效果较好。

(2)黑体字　黑体字也称等线体，即笔画的粗细相等。黑体字的字形一般为正方形，且较大，显得醒目、有力，多用于大标题或图册封面，也常采用黑体字作标题。

书写黑体字时，应做到字型饱满有力、横平竖直；各种笔画的宽度相同，无起笔和落笔的笔锋。黑体字的基本笔画见表 1-9，字例见图 1-19。

表 1-9　黑体字的基本笔画

横	竖	竖撇	斜撇	平撇	斜捺

左斜点	挑点	挑	平捺	顿捺	右斜点

竖钩	左弯钩	右弯钩	竖平钩	折弯钩	折平钩

景观环境工程

书写黑体字时应做到字型饱满有力横平竖直

各种笔画的宽度相同无起笔落笔

图 1-19　黑体字字例

2. 数字及字母

工程图样中的拉丁字母、阿拉伯数字与罗马数字，可根据需要写成直体或斜体。如需写成斜体字，斜体字字头向右倾斜，与水平基准线成 75°。斜体字的高度与宽度应与相应的直体字相等。数字和字母与汉字并列书写时，其字高应略小于汉字。图 1-20 所示为数字和外文字母的直体和斜体字例。

1234567890

1234567890

ABCDEFGHIJKLMNOPQRSTUVWXYZ

Abcdefghijklmnopqrstuvwxyz

图 1-20　字母、数字字例

1.3　尺寸标注

1.3.1　尺寸组成的基本要素

图样上标注的尺寸由尺寸界线、尺寸线、尺寸起止符号和尺寸数字四个基本要素所组成，如图 1-21 所示。

1. 尺寸界线

尺寸界线应用细实线绘制，从图形轮廓线、中心线或轴线引出，一般应与被注线段垂直，其一端应离开图样轮廓线不小于 2 mm，另一端宜超出尺寸线 2～3 mm，如图 1-22 所示。

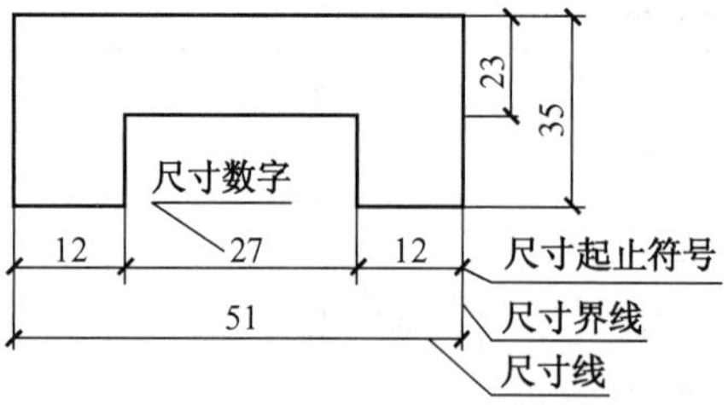

图 1-21 尺寸组成要素

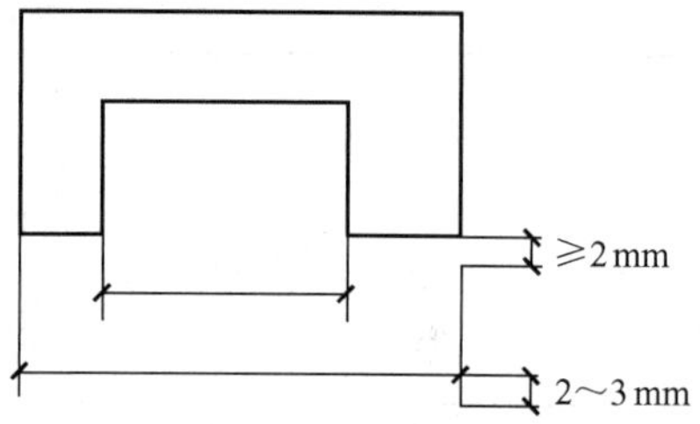

图 1-22 尺寸界线

2. 尺寸线

尺寸线应用细实线单独绘制，图样本身的轮廓线、中心线等均不得用作尺寸线，也不能画在其延长线上。尺寸线应与图样上被注轮廓线平行。距轮廓线最近的一道尺寸线与轮廓线的间距不宜小于 10 mm，互相平行的两尺寸线间距一般为 7～10 mm。同一张图纸与同一图形上的尺寸线的间距大小应当一致。尺寸线与尺寸界线之间应尽量避免相交。因此，在标注尺寸时，应将小尺寸放在里面，大尺寸放在外面，如图 1-23 所示。

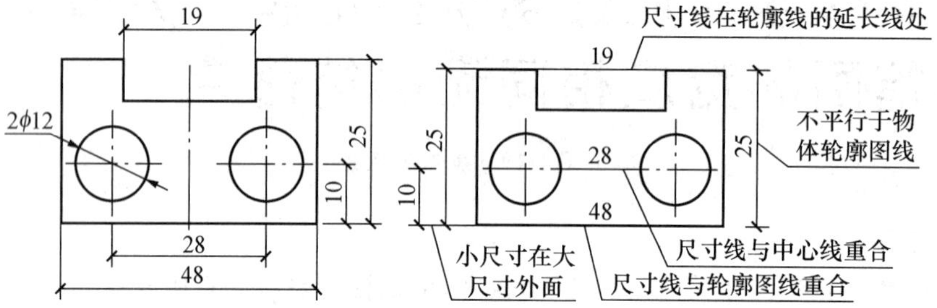

图 1-23 尺寸线的画法

3. 尺寸起止符号

尺寸起止符号有箭头及中粗斜短线两种，对于线性尺寸采用中粗斜短线绘制，直径、半径、角度与弧长等采用箭头绘制。中粗斜短线倾斜方向应与尺寸界线成顺时针 45°角，并过尺寸线与尺寸界线的交点，长度宜为 2～3 mm，如图 1-24(a)所示。半径、直径、角度与弧长的尺寸起止符号用箭头表示(箭尾可画成 15°或一个线宽 b)，如图 1-24(b)所示。尺寸界线过密时，尺寸起止符号可用小圆点或斜短线表示。

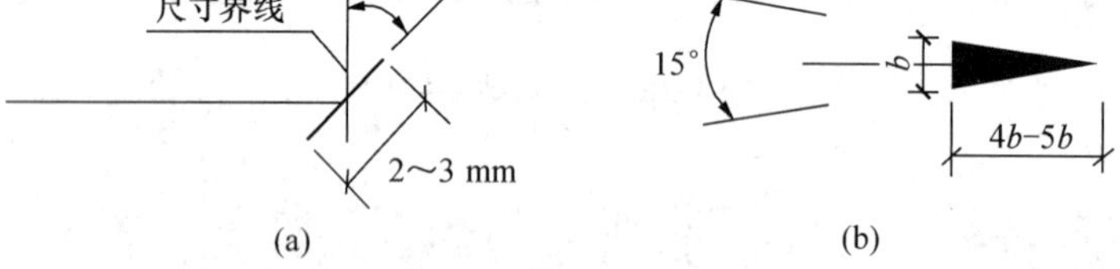

图 1-24 尺寸起止符号的画法

4. 尺寸数字

图样的尺寸应以尺寸数字为准，不得从图上直接量取。图样上的尺寸单位，除标高及总平面图以 m 为单位外，其他必须以 mm 为标准尺寸单位，但“毫米”或“mm”等字样不注出，并按图 1-25(a)的规定注写。若尺寸数字在 30°斜区内，宜按图 1-25(b)的形式注写。

尺寸数字一般应依据其方向注写在靠近尺寸线的上方中部，垂直尺寸注写在靠近尺寸线左方中部，字底靠近尺寸线，字头朝左。如没有足够注写位置，最外边尺寸数字可注写在尺寸界线的外侧，中间相邻的尺寸数字可错开注写，如图 1-26 所示。

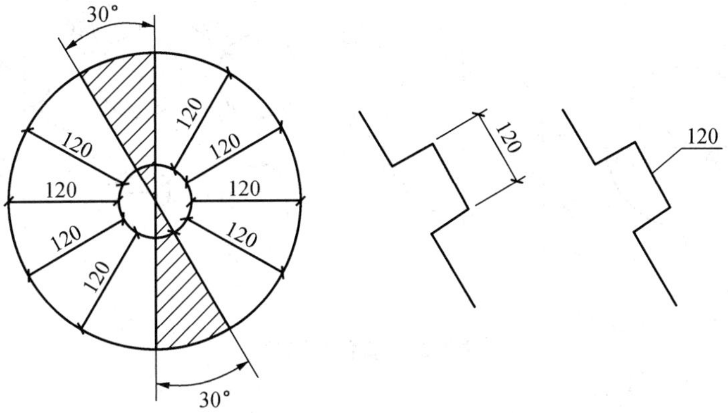

(a) 尺寸数字注写方向　　　　(b) 数字在30°斜区内的标注

图 1-25　尺寸数字的注写

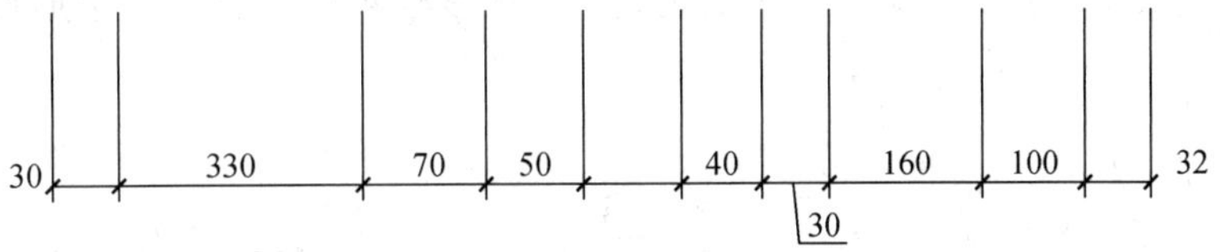

图 1-26　尺寸数字的标写位置

1.3.2　尺寸标注法

1. 半径、直径的标注

半径尺寸标注线应一端从圆心开始，另一端画箭头指向圆弧，半径数字前应加注半径符号“R”，如图1-27所示。标注圆的直径尺寸时，直径数字前应加符号“ϕ”。在圆内标注的直径尺寸线应通过圆心，且两端画箭头指至圆弧，如图 1-28 所示。

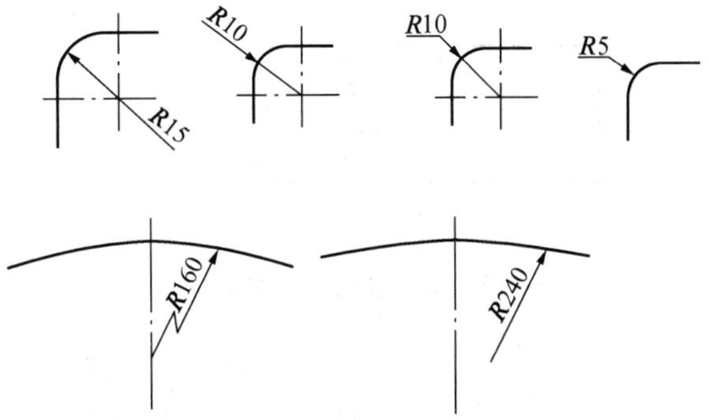

图 1-27　半径的标注

2. 角度、弧长、弦长的标注

角度的尺寸线应以圆弧表示。该圆弧的圆心应是该角的顶点，角的两条边代表为尺寸界线。起止符号应以箭头表示，如没有足够的位置画箭头，可用圆点代替，角度数字应按水平方向注写，如图 1-29(a)所示。

标注圆弧的弧长时，尺寸线应以该弧线的同心弧线表示，尺寸界线应垂直于该圆弧的弦，起止符号用箭头表示，弧长数字上方应加注圆弧符号“⌒”，如图 1-29(b)所示。

标注圆弧的弦长时，尺寸线应以平行于该弦的直线表示，尺寸界线应垂直于该弦，起止符号用中粗斜

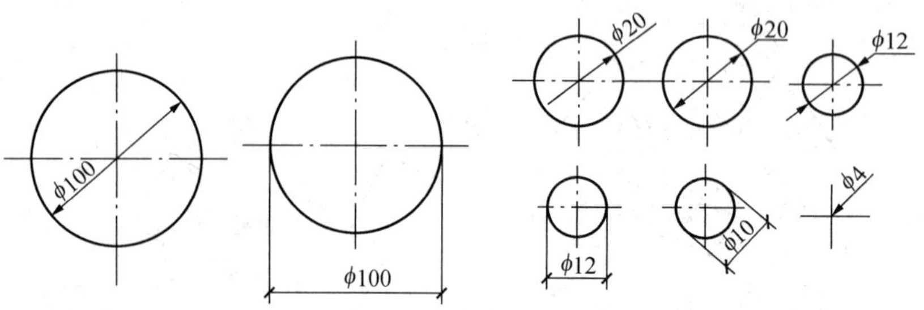

图 1-28　直径的标注

短线表示，如图 1-29(c)所示。

3. 坡度标注

坡度常用百分数、比例或比值表示。坡向采用指向下坡方向的单面箭头表示，如图 1-30(a)、(b)所示，坡度百分数或比例数字应标注在单面箭头的短线上。坡度还可以用直角三角形形式标注，如图 1-30(c)所示。

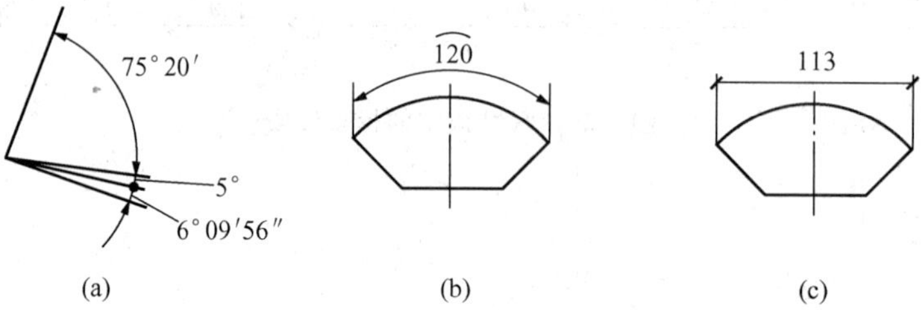

图 1-29　角度、弧长、弦长标注方法

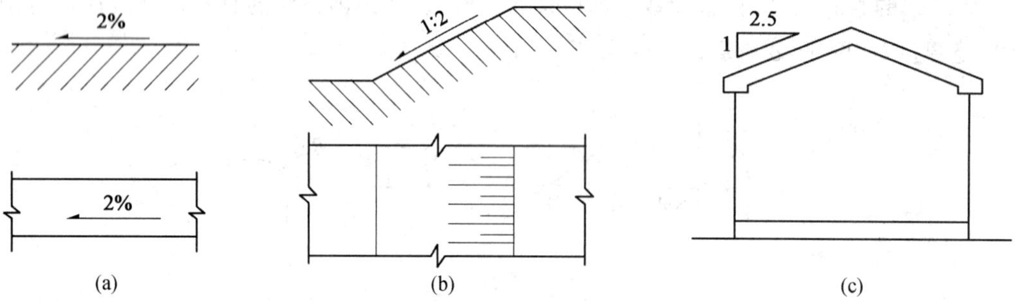

图 1-30　坡度标注方法

4. 标高标注、曲线标注

标高标注有两种形式。一是将某水平面如室内地面作为起算零点，主要用于个体建筑物图样上，标高符号为细实线绘制的倒三角形，其尖端应指至被注的高度，倒三角的水平引伸线为数字标注线，标高数字应以 m 为单位，注写到小数点以后第三位；二是以大地水准面或某水准点为起算零点，多用在地形图和总平面图中，标注方法与第一种相同，但标高符号宜用涂黑的三角形表示，如图 1-31 所示，标高数字可注写到小数点以后第二位。

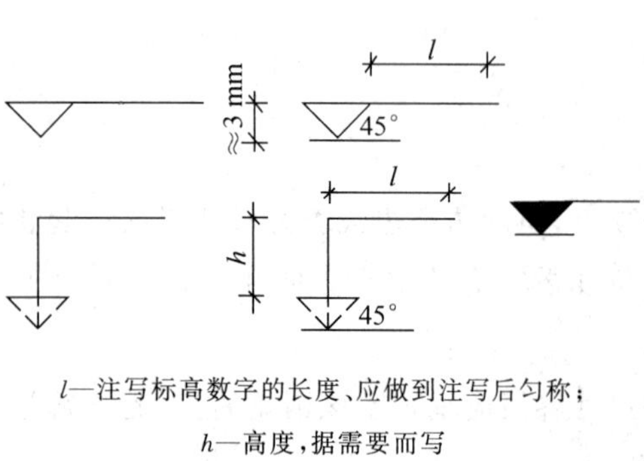

l—注写标高数字的长度、应做到注写后匀称；

h—高度，据需要而写

图 1-31　标高标注

简单的不规则曲线可用截距法(又称坐标法)标注，

较复杂的曲线可用网格法标注，如图 1-32 所示。用截距法标注时，为了便于放样或定位，常选一些特殊方向和位置的直线，如将定位轴线作为截距轴，然后用一系列与之垂直的等距平行线标注曲线。用网格标注较复杂的曲线时，所选用网格的尺寸应能保证曲线或图样的放样精度。精度越高，网格的边长应该越短。尺寸的标注符号与直线相同，但因短线起止符号的方向有变化，故尺寸起止符号常用小圈点的形式。

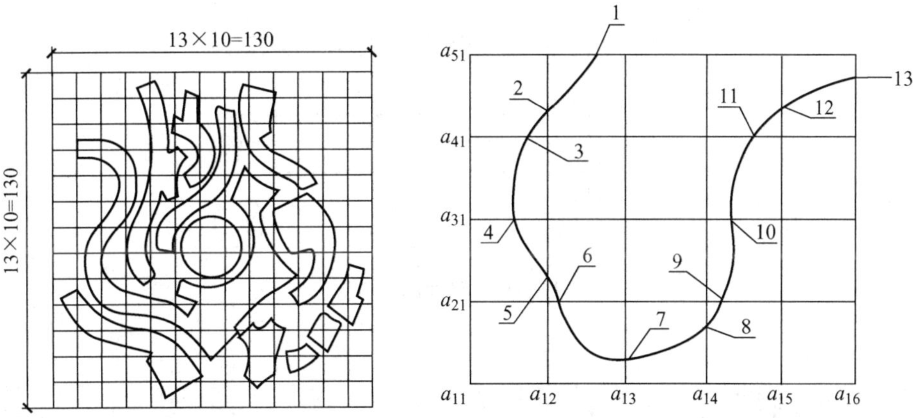

图 1-32　曲线标注

5. 尺寸的简化标注

有些尺寸可以采用尺寸的简化标注法标注。

(1)连续排列的等长尺寸，可用“个数×等长尺寸＝总长”的形式标注，如图 1-33 所示。

(2)构配件内的构造因素(如孔、槽等)如相同，可仅标注其中一个要素的尺寸，如图 1-34 所示。

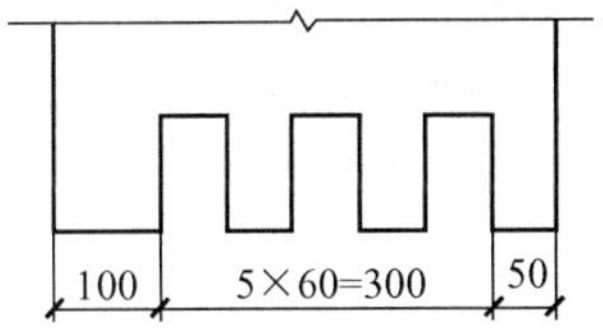

图 1-33　等长尺寸标注方法

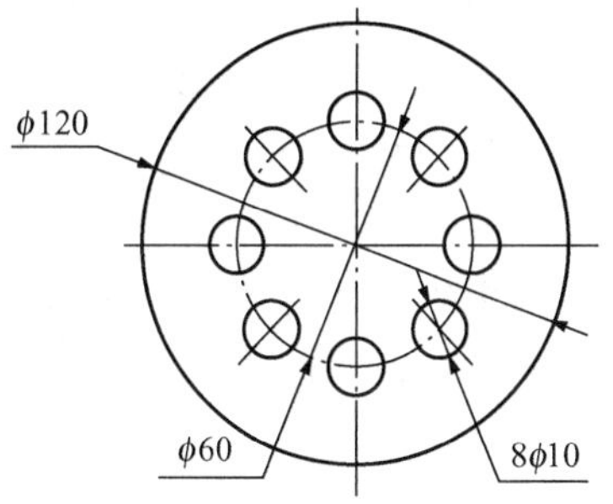

图 1-34　相同要素尺寸标注方法

(3)对称构配件可采用对称省略画法。图 1-35 是对称构件尺寸标注方法，该对称构配件的尺寸线应略超过对称符号，仅在尺寸线的一端画尺寸起止符号，尺寸数字应按整体全尺寸注写，其注写位置宜与对称符号对齐。

(4)相似构件，若个别尺寸数字不同，可在同一图样中将其中一个构配件的不同尺寸数字注写在括号内，该构配件的名称也应注写在相应的括号内，如图 1-36 所示。

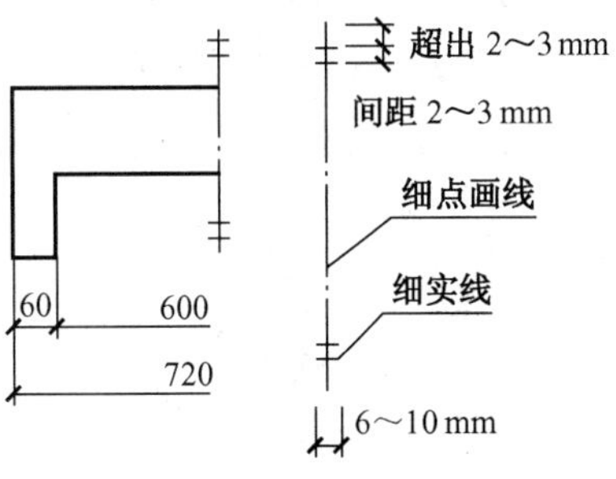

图 1-35　对称构件尺寸标注方法

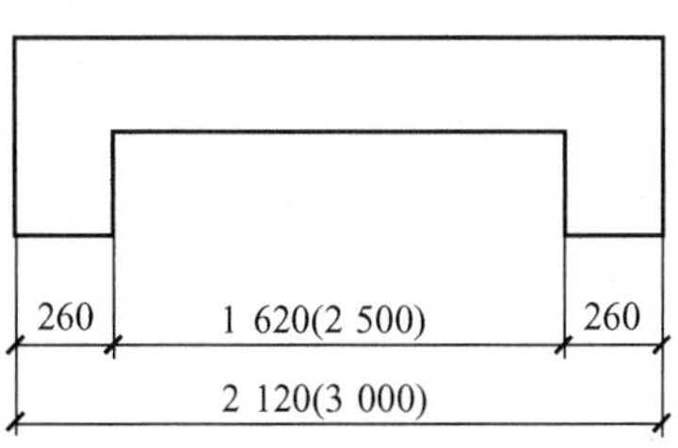

图 1-36　相似构件尺寸标注方法

(5)尺寸较多时，互相平行的尺寸线应根据尺寸大小从远到近依次排列在图线一侧，尺寸线与图样之间的距离应大于 10 mm，平行的尺寸线间距宜相同，常为 7～10 mm。两端的尺寸界线应稍长些，中间的应短些，并且排列整齐，如图 1-37 所示。

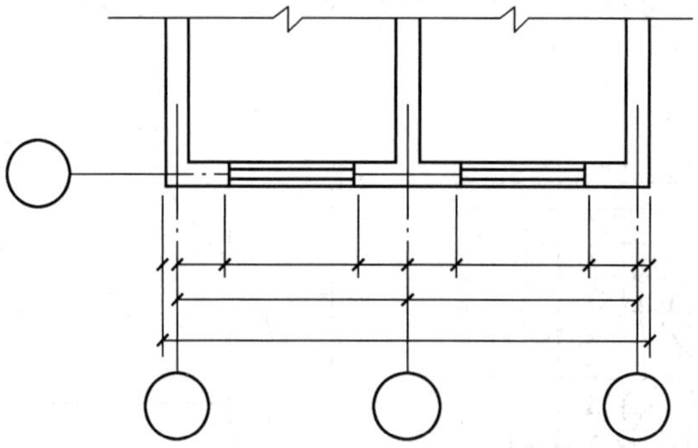

图 1-37　尺寸的排列

1.4　标注符号

1.4.1　索引符号与详图符号

在绘制施工图时，为了便于查阅需要详细绘制和说明的某一局部或构件，应以索引符号索引，如图 1-38(a)所示。索引符号为直径 10 mm 的细实线的圆及过圆心的水平细实线直径组成。如与被索引的详图同在一张图纸内，应在索引符号的上半圆中用阿拉伯数字注明该详图的编号，并在下半圆中间画一段水平细实线，如图 1-38(b)所示。索引出的详图，如与被索引的详图不在同一张图内，应在索引符号的上半圆中标注详图编号，下半圆中标注详图所在图纸的编号，如图 1-38(c)所示。

涉及标准图集的索引，下半圆中标注详图所在的图集中的页码，上半圆中标注详图的编号，并应在引线上标注该图集的代号，如图 1-38(d)所示。

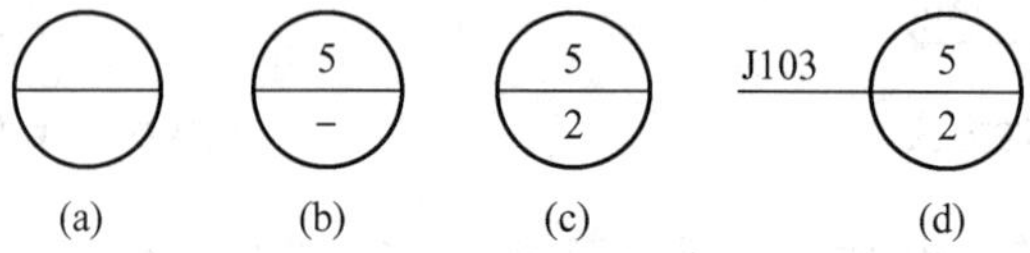

图 1-38　索引符号

如果用索引符号索引剖面详图，应在被剖切的部位绘制剖切位置线，用粗实线标出剖切方向，粗实线所在的一侧即为剖视方向。被索引的详图编号应与索引符号编号一致，如图 1-39 所示。

详图编号常注写在直径为 14 mm 的粗实线圆内。详图与被索引的图样同在一张图纸内时，应在详图符号内用阿拉伯数字注明该详图的编号，如图 1-40(a)所示。详图与被索引的图样不在同一张图内，应在索引符号的上半圆中标注详图编号，下半圆中标注被索引的图纸编号，如图1-40(b)所示。

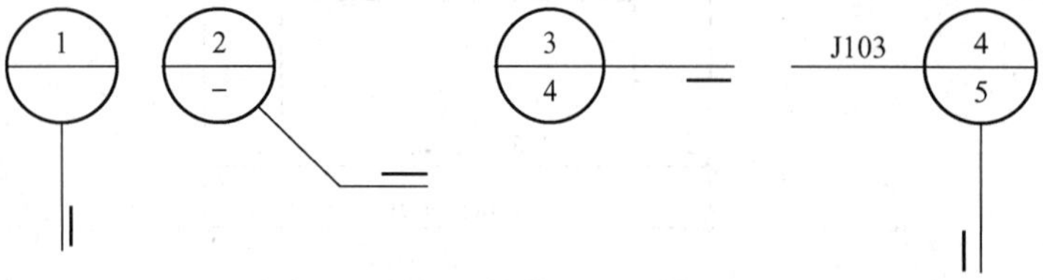

图 1-39　用于索引剖面详图的索引符号

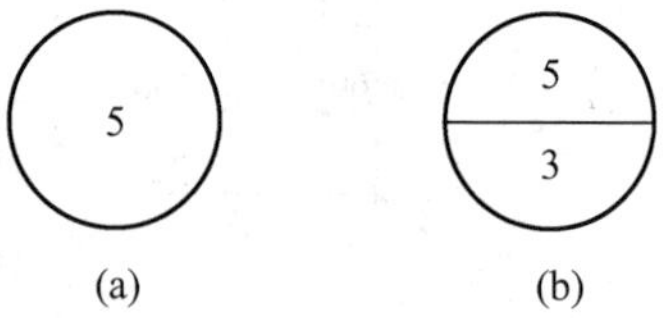

图 1-40　详图符号

1.4.2 引出线

引出线宜采用水平方向或与水平方向成 30°、45°、60°、90°的细实线，文字说明可注写在水平线的上方，如图 1-41(a)所示；也可注写在水平线的端部，如图 1-41(b)所示。索引详图的引出线应与水平线直径相连接，如图 1-41(c)所示。

同时引出几个相同部分的引出线可互相平行或集中于一点，如图 1-42 所示。路面构造、水池等多层标注的共同引出线应通过被引的诸层，并用圆点示意对应各层次。文字可注写在端部或上方，其顺序应与被说明的层次一致，如图 1-43(a)所示。横向层次的共同引出线的文字说明应从上至下顺序注写，且其顺序应与从左至右被引注的层次一致，如图 1-43(b)所示。

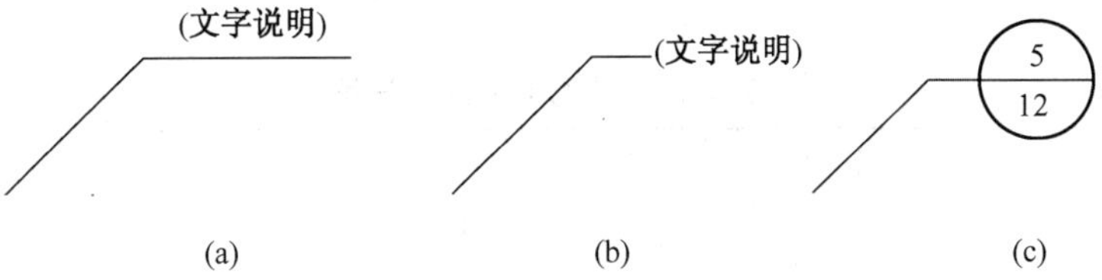

图 1-41 引出线

图 1-42 共用引出线

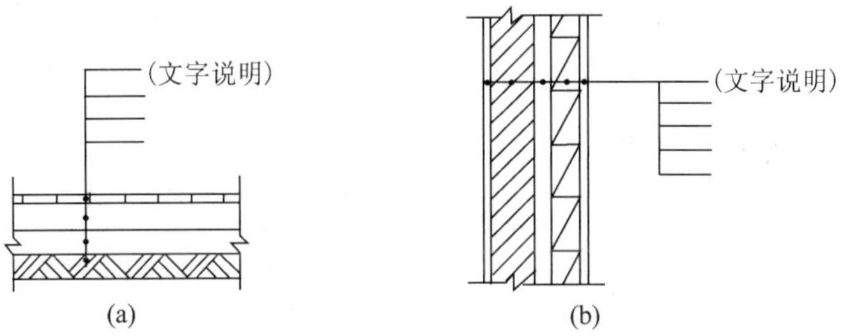

图 1-43 多层结构引出线

1.4.3 定位轴线

定位轴线应用细点画线绘制。定位轴线一般应编号，编号应注写在轴线端部的圆内。圆应用细实线绘制，直径为 8～10 mm。定位轴线圆的圆心，应在定位轴线的延长线或延长线的折线上。

平面图上定位轴线的编号，宜标注在图样的下方与左侧。横向编号应用阿拉伯数字，从左至右顺序编写，竖向编号应用大写拉丁字母，从下至上顺序编写，如图 1-44 所示，拉丁字母的 I、O、Z 不得用做轴线编号。

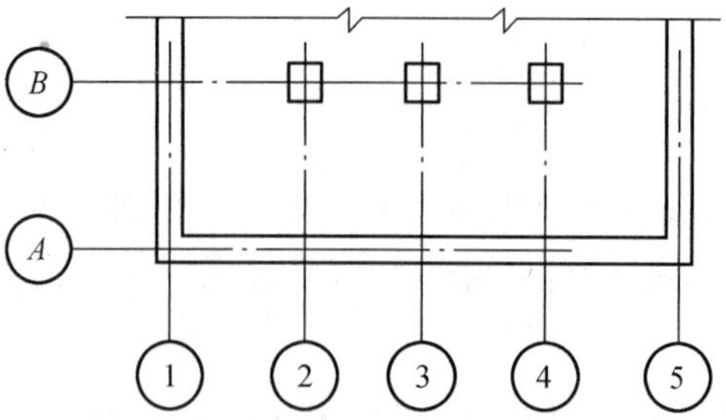

图 1-44　定位轴线的编号

1.4.4　其他符号

其他常用符号见表 1-10。

表 1-10　其他常用标注符号

名称	符号	说明
连接符号	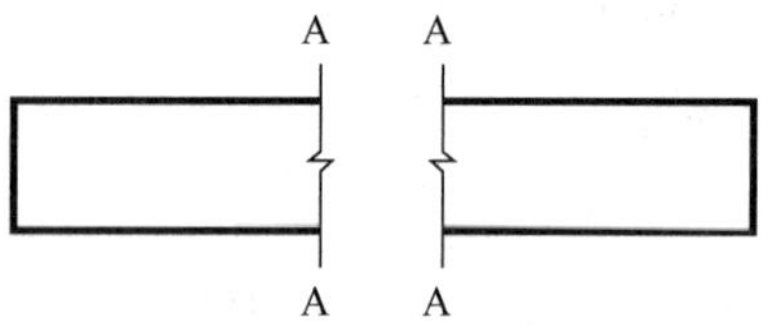	连接符号应以折断线表示需连接的部位。两部位相距过远时，折断线两端靠图样一侧应标注大写拉丁字母表示连接编号。两个被连接的图样必须用相同的字母编号
对称符号	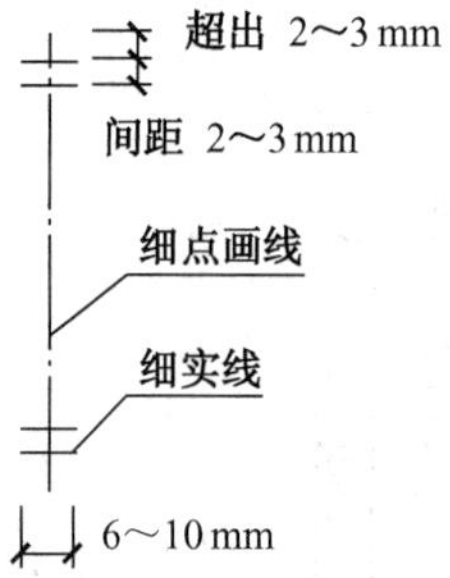	对称符号由对称线和两端的两对平行线组成。对称线用细点画线绘制；平行线用细实线绘制，其长度为6～10 mm，每对的间距为 2～3 mm；对称线垂直平分于两对平行线，两端超出平行线宜为 2～3 mm
指北针	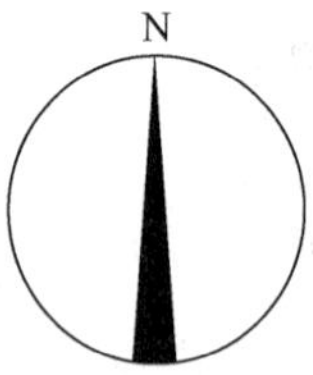	指北针的形状宜如左图所示，其圆的直径宜为24 mm，用细实线绘制；指针尾部的宽度宜为 3 mm，指针头部应注“北”或“N”字。需用较大直径绘制指北针时，指针尾部宽度宜为直径的 1/8
风玫瑰图	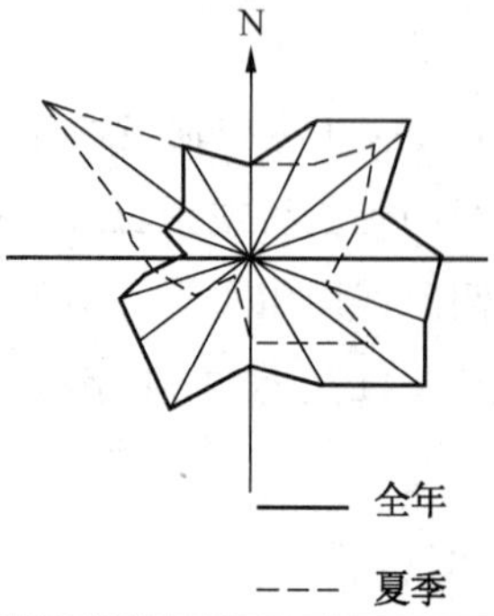	根据当地多年平均统计的 16 个方向吹风次数的百分数值以同一比例而绘成的折线图形叫风向频率玫瑰图。图上所表示的风的吹向，是指从外面吹向地区中心的。图中粗实折线距中心点最远的顶点表示该方向吹风频率最高，成为常年主导风向。图中细虚折线表示当地夏季 6、7、8 三个月的风向频率，称为夏季主导方向

1.5 技能训练

1. 工具使用练习

提示：根据 1.1 节内容，练习正确使用绘图工具的方法。

2. 图线练习

提示：根据表 1-2 和表 1-5，练习各种图线的画法和连接方法。

3. 字体练习

提示：按表 1-7 长仿宋字字高和字宽的关系确定仿宋字体的大小，根据字间距约为字高的 1/4，行间距约为字高的 1/3，画出铅笔框，如图 1-45 所示；书写仿宋字。

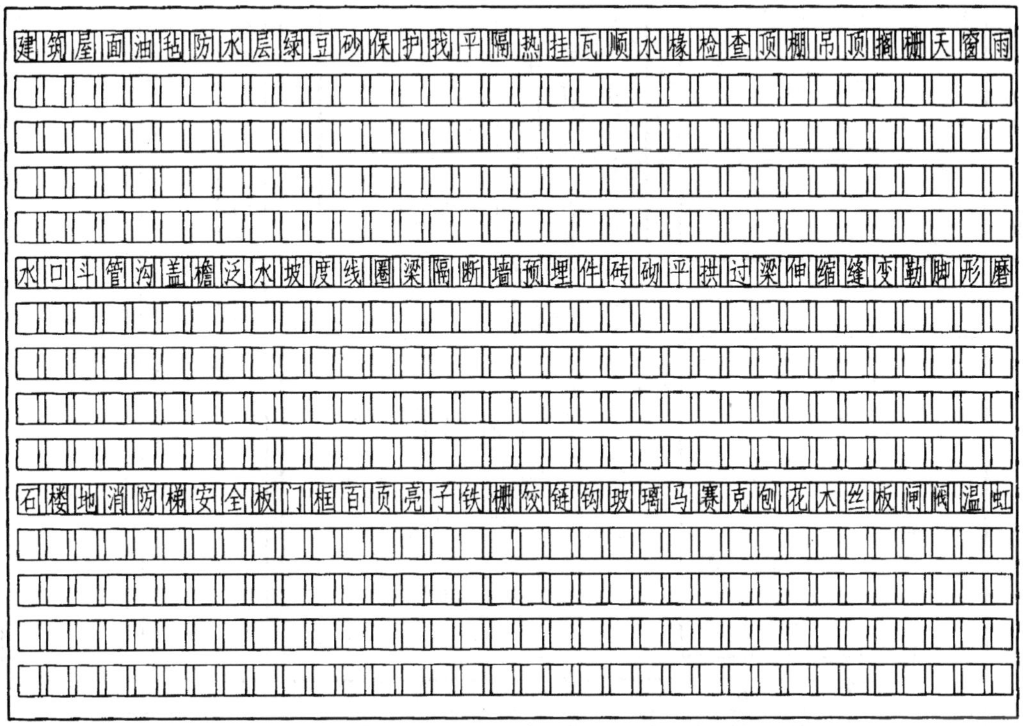

图 1-45　练习仿宋字铅笔框

4. 绘制图框和标题栏。

提示：按表 1-4 所示线宽绘制 A3 图框、标题栏，并在以后的技能训练时使用；使用工具绘制线条图形，如图 1-46 所示。在绘图时注意线型、线宽的变化。

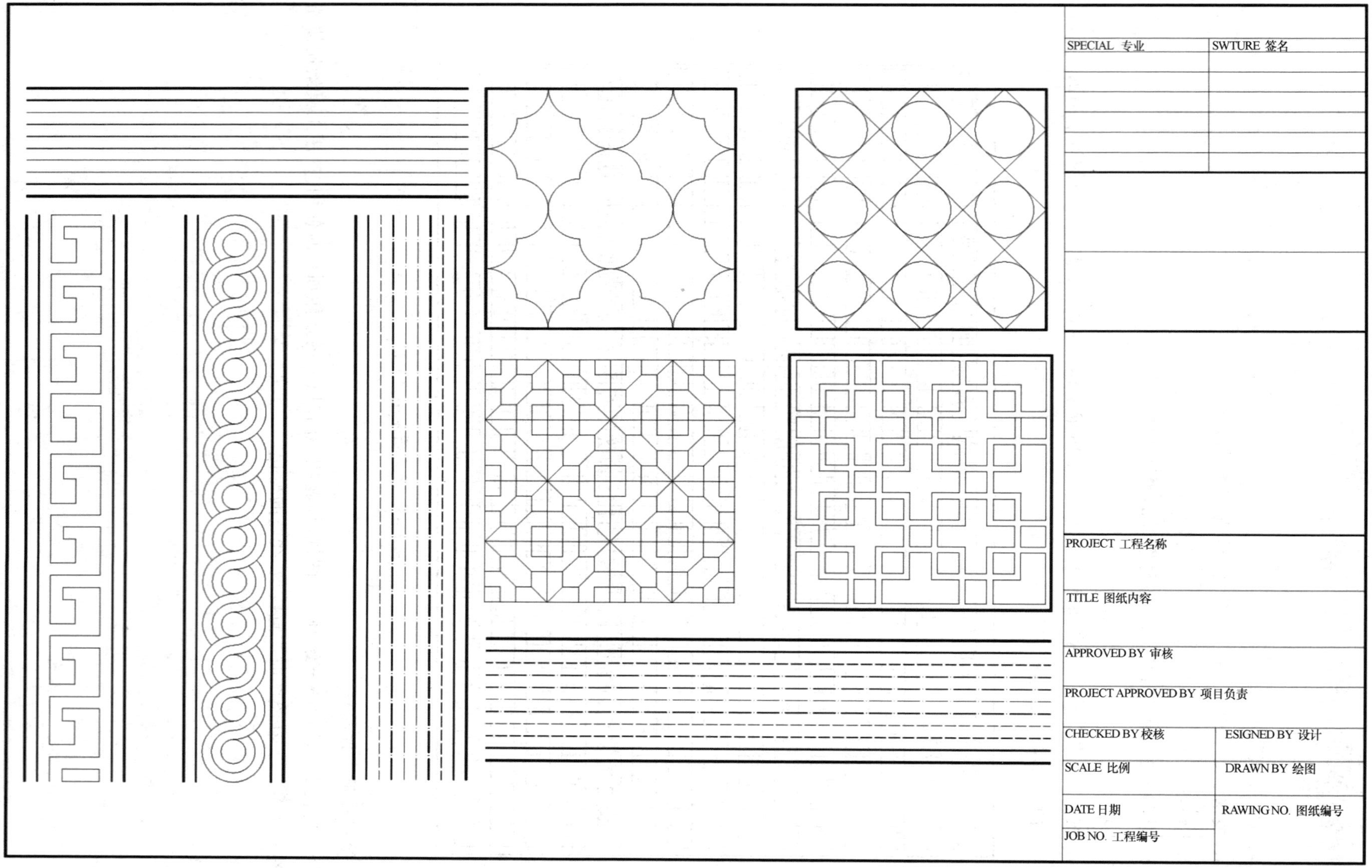

图 1-46　绘制 A3 图框，标题栏和工具线条图练习

chapter 2

第 2 章

制图基本技能

学习目标

了解工具绘图的内容；

能按要求画出常见几何图形；

能正确绘制平面图形。

2.1 几何图形画法

用尺、规和曲线板等绘图工具绘制的，以线条特征为主的工程图样称为工具线条图。工具线条图的绘制是园林设计制图最基本的技能。

2.1.1 作直线的平行线

已知直线 AB 及点 C，求作过点 C 且平行于 AB 的直线。

①使三角板的一边与直线 AB 重合，用丁字尺或三角板，靠紧三角板的另一个邻边；

②移动上部的三角板至点 C，过 C 画直线即为所求(图 2-1)。

2.1.2 作直线的垂直线

已知直线 AB 及点 C，求作过点 C 且垂直于 AB 的直线。

①使三角板的一直角边与直线 AB 重合；

②用丁字尺或三角板，靠紧三角板的斜边，移动三角板使其另一直角边过点 C 并画直线即为所求(图2-2)。

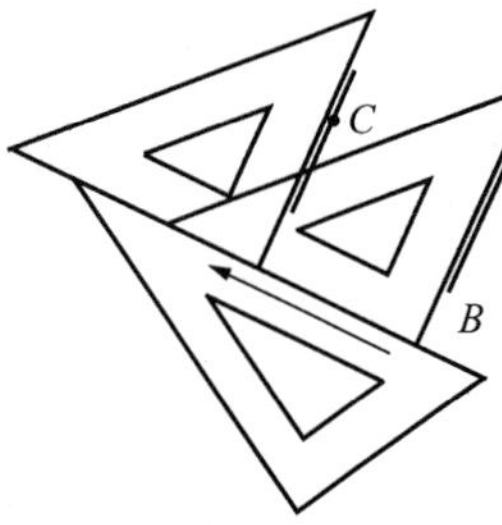

图 2-1　作直线的平行线

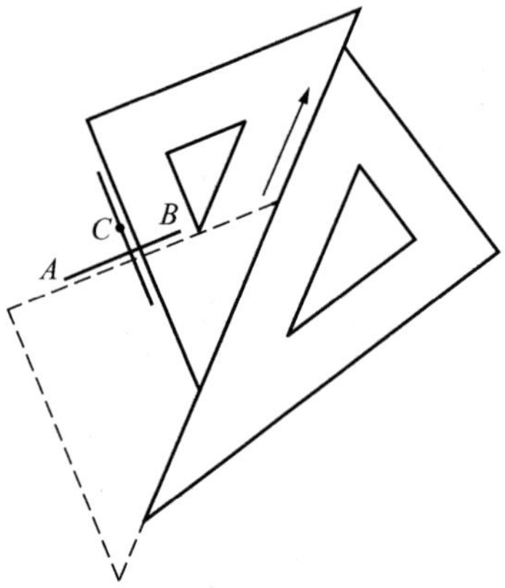

图 2-2　作直线的垂线

2.1.3 等分直线段

1. 二等分直线段

已知线段 AB，欲将其分为 2 等分。

①分别以点 A、B 为圆心、大于 $1/2AB$ 为半径作弧，得交点 C、D；

②连点 C、D 交 AB 于 M 即为 AB 中点(图 2-3)。

2. 多等分线段

已知线段 AB，欲将其分为 5 等份。

①过端点 A 任作一直线 AC；

②用分规在 AC 上量得 1、2、3、4、5 个等分点；

③连接 $5B$，分别过 1、2、3、4 等分点作 $5B$ 的平行线，即得等分点 $1'$、$2'$、$3'$、$4'$(图 2-4)。

3. 等分两平行线间的距离

已知平行线 AB 和 CD，欲将其间距分为 5 等分。

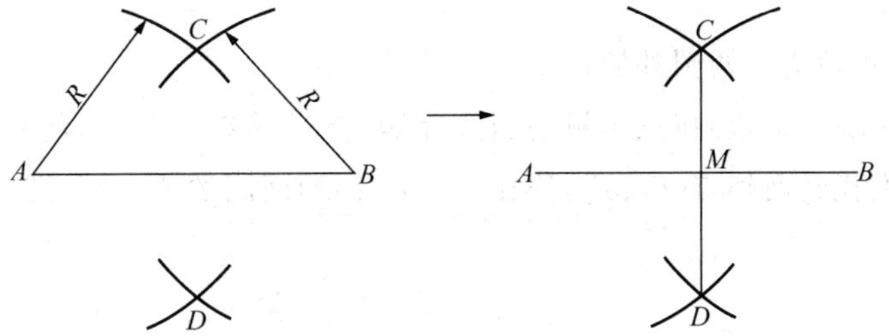

图 2-3　二等分直线段

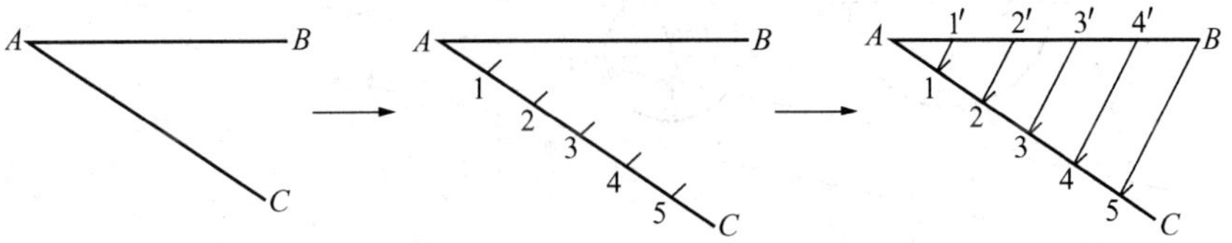

图 2-4　多等分直线段

①将直尺上的刻度 0 点置于 CD 上，转动尺身，使刻度 5 落在 AB 上，得 1、2、3、4 各分点；

②过各分点作 AB(或 CD)的平行线(图 2-5)。

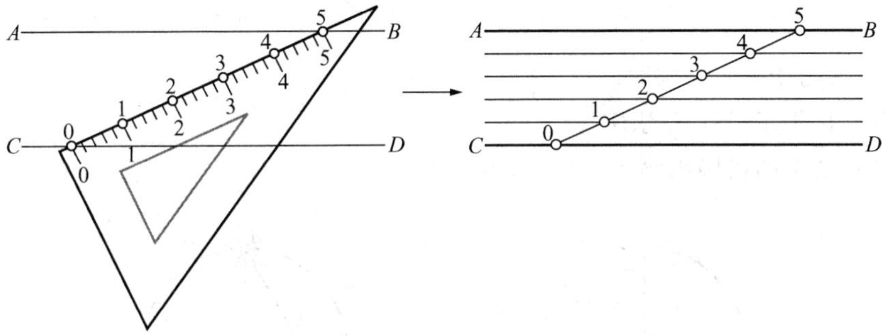

图 2-5　等分两平行线间距离

2.1.4　作圆的切线

1. 自圆外一点作圆的切线

①使三角板的一个直角边过 A 点并且与圆相切；

②使丁字尺(或另一块三角板)将三角板的斜边靠紧，然后移动三角板，使其另一直角边通过圆心并与圆周相交于切点 T，连接 AT(图 2-6)。

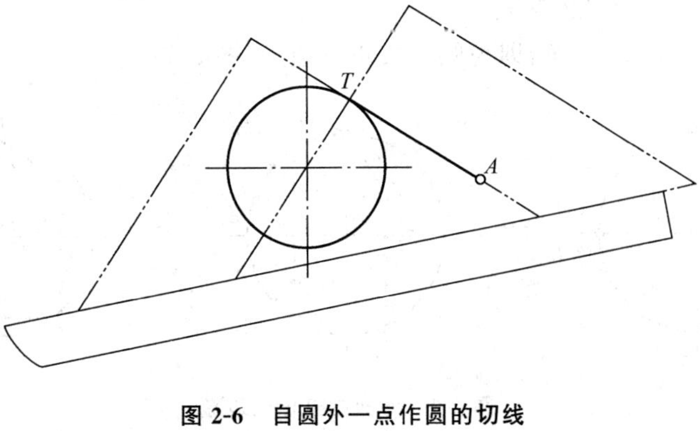

图 2-6　自圆外一点作圆的切线

2. 作两圆的外公切线

①使三角板的一个直角边与两圆外切；

②使丁字尺(或另一块三角板)将三角板的斜边靠紧，然后移动三角板，使其另一直角边先后通过两圆心，并在两圆周上分别找到两切点 T_1、T_2，连接 T_1、T_2 即为两圆的公切线(图 2-7)。

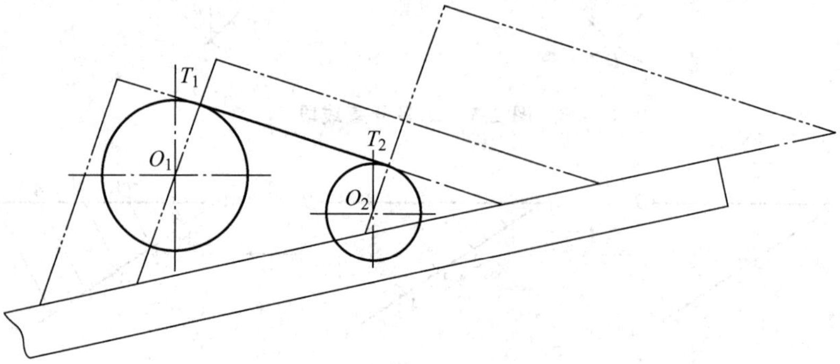

图 2-7 作两圆的外公切线

2.1.5 正多边形的画法

1. 圆的内接正三角形

①以 D 为圆心、R 为半径作弧得 BC；

②连接 AB、BC、CA 即得圆内接正三角形(图 2-8)。

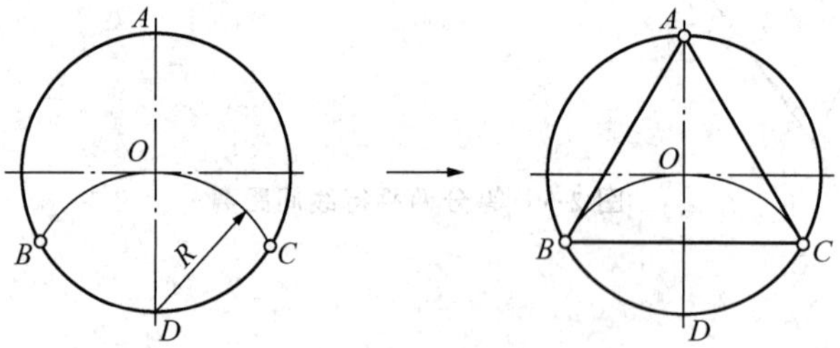

图 2-8 圆内接正三角形画法

2. 作圆内接正五边形

①作出半径 OP 的等分点 M；

②以 M 为圆心，AM 为半径作圆弧，交直径于 K；

③以 AK 为半径，分圆周为 5 等份；

④顺序连各等分点 A、B、C、D、E，即为圆内接正五边形(图 2-9)。

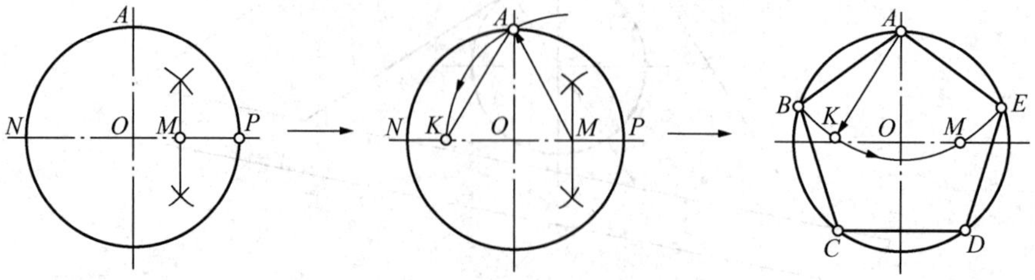

图 2-9 作圆内接正五边形

3. 作圆内接正六边形

①分别以 A、D 为圆心，以 R 为半径，在圆周上截得 B、C、E、F 点；

②按顺序连接 A、B、C、D、E、F 点，即为圆内接正六边形(图 2-10)。

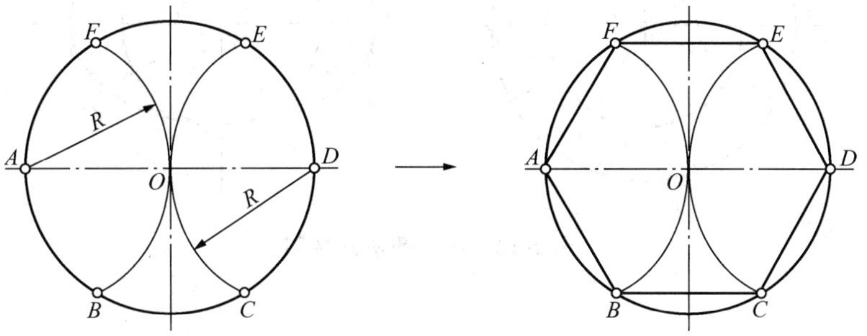

图 2-10　作圆内接正六边形

4. 作圆内接正多边形(以七边形为例)

①将直径 AP 七等分，得 1′、2′、3′、4′、5′、6′各点；

②以 P 为圆心，PA 为半径作弧，在直径 MN 延长线上截得 M_1N_1；

③分别自 M_1、N_1 连偶数点 2′、4′、6′。并延长于圆周相交得 G、F、E、B、C、D；

④依次连接 AB、BC、CD、DE、EF、FG、GA，即得圆内接正七边形(图 2-11)。

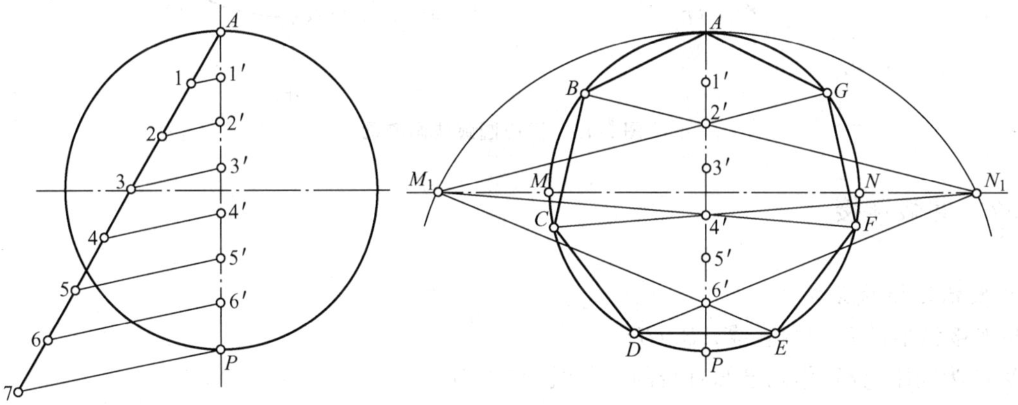

图 2-11　作圆内接七边形

2.1.6　椭圆的画法

1. 同心圆法

已知椭圆的长、短轴 AB、CD。

①分别以 AB 和 CD 为直径作大小两圆，并等分两圆周为若干份，例如 12 等分。

②从大圆各等分点作竖直线，与过小圆各对应等分点所作的水平线相交，得椭圆上各点，用曲线板连接起来，即为椭圆(图 2-12)。

2. 四心圆法

已知椭圆的长轴 AB 和短轴 CD。

①连接 AC，以 O 为圆心，OA 为半径作圆弧，交 OC 延长线于点 M。以 C 为圆心，CM 为半径作圆弧交 AC 于 M_1。

②作 M_1 的垂直平分线，交长轴于 O_1，又交短轴(或其延长线)于 O_2，在 AB 截 $OO_3=OO_1$，又在 CD

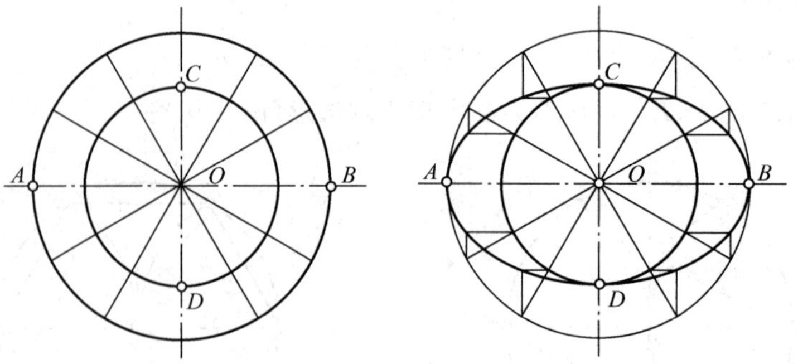

图 2-12　同心圆法画椭圆

延长线截 $OO_4=OO_2$。

③以 O_1、O_2、O_3、O_4 为圆心，O_1A、O_2C、O_3B、O_4D 为半径作圆弧，使各弧在 O_2O_1、O_2O_3、O_4O_1、O_4O_3 的延长线上的 E、F、G、H 四点处连接，即得椭圆(图 2-13)。

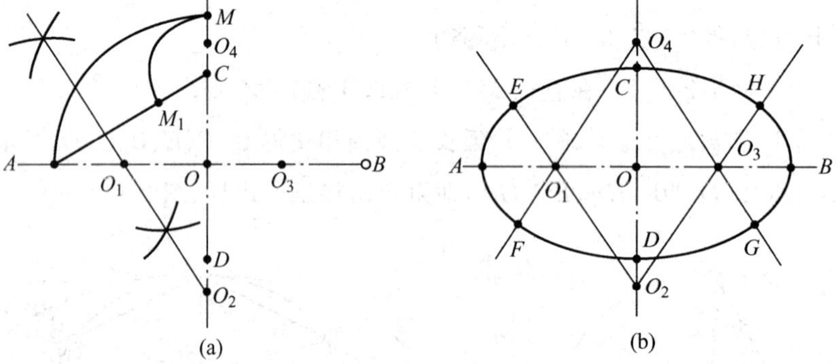

图 2-13　四心圆弧法画椭圆

2.1.7　圆弧连接

1. 用圆弧连接两直线

已知连接弧半径 R 和两直线 AB、CD。

①以 R 为间距，分别作两已知直线的平行线，交于 O；

②过 O 作已知直线的垂线，垂足 M、N 即为切点，以 O 为圆心，R 为半径，过 M、N 作弧，即用圆弧连接了两直线(图 2-14)。

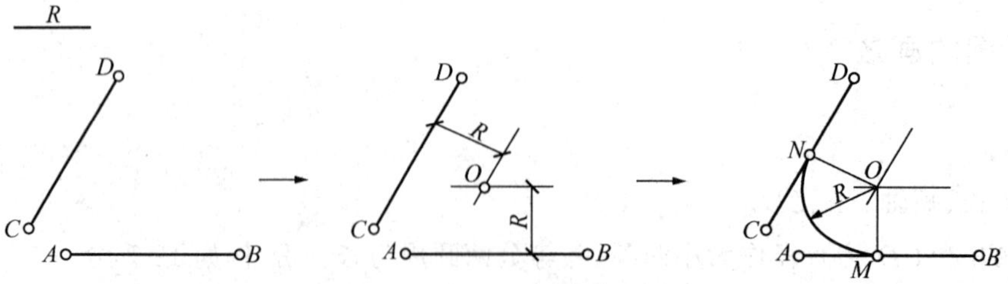

图 2-14　用圆弧连接两直线

2. 用圆弧连接一直线和一圆弧

已知连接圆弧半径 R 和直线 AB 及半径为 R_1 的圆弧。

①以 R 为间距作 AB 的平行线与以 O_1 为圆心、$R+R_1$ 为半径作的弧交于 O，O 即为所求连接弧的圆心；

②连 OO_1 交 O_1 于 M，过 O 作 ON 垂直 AB、N 为垂足，以 O 为圆心、R 为半径过 M、N 作弧即用圆弧连接一直线和一圆弧(图 2-15)。

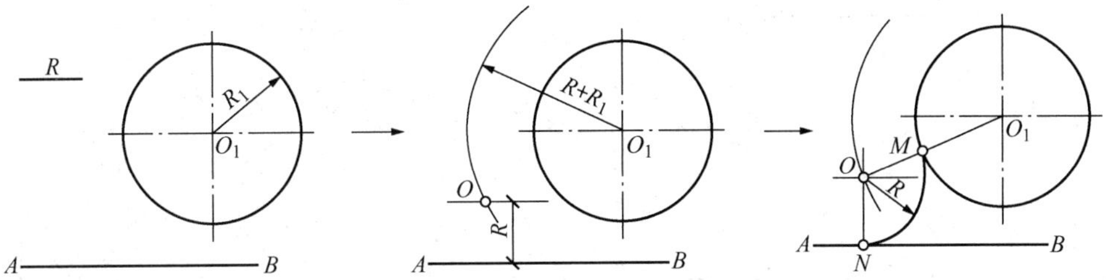

图 2-15　用圆弧连接一直线和一圆弧

3. 用圆弧连接两已知圆弧(外切)

已知连接弧半径 R 和半径为 R_1、R_2 的两已知弧。

①以 O_1 为圆心，$R+R_1$ 为半径画弧；

②以 O_2 为圆心，$R+R_2$ 为半径画弧与前弧交于 O，即连接弧圆心；

③连 OO_1 交已知弧于 M，连 OO_2 交已知弧于 N 即为切点；

④以 O 为圆心，R 为半径，在 M、N 之间画弧，即用圆弧连接两已知圆弧(外切)为所求(图 2-16)。

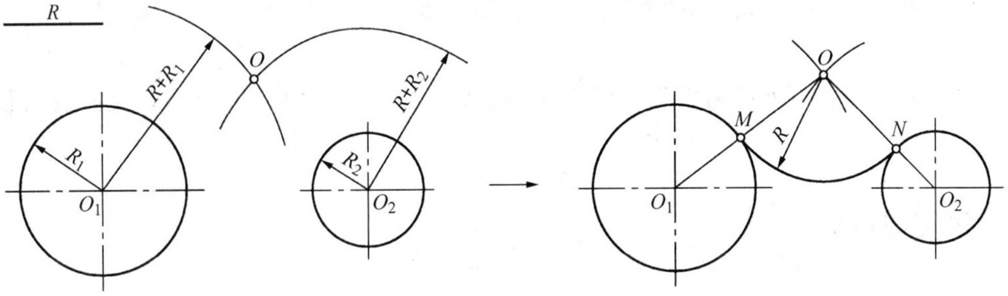

图 2-16　用圆弧连接两已知圆弧(外切)

4. 用圆弧连接两已知圆弧(内切)

已知连接弧半径 R 和半径为 R_1、R_2 的两已知弧。

①分别以 O_1O_2 为圆心，$R-R_1$、$R-R_2$ 为半径作弧交于 O，O 即为连接弧的圆心；

②连接 OO_1、OO_2 与 O_1、O_2 分别交于 M、N，M、N 即为连接弧的连接点，以 O 为圆心，R 为半径，过 M、N 作弧即用圆弧连接两已知圆弧(内切)(图 2-17)。

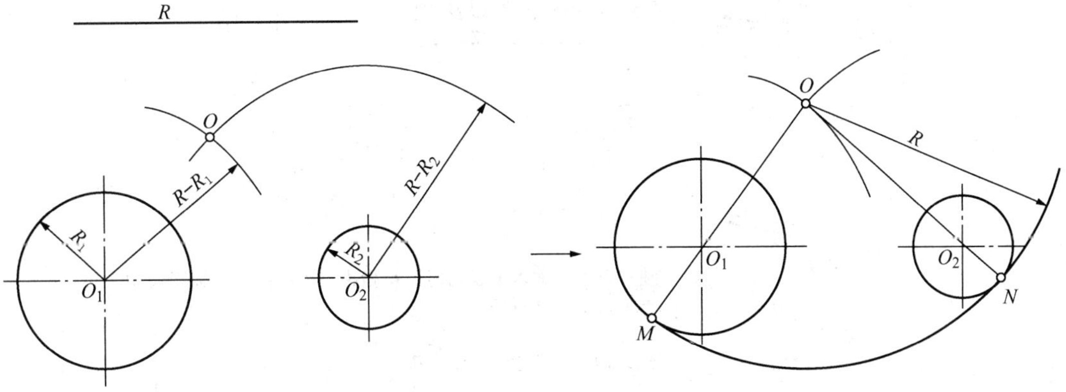

图 2-17　用圆弧连接两已知圆弧(内切)

5. 圆弧与两圆内、外切连接

已知连接弧半径 R 和半径为 R_1、R_2 的两已知弧。

①分别以 O_1O_2 为圆心，$R-R_1$、$R+R_2$ 为半径作弧交于 O，O 即为连接弧的圆心；

②连接 OO_1、OO_2 并延长 OO_1、OO_2 与 O_1、O_2 分别交于 M、N，M、N 即为连接弧的连接点，以 O 为圆心，R 为半径，过 M、N 作弧即用圆弧与两圆内外连接(图 2-18)。

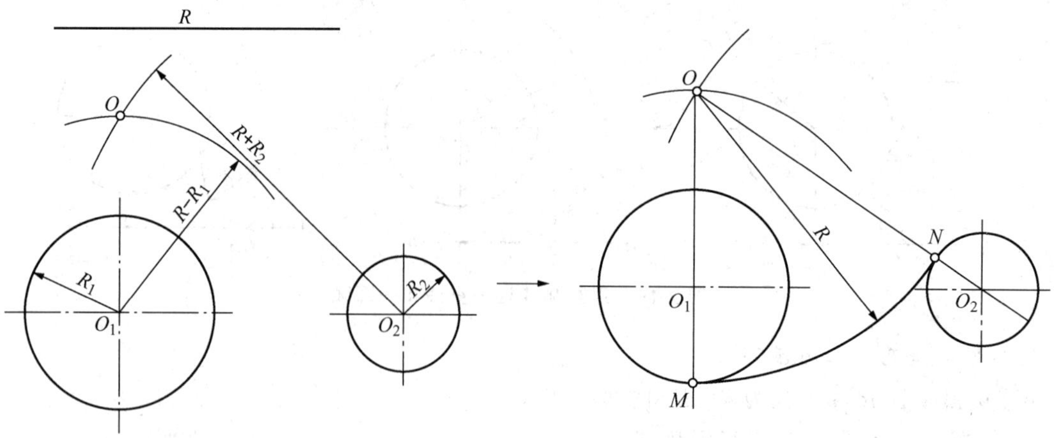

图 2-18 用圆弧与两圆内、外切连接

2.2 徒手画图

园林图中的地形、植物和水体等需徒手绘制，且在收集素材、探讨构思、推敲方案时也需借助于徒手线条图。

2.2.1 执笔与运笔

各种情况下执笔的手势和运笔的方向如图 2-19 所示。

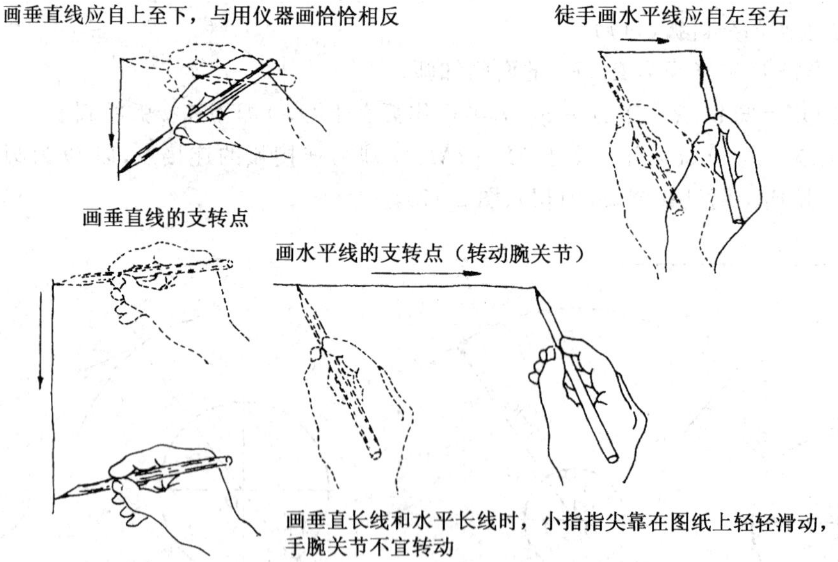

图 2-19 运笔方向及手势

徒手绘图时拿笔和运笔应做到：目测准确而肯定，目手配合自然而准确；执笔稳而轻松，起落轻而妙巧，运笔匀而灵活。徒手绘图应注意以下几点：

①拿笔的位置要高一些，以利目测控制方向。

②起落动作要轻，起落笔要肯定、准确，有明确的始止，以达线条起止整齐。下笔笔杆垂直纸面，并略向运动方向倾斜，方便笔在纸上滑动，便于行笔。

③运笔时，根据线条深浅要求用力；注意行笔自然流畅、灵活；线条间断和起止要清楚利索，不要含

糊；驳接短线条，中间深两端淡；表示不同层次，要达到整齐而均匀地连接。

④运笔中的支撑点有三种情况，一为以手掌一侧或小指关节与纸面接触的部分作为支撑点，适合于作较短的线条，若线条较长，需分段作，每段之间可断开，以免搭接处变粗。二为以肘关节作为支撑点，靠小臂和手腕运动，并辅以小指关节轻触纸面，可一次作出较长的线条。三为将整个手臂和肘关节腾空或辅以肘关节或小指关节轻触纸面作更长的线条，见图 2-19。

2.2.2 基本线条的画法

1. 直线的画法

学画徒手线条图可从简单的直线练习开始。运笔速度应保持均匀，宜慢不宜快，停顿干脆。用笔力量应适中，保持平稳。

运笔时手腕要灵活，目光应注视线的端点，不可只盯着笔尖。画水平线应自左至右画出；垂直线自上而下画出；斜线斜度较大时可自左向右下或自右向左下画出，如图 2-20 所示。

图 2-20 直线的基本画法

画直线时，可先标出直线的两端点，在两点之间先画一些短线，再连成一条直线。

在画水平线和垂直线时，宜以纸边为基线，画线时视点距图面略放远些，以放宽视面，并随时以基线来校准。

若画等距平行线，应先目测估出每格的间距(图 2-21)。

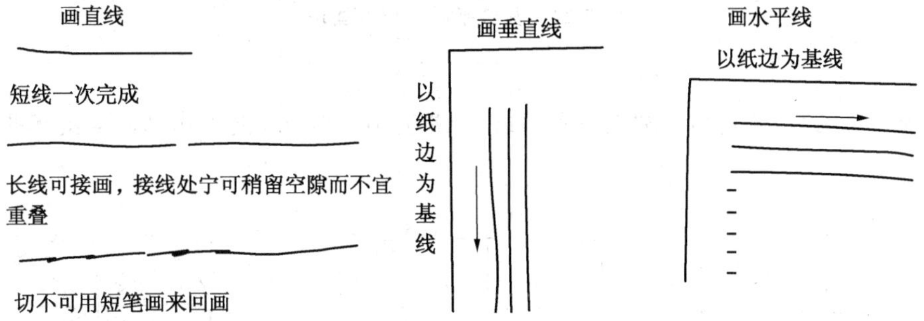

图 2-21 线条的画法

2. 常用角度的画法

画 45°、30°、60°等常用角度，可根据两直角边的比例关系，在两直角边上定出两点，然后连接而成(图 2-22)。

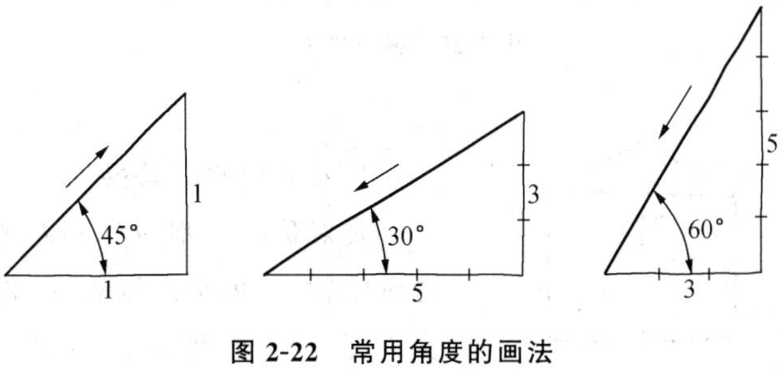

图 2-22 常用角度的画法

3. 圆的画法

画圆可先用笔在纸上顺一定方向轻轻兜圆圈，然后按正确的圆加深。

画小圆时，先作十字线，定出半径位置，然后按四点画圆，见图 2-23(a)。

画大圆时除十字线外还要加 45°线，定出半径位置，作短弧线，然后连各短弧线成圆，见图 2-23(b)。

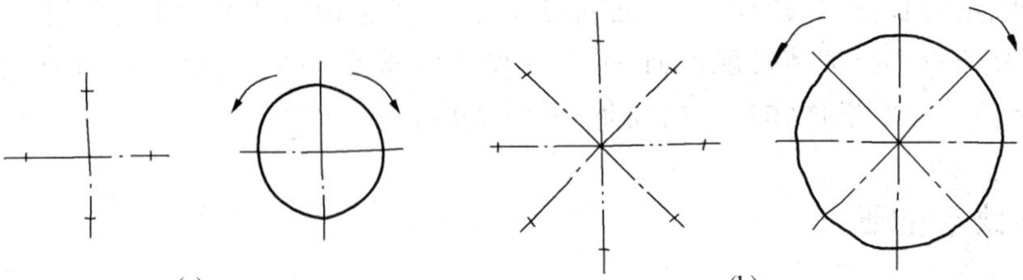

(a) (b)

图 2-23 圆的画法

尺寸较为复杂的平面圆形，在画徒手草图时应尽量利用方格纸上的线条和方格子的对角线，分析圆形的大小比例，特别是各部分、集合元素的大小和位置，尽量做到大致符合比例，应用意识地培养自己的目测能力(图 2-24)。

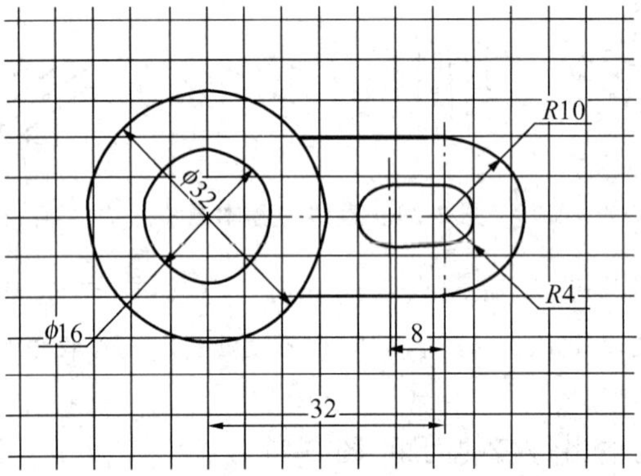

图 2-24 复杂平面圆形的画法

4. 椭圆的画法

根据椭圆的长短轴，目测定出其端点位置，过四个端点画一矩形，徒手作椭圆与此矩形相切，如图 2-25 所示。

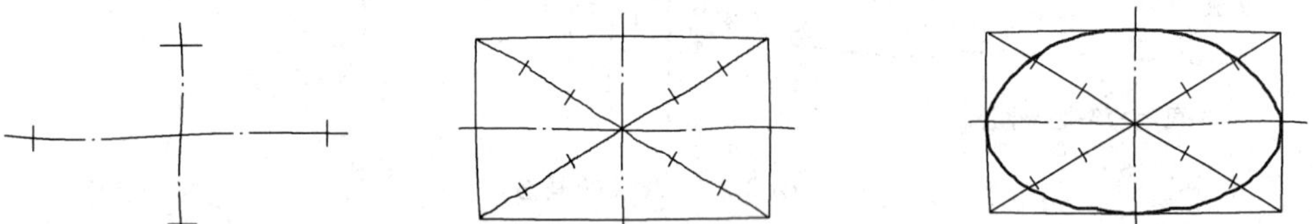

(a) (b) (c)

(a)在椭圆的长、短轴上定椭圆的端点；(b)画椭圆外切矩形，将矩形的对角线六等分；

(c)过长、短轴端点和对角线靠外等分点画椭圆

图 2-25 椭圆的画法

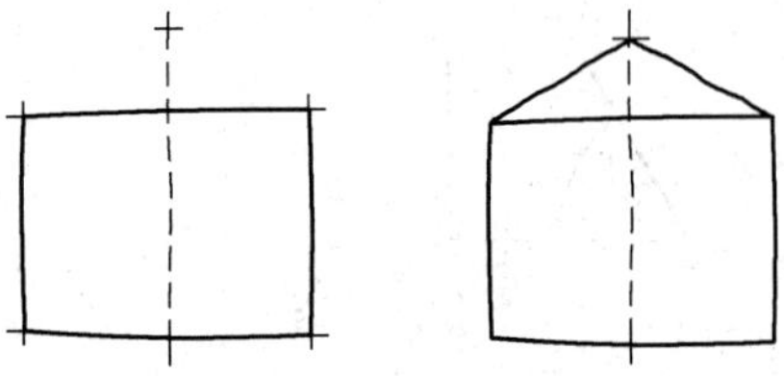

图 2-26 对称图形的画法

5. 对称图形的画法

凡对称图形都应先画对称轴线，如画山墙立面时，先画中轴线，再画山墙矩形，然后在中轴线上点出山墙尖高度，画出坡度线，最后加深各线(图 2-26)。

2.3 平面图形绘制

一个平面图形通常由一个或多个几何图形组成，而每个几何图形又由若干线段（直线或圆弧）相邻相交或相切连接。绘制平面图形前，要对平面图形进行线段分析和尺寸分析，从而知道哪些线段可以直接画出；哪些线段要根据相关的几何条件绘图，这样便能正确地确定平面图形的画图步骤。

2.3.1 尺寸分析

1. 基准线

基准线就是标注尺寸的起点。平面图形的尺寸有水平和垂直两个方向，因而就有水平和垂直两个方向的基准线。图形中有很多尺寸都是以基准线为出发点的。一般的平面图形常用以下的线为基准线。

(1)对称中心线。如图 2-27(a)所示的手柄是以水平轴线作为垂直方向的尺寸基准线的。

(2)主要的垂直或水平轮廓直线。如图 2-27(a)所示的手柄就是以中间铅垂线作为水平方向的尺寸基准线。

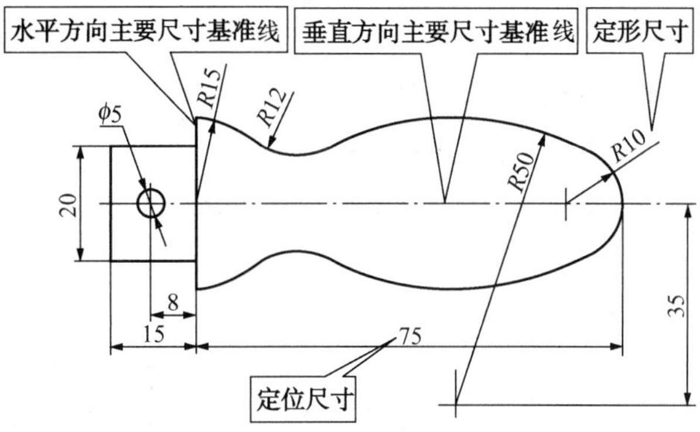

(a)

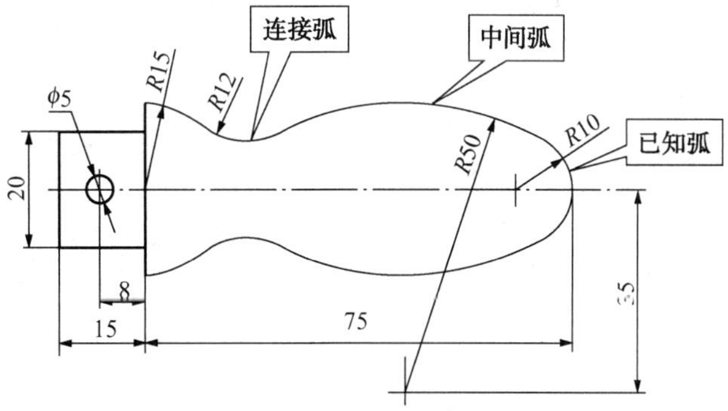

(b)

图 2-27 平面图形尺寸与图形线段分析

(3)较大的圆的中心线，较长的直线等。

2. 定形尺寸

凡确定图形中各部分几何形状大小的尺寸，称为定形尺寸。如直线段的长度、倾斜线的角度、圆或圆弧的直径和半径等。

3. 定位尺寸

凡确定图形中各个组成部分(圆心、线段等)与基准线之间相对位置的尺寸,称为定位尺寸。分析尺寸时,常会见到同一尺寸既是定形尺寸,又是定位尺寸,如图 2-27(a)中,尺寸 75 既是确定手柄长度的定形尺寸,也是间接确定尺寸 $R10$ 圆弧圆心的定位尺寸。

2.3.2 线段分析

平面图形中的线段可分为三种:

1. 已知线段

根据图形中所给尺寸能直接画出的圆弧或直线,称为已知线段。在图形中三个尺寸(圆心、坐标、半径)都已知的圆弧叫已知弧。如图 2-27(b)中,$\phi5$、$R15$、$R10$ 都是已知弧。要画一条直线,必须知道两点(的尺寸)或知道直线上一点(的尺寸)及其方向。

2. 中间线段

除图形中标注的尺寸外,还需要根据一个连接关系才能画出的圆弧或直线,称为中间线段。对圆弧来讲,只已知其中两个尺寸的圆弧叫中间弧。对直线来讲,过一已知点(或已知直线方向)且与已知圆相切的直线称为中间线段。图 2-27(b)中的 $R50$ 是中间弧。

3. 连接线段

需要根据两个连接关系才能画出的圆弧或直线称为连接线段。

对圆弧来讲只注出半径,不给出圆心位置的叫连接弧。对直线来讲只知道两端与定圆(或定圆弧)相切而不标注任何尺寸的叫连接线段。如图2-27(b)中连接 $R50$ 和 $R15$ 的圆弧即为连接弧。

2.3.3 画图步骤

画平面图形时,必须首先进行尺寸分析和线段分析,按先画已知线段,再画中间线段和连接线段的顺序依次进行,才能顺利进行制图。例如要画图 2-27 所示手柄的平面图形,应按下列步骤进行:

①画出基准线,并根据定位尺寸画出定位线,如图 2-28(a)所示;

②画出已知线段,如图 2-28(b)所示;

③画出中间线段,如图 2-28(c)所示;

④画出连接线段并加深,如图 2-28(d)所示。

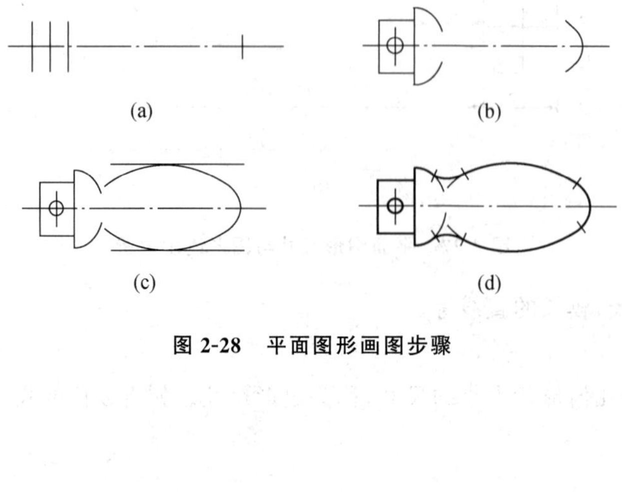

图 2-28 平面图形画图步骤

2.4 绘图步骤和方法

1. 准备

①了解所画图样的内容和要求。

②估计图形大小，选定图纸幅面。

③准备好绘图仪器与工具。

④用胶带纸固定图纸。

2. 用铅笔绘制底稿

①用 H 或 2H 铅笔画各种细线和画底稿。

②画图框线及标题栏（可用学生作业用标题栏）。

③按范图中给定尺寸画底图。

④校对底稿，擦去多余图线。

3. 加深图线、上墨或描图

（1）铅笔加深图线　用 B 或 HB 铅笔加深图线，方法如图 2-29 所示，并按下列顺序进行。

项　目	正　确	不正确
粗线与稿线的关系：稿线应为粗线的中心线	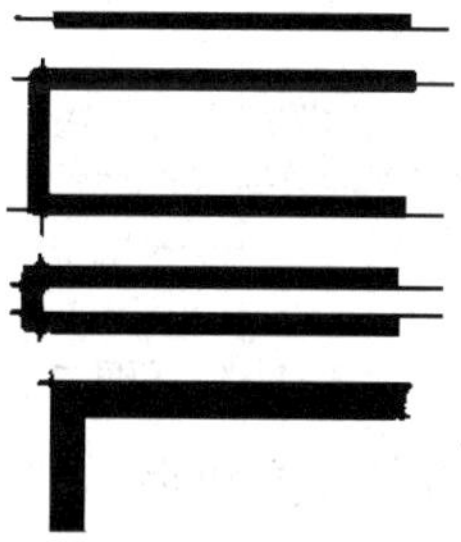	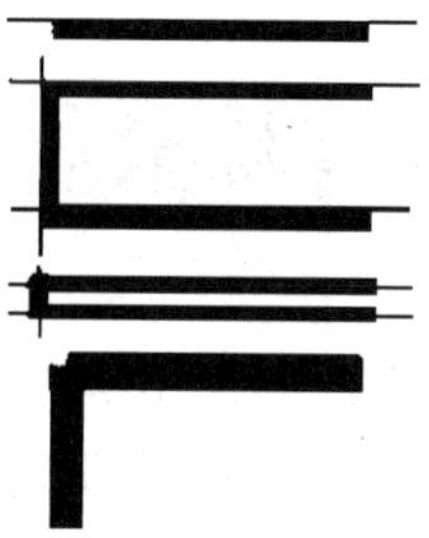
两稿线距离较近时可沿稿线向外加粗		
粗线的接头		

图 2-29　线条的加深与加粗

①先画上方，后画下方；先画左方，后画右方；先画细线，后画粗线；先画曲线，后画直线；先画水平方向的线段，后画垂直及倾斜方向的线段。

②同类型、同规格、同方向的图线可集中画出。

③画起止符号，填写尺寸数字、标题栏和其他说明，用 HB 或 H 铅笔画箭头和写字用。

④仔细核对、检查并修改已完成的图纸。

（2）上墨　上墨是在绘制完成的底稿上用墨线加深图线，步骤与用铅笔加深基本一致，一般使用绘图墨水笔。

图线应粗细均匀、光滑整洁、边缘挺括、交接清楚。作图线时要考虑线条的等级变化；通常剖断线最粗最浓，形体外轮廓线次之；主要特征的线条较粗较浓，次要内容的线条较细较淡。线条的加深与加粗如图2-30所示。铅笔线宜用较软的 B～3B 铅笔加深或加粗，然后用较硬的 H～B 铅笔将线边修齐。墨线的加粗，可先画边线，再逐笔填实。如一笔就画粗线，由于下水过多，容易在起笔处胀大，纸面也容易起皱。

图 2-30　墨线的加粗方法

（3）描图　在工程施工过程中往往需要多份图纸，这些图纸通常采用描图和晒图的方法进行。描图是用透明的描图纸覆盖在铅笔图上用墨线描绘，描图后得到的底图再通过晒图就可得到所需份数的复制图样（俗称蓝图）。描图时应注意以下几点：

①将原图用丁字尺校正位置后粘贴在图板上，再将描图纸平整地覆盖在原图上，用胶带纸把两者固定在一起。

②描图时应先描圆或圆弧，从小圆或小弧开始，然后再描直线。

③描图时一定要耐心、细致，切忌急躁和粗心。图板要放平，墨水瓶千万不可放在图板上，以免翻倒沾污图纸。手和用具一定要保持清洁干净。

④描图时若画错或有墨污，一定要等墨迹干后再修改。修改时可用刀片轻轻地将画错的线或墨污刮掉。刮时底下可垫三角板，力量要轻而均匀。千万不要着急，以免刮破描图纸。刮过的地方要用砂橡皮擦除痕迹，最后用软橡皮擦净并压平后重描。重描时注墨不要太多。

（4）注意事项

①画底图时线条宜轻而细，只要能看清楚就行。

②铅笔选用的硬度：加深时粗线宜选用 HB 或 B 铅笔；细实线宜用 2H 或 3H 铅笔；写字宜用 H 或 HB 铅笔；加深圆或圆弧时所用的铅芯，应比同类型画直线的铅笔软一号。

③加深或描绘粗实线时应保证图线位置的准确，防止图线移位，影响图面质量。

④使用橡皮擦拭多余线条时，应尽量缩小擦拭面，擦拭方向应与线条方向一致。

2.5　技能训练

1. 根据几何图形画法，绘制本书 99 页图 5-34，134 页图 7-2 和 136 页图 7-5，137 页图 7-6 图形。

2. 使用丁字尺和三角板绘制圆的内接、外切正六边形，如图 2-31 所示。

3. 用圆规作圆十二等分，步骤如图 2-32 所示。

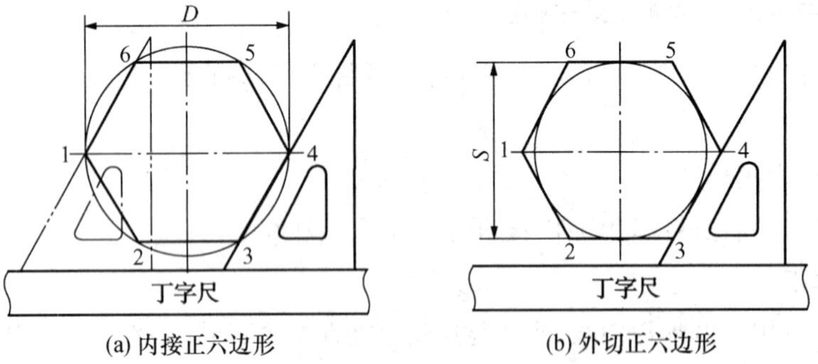

(a) 内接正六边形　(b) 外切正六边形

图 2-31　利用丁字尺和三角板绘图

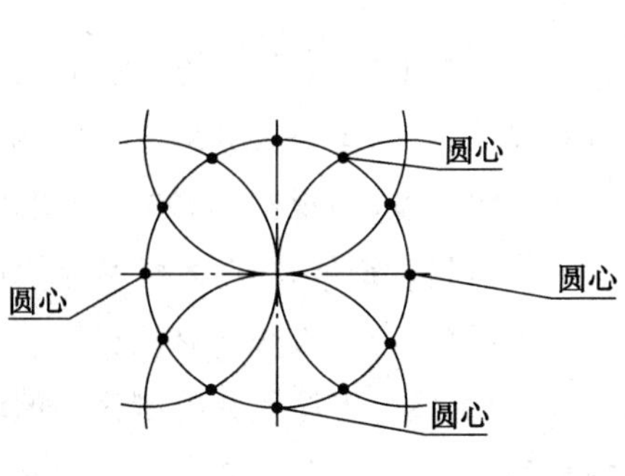

图 2-32　用圆规作圆十二等分图形步骤

4. 使用绘图工具绘制平面图，如图 2-33 所示。

提示：

①线段分析如图 2-34 所示。

②尺寸分析如图 2-35 所示。

③画图步骤如图 2-36 所示。先画定位轴线，再画已知线段，接着画中间线段，最后画连接线段，画连接线段时要精确求出线段的端点和半径。

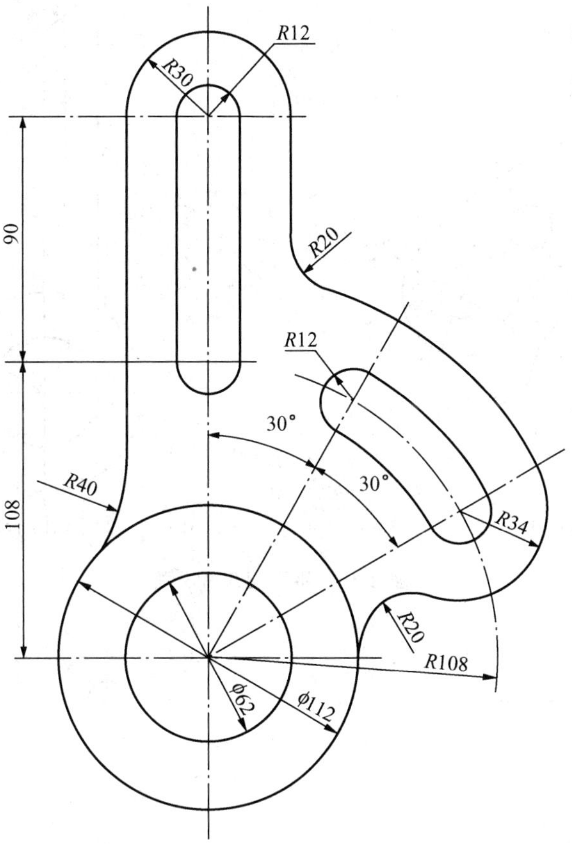

图 2-33　绘制平面图

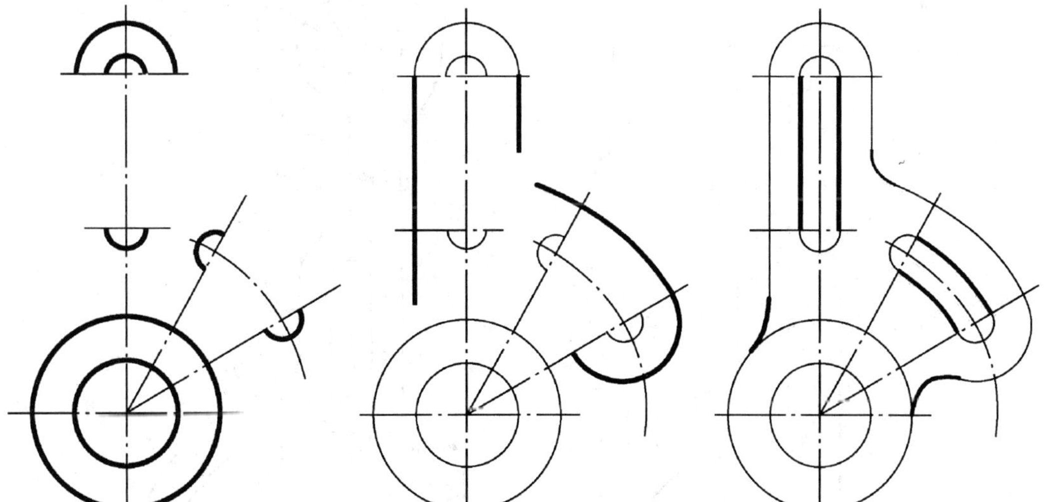

(a)已知线段　　(b)中间线段　　(c)连接线段

图 2-34　平面图线段分析

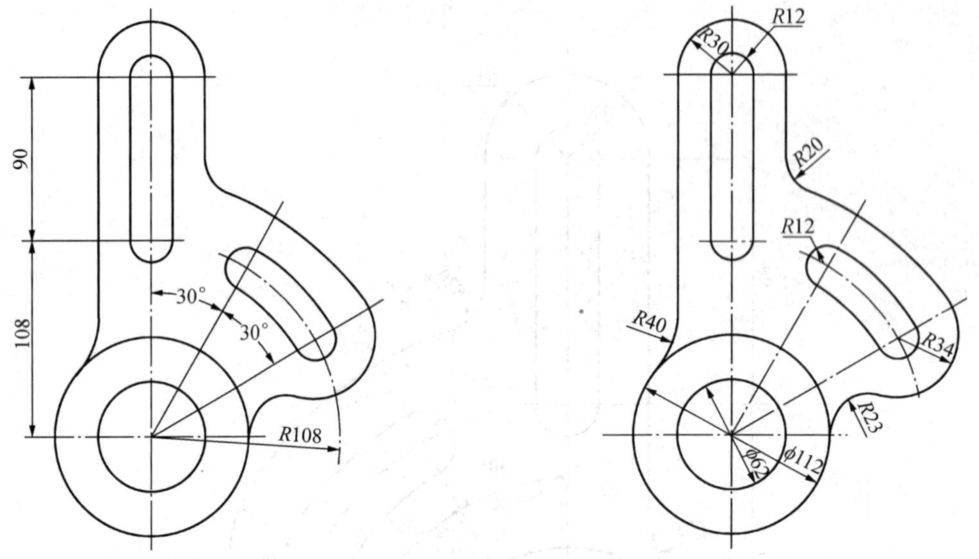

(a) 定位尺寸　　(b) 定形尺寸

图 2-35　平面图尺寸分析

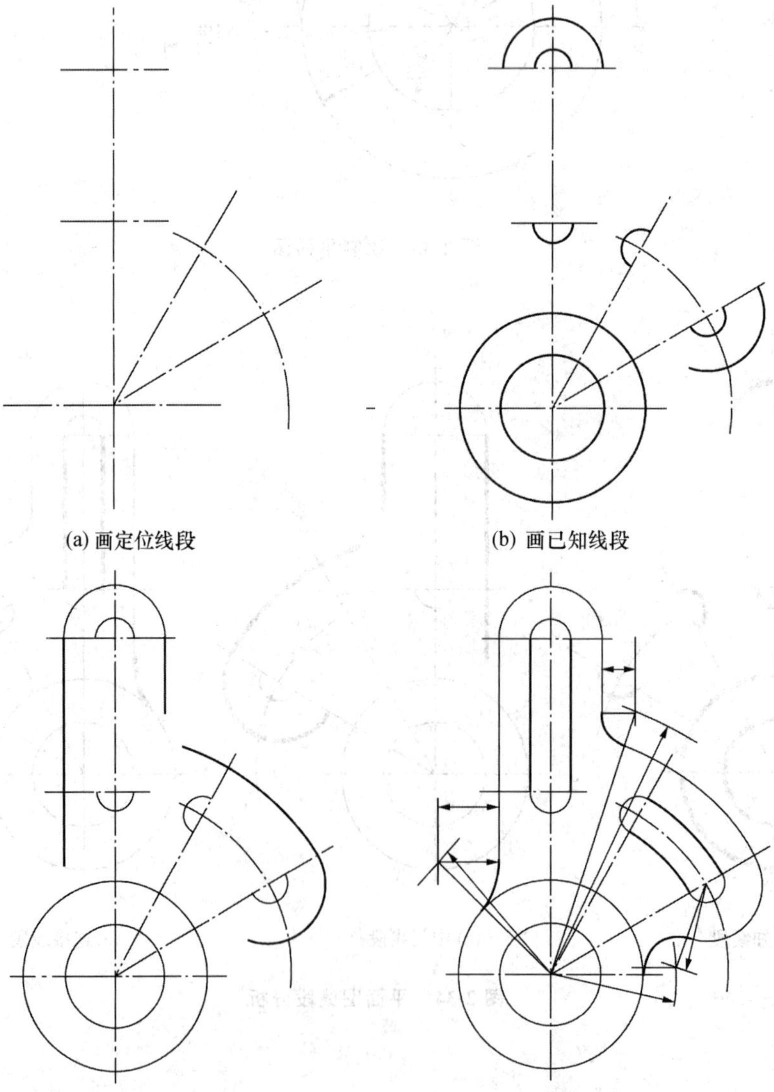

(a) 画定位线段　　(b) 画已知线段

(c) 画中间线段　　(d) 画连接线段

图 2-36　平面图画图步骤

5. 徒手画图。练习徒手画图 2-37 至图 2-41 中线条。

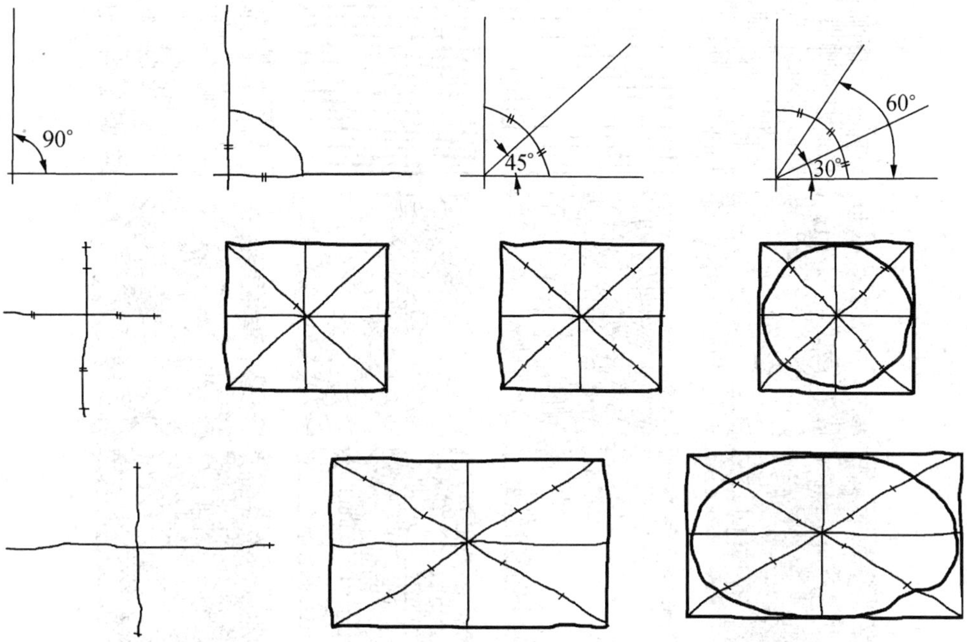

图 2-37　徒手线条练习 1

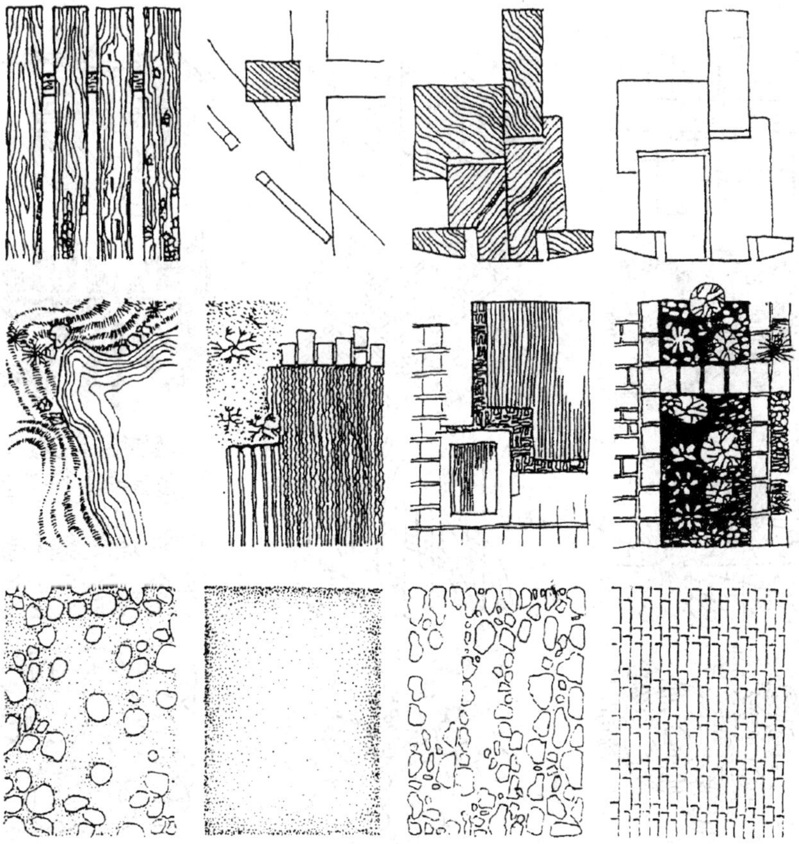

图 2-38　徒手线条练习 2

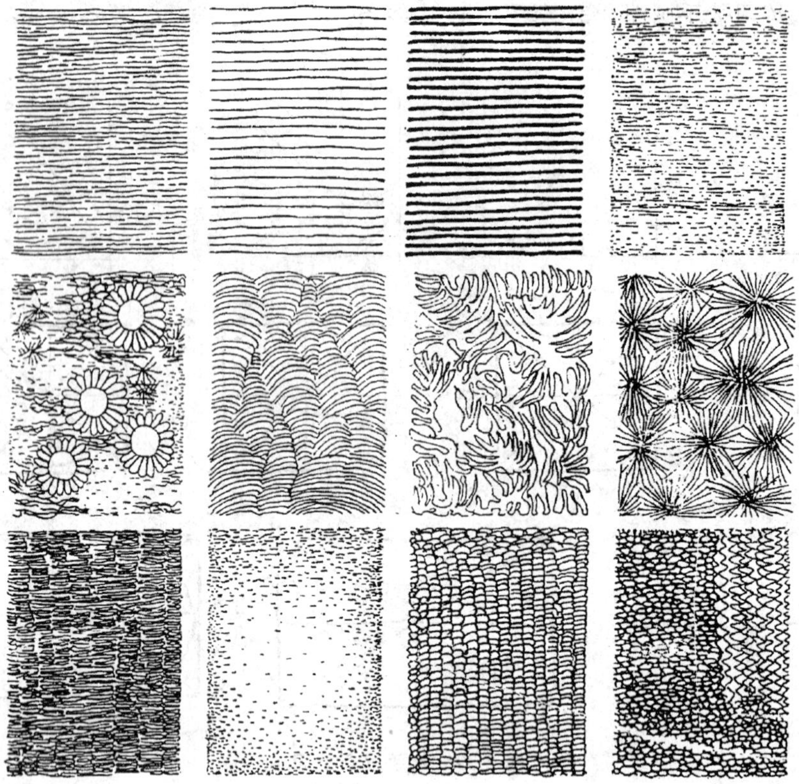

图 2-39　徒手线条练习 3

图 2-40　徒手线条练习 4

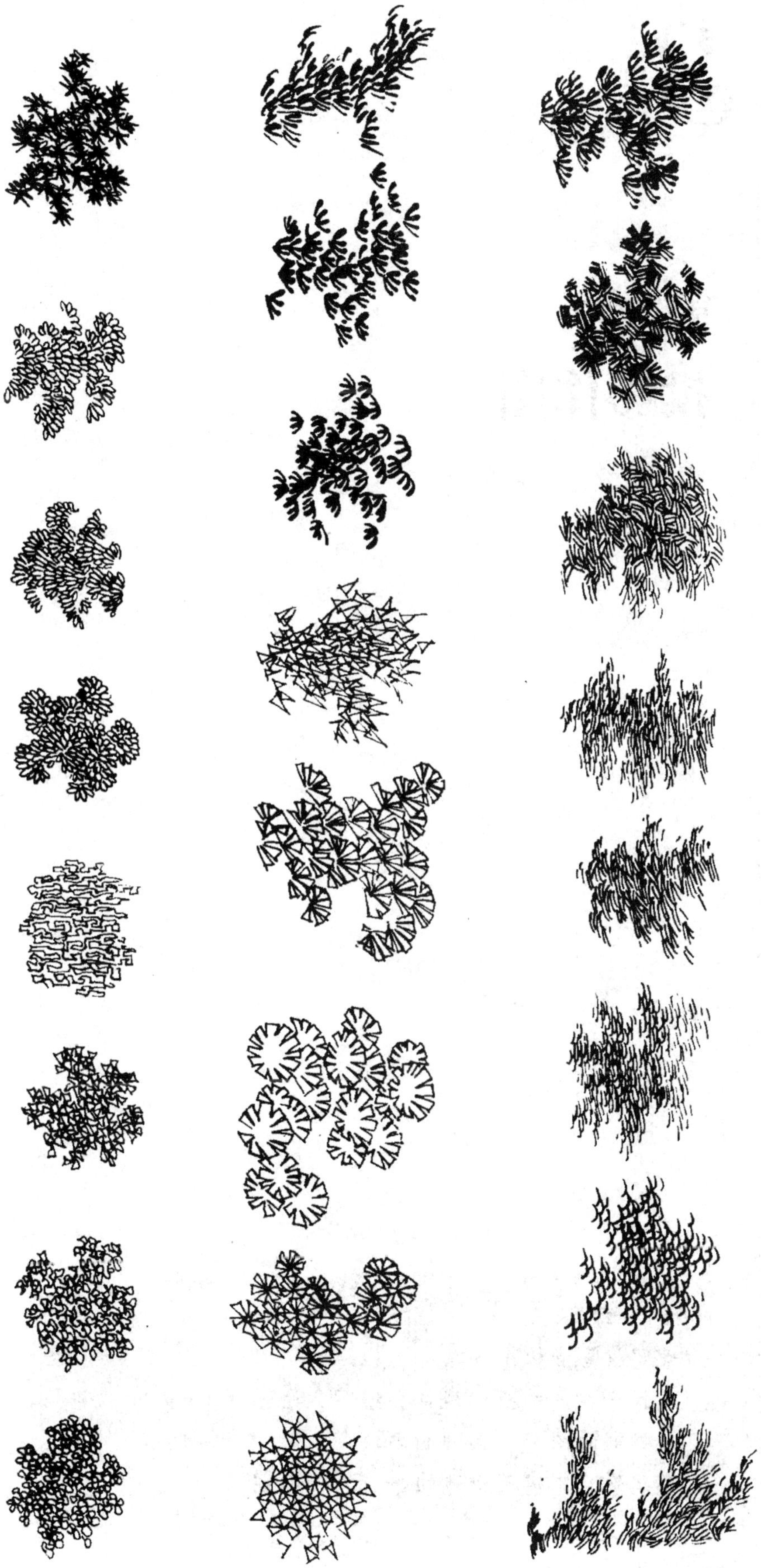

图2-41 徒手线条练习5

Chapter 3

第 3 章
投影作图

学习目标

理解投影的概念；

掌握三视图的投影规律和绘图方法；

掌握剖面图和断面图的画法；

能正确绘制建筑形体的平、立、剖面图。

3.1 投影的基础知识

3.1.1 投影的概念及投影的分类

在工程图纸中，所有图样都是根据一定的投影法则绘制的，投影的原理是绘制各种工程图纸的基础。

1. 投影的概念

把产生光线的光源叫做投影中心，光线叫做投影线，承受落影的平面叫做投影面，物体的外轮廓在投影面上产生的影子称为该物体的投影图，也叫投影，如图 3-1 所示。

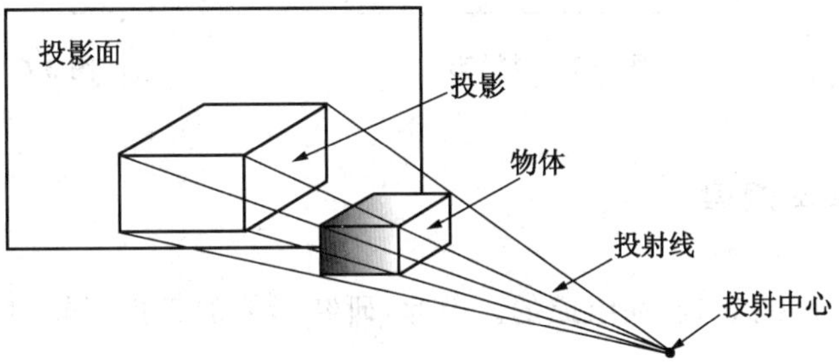

图 3-1 投影的概念

2. 投影的分类

(1)中心投影 投影线由一点放射出来(如灯光)，所得到的投影为中心投影，如图 3-2 所示。由中心投影法所得到的投影图具有较好的立体感，接近人们的视觉印象，具有较强的直观性。在园林制图中，运用中心投影可以绘制透视图，如图 3-3 所示。

(2)平行投影 物体在平行的投影线(当投影中心无限远时)照射下所形成的投影称为平行投影，如图3-4所示。根据平行的投影线与投影面是否垂直，平行投影又可分为两种：

①斜投影：平行的投影线与投影面斜交所形成的投影为斜投影，如图 3-5 所示。制图中运用斜投影的原理可以绘制斜轴测投影图。

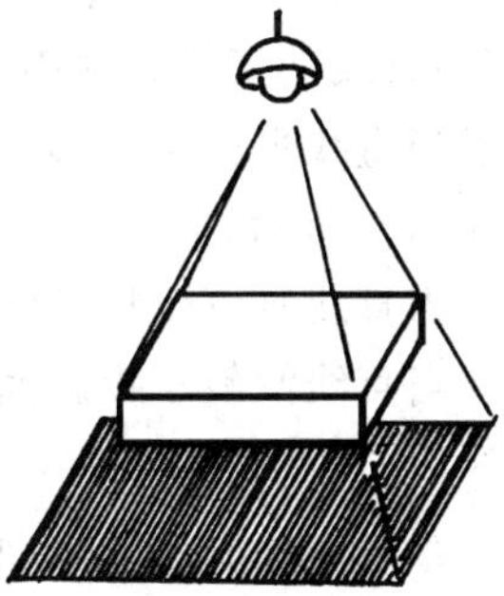

图 3-2 中心投影

图 3-3 透视图实例

②正投影：平行的投影线与投影面垂直相交所形成的投影称为正投影，如图 3-6 所示。制图中，运用正投影的原理，可以绘制形体的三面正投影图和正轴测投影图等。

一般的工程图纸，大都是按照正投影的原理绘制的。例如常用的平面图、立面图等。因此正投影的原理是工程制图的主要绘图原理。

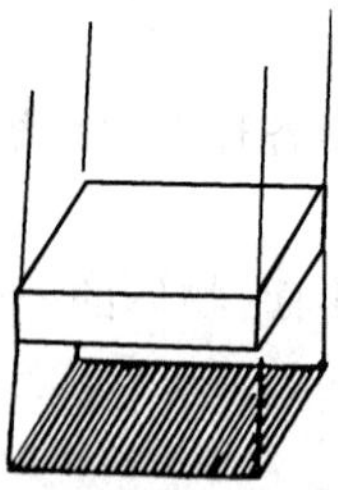

图 3-4　平行投影

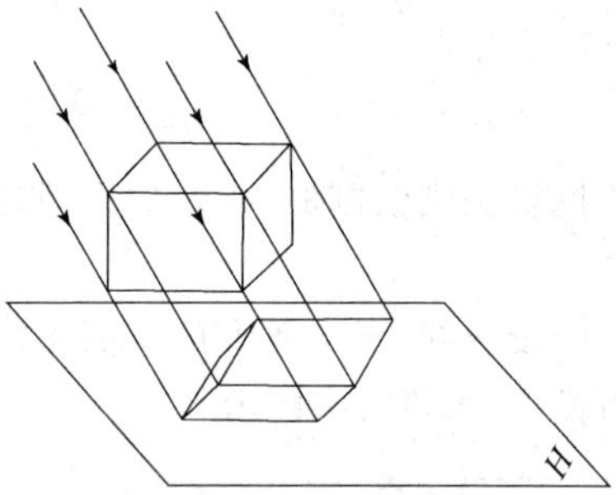

图 3-5　斜投影

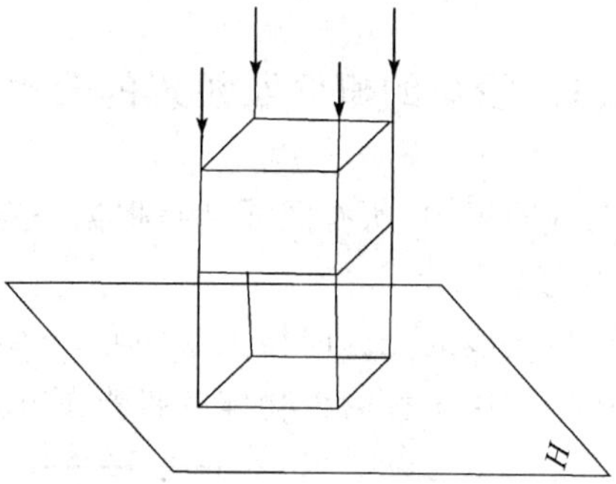

图 3-6　正投影

3.1.2　正投影的基本规律

任何形体都可以看成是由点、线、面组成的。因此，研究形体的正投影规律，可以从分析点、线、面的正投影的基本规律入手。

1. 点、线、面的正投影

(1)点的正投影规律　点的正投影仍为一点，如图 3-7 所示。

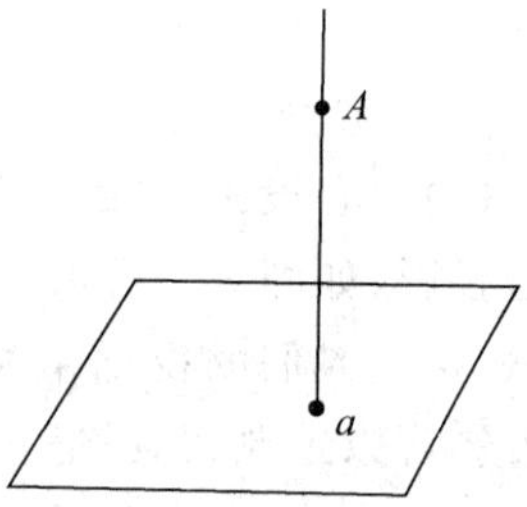

图 3-7　点的正投影

(2)直线的正投影规律

①当直线平行于投影面时，其投影仍为直线，并且反映实长，$AB=ab$，如图 3-8(a)所示。

②当直线垂直于投影面时，其投影积聚为一点，如图 3-8(b)所示。

③当直线倾斜于投影面时，其投影仍为直线，但其长度缩短，$ab<AB$，如图 3-8(c)所示。

④直线上一点的投影，必在该直线的投影上，如图 3-8(b)所示中，C 在 AB 上，则 C 的投影 c 必在 AB 的投影 ab 上，如图 3-8(c)所示。

⑤一点分直线为两线段，则两线段之比等于两线段投影之比，如图 3-8(a)、图 3-8(c)所示 $ac:ab=AC:AB$。

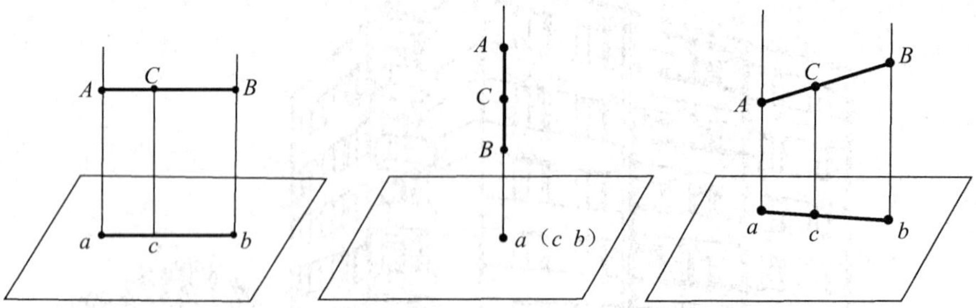

(a)　(b)　(c)

图 3-8　直线的正投影

(3)平面的正投影规律

①当平面平行于投影面时，其投影仍为平面，并反映实形，即形状、大小不变 $s(ABCD)=s(abcd)$，如图 3-9(a)所示。

②当平面垂直于投影面时，其投影积聚为一直线，如图 3-9(b)所示。

③当平面倾斜于投影面时，其投影仍为平面，但面积缩小，$s(abcd)<s(ABCD)$，如图 3-9(c)所示。

④平面上一直线的投影，必在该平面的投影上，如图 3-9(a)、图 3-9(c)所示中，直线 EF 在平面 $ABCD$ 上，则 ef 必在平面 $abcd$ 上。

⑤平面上一直线分平面的面积比等于其投影所分面积比，如图 3-9(a)、图 3-9(c)所示，$s(ABFE):s(ABCD)=s(abfe):s(abcd)$。

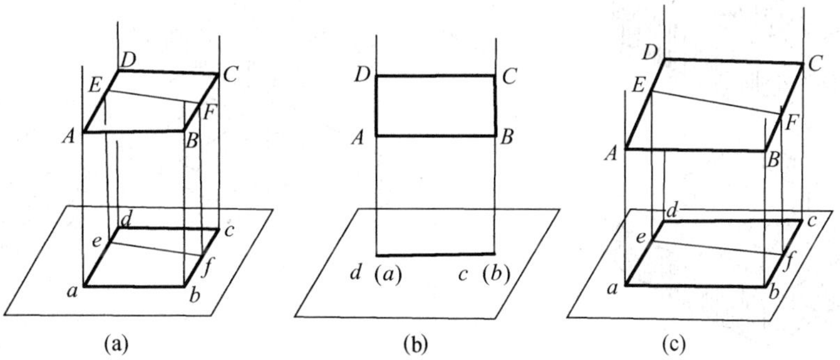

图 3-9　平面的正投影

2. 正投影的基本规律

综上所述，由点、线、面正投影的规律，可以总结出正投影的基本规律：

(1)实形性　直线(或平面图形)平行于投影面，其投影反映实长(或平面实形)。

(2)积聚性　直线(或平面图形)垂直于投影面，其投影积聚为一点(或一直线)。

(3)相仿性　直线(或平面图形)与投影面倾斜，其投影缩短(或面积缩小)，但与原来的形状相仿。

(4)从属性　点在直线上，则点的投影必在直线的投影上；点(或直线)在平面上，则点(或直线)的投影必在该平面的投影上。

(5)定比性　点分线段所成的比例，等于点的正投影所分线段的正投影的比例；直线分平面所成的面积比，等于直线的正投影所分平面的正投影的面积比。

3.1.3　三面正投影图

如图 3-10(a)所示中的空间里有三个不同的形体，它们在同一个投影面 H 的投影却是相同的。因此，在正投影中，形体在一个投影面内的投影，一般是不能真实反映空间物体的形状和大小的。在图 3-10(b)中，形体 A 用两个投影还不能唯一确定它的形状，因为形体 A 与形体 B 的 H、V 面投影相同。这意味着用形体 A 的 H、V 面投影来确定它的形状是不够的。从图3-10(c)所示中可以看出，形体 A 的 H、V、W 投影所确定的形体是唯一的，不可能是 B、C 或其他。

1. 三面正投影图的建立

通过上述分析可知，对于空间物体，需要三面投影才能准确而全面地表达出它的形状和大小。如图3-11(a)所示，H、V、W 面组成三面投影体系，三个互相垂直的投影面中，水平放置的投影面 H 称为水平投影面；正对观察者的投影面 V，称为正立投影面；右面侧立的投影面 W，称为侧立投影面。这三个投影面分别两两相交，交线称为投影轴。其中，H 面与 V 面的交线称为 OX 轴；H 面与 W 面的交线称为 OY 轴；V 面与 W 面的交线称为 OZ 轴。不难看出，OX 轴、OY 轴、OZ 轴是三条相互垂直的投影轴。三个投影面或三个投影轴的交点 O，称为原点。将形体放置于三面投影体系中，按正投影原理向各投影面投影，即可得到形体的水平投影(或 H 投影)、立面投影(或 V 投影)、侧面投影(或 W 投影)，如图 3-11(b)所示。

2. 三面正投影的展开

按照上述方法在三个互相垂直的投影面中画出形体的三面投影图分别在 H 面、V 面、W 面三个平面上，为了方便作图和阅读图样，实际作图时需将形体的三个投影表现在同一平面上，这就是需要将三个互

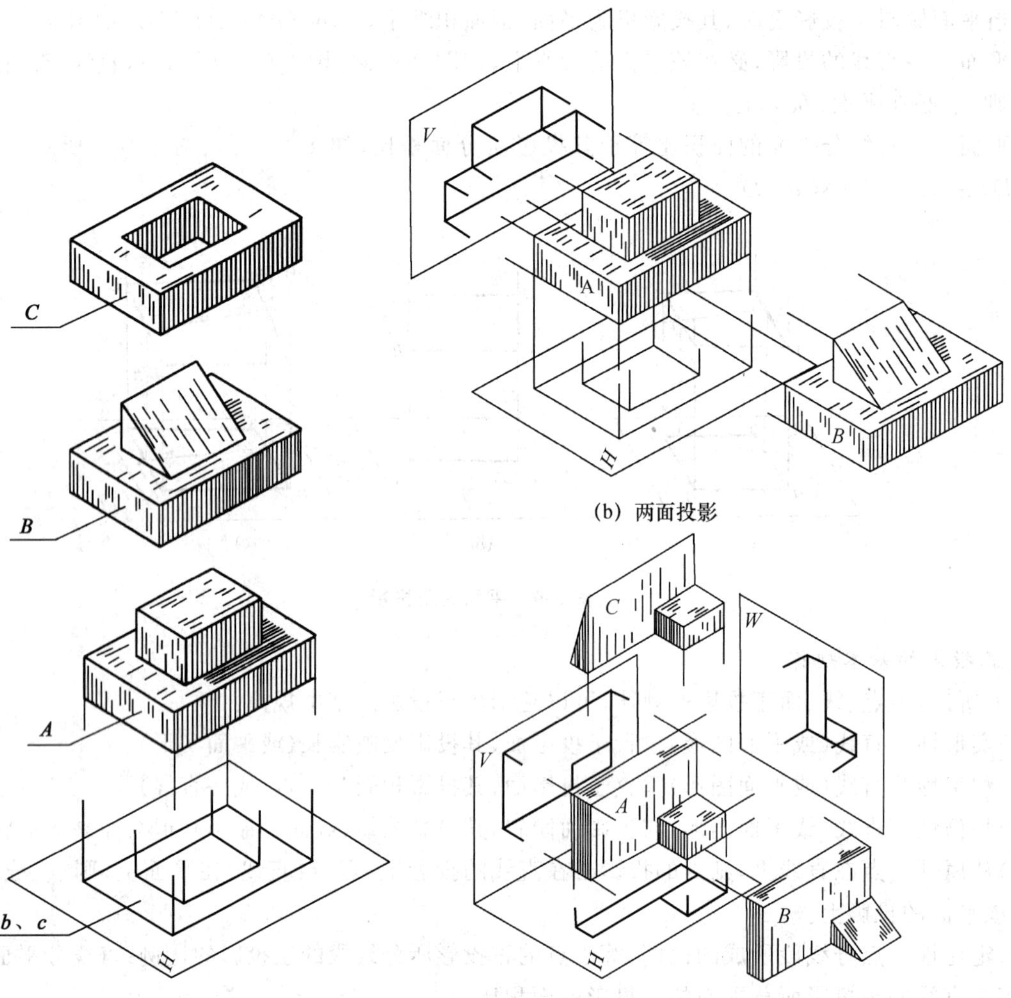

(a) 形体的一面投影　　(b) 两面投影　　(c) 三面投影

图 3-10　三面投影的必要性

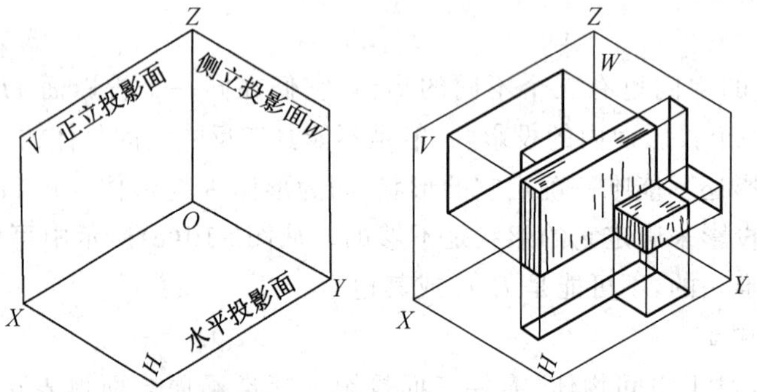

(a) 三面投影体系　　(b) 三面投影的建立

图 3-11　三面投影

相垂直的投影面展开在一个平面上，即三面投影图的展开。展开三个投影面时，规定正立投影面 V 固定不动，将水平投影面 H 绕 OX 轴向下旋转 90°，将侧立投影面 W 绕 OZ 轴旋转 90°，如图 3-12(b)所示。这样，三个投影面位于一个平面上，形体的三个投影也就位于一个平面上。

三个投影面展开后，三条投影轴成为两条垂直相交的直线，原 OX 轴、OZ 轴位置不变，原 OY 轴则被一分为二，一条随 H 面转到与 OZ 轴在同一铅垂线上，标注为 OY_H；另一条随 W 面转到与 OX 轴在同一水平线上，标注为 OY_W 以示区别，如图 3-12(c)所示。

由 H 面、V 面、W 面投影组成的投影图，称为形体的三面投影图，如图 3-12(d)所示。

投影面是假想的，且无边界，故在作图时可以不画其外框，如图 3-12(d)所示。在工程图纸上，投影轴也可以不画。不画投影轴的投影图，称为无轴投影，如图 3-13 所示。

3. 三面正投影的规律

(1)三面投影的位置关系　以正面投影为基准，水平投影位于其正下方，侧面投影位于正右方，如图 3-12(c)所示。

(2)三面投影的"三等"关系　我们把 OX 轴向尺寸称为"长"，OY 轴向尺寸称为"宽"，OZ 轴向尺寸称为"高"。从图3-12(c)所示中可以看出，水平投影反映形体的长与宽，正面投影反映形体的长与高，侧面

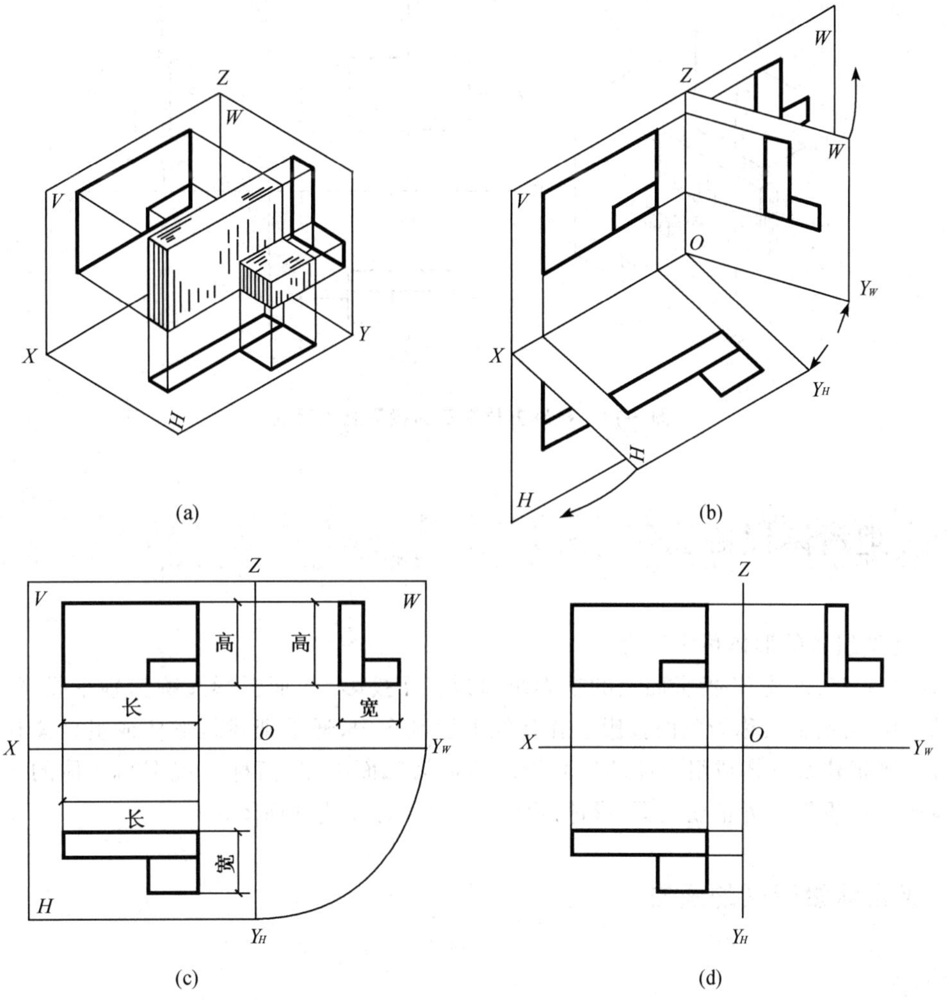

图 3-12　三面投影体系的展开与三面投影

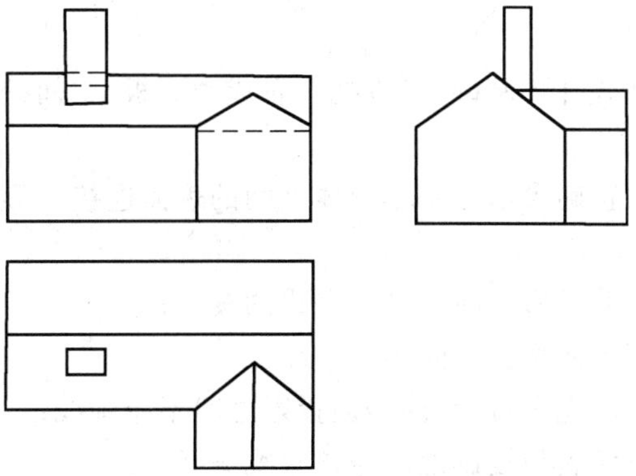

图 3-13　房屋的无轴三面投影

投影反映形体的宽与高。因为三个投影表示的是同一形体，所以无论是整个形体，或者是形体的某一部分，它们之间必然保持下列联系，即“三等”关系：水平投影与正面投影等长且要对正，即“长对正”；正面投影与侧面投影等高且要平齐，即“高平齐”；水平投影与侧面投影等宽，即“宽相等”。

(3)三面投影与形体的方位关系　形体对投影面的相对位置一经确定后，形体的前后、左右、上下的方位关系就反映在三面投影图上。由图 3-14 所示中可以看出，水平投影反映形体的前后和左右的方位关系；正面投影反映形体的左右和上下的方位关系；侧面投影反映形体的前后和上下的方位关系。

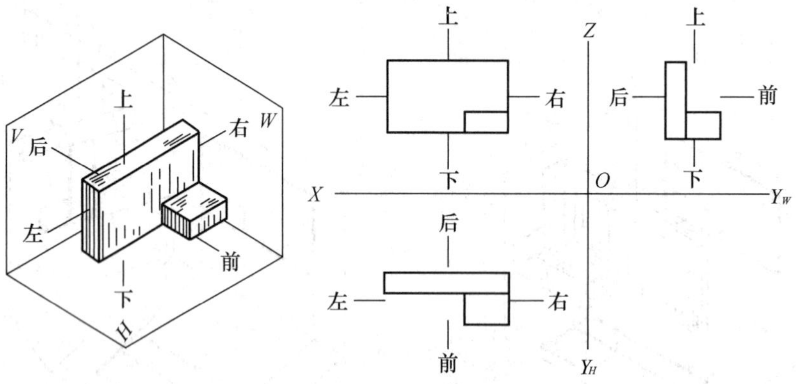

图 3-14　投影方位在三面投影上的反映

3.2　组合体投影图

由基本几何体组成的形体称为组合体。

基本几何体在 H、V 及 W 投影面上的投影统称为三面投影，H 面投影又称为水平投影；V 面投影又称为正面投影；W 面投影又称为侧面投影。在建筑工程制图中，通常把建筑形体或组合体在投影面上的投影称为视图；既把建筑形体或组合体的三面投影图称为三面视图(简称三视图)，形体的水平投影称为平面图；形体的正面投影称为正立面图；形体的侧面投影称为左侧立面图。

3.2.1　组合体投影图的画法

1. 形体分析

把一个复杂形体分解成若干基本形体或简单形体的方法，称为形体分析法。它是画图、读图和标注尺寸的基本方法。

如图 3-15(a)所示为一室外台阶，把它可以看成是由边墙、台阶、边墙三大部分组成，如图 3-15(b)所示。

再如图 3-16(a)所示是一肋式杯形基础，可以把它看成由底板、中间挖去一楔形块的四棱柱和六块梯形肋板组成，如图 3-16(b)所示。

画组合体的投影图时，必须正确表示各基本形体之间的表面连接。形体之间的表面连接可归纳为以下四种情况，如图 3-17 所示。

①两形体表面相交时，两表面投影之间应画出交线的投影；

②两形体的表面共面时，两表面投影之间不应画线；

③两形体的表面相切时，由于光滑过渡，两表面投影之间不应画线；

④两形体的表面不共面时，两表面投影之间应该有线分开。

2. 选择投射方向

投影图选择包括确定物体的安放位置、选择正面投影及确定投影图数量等。

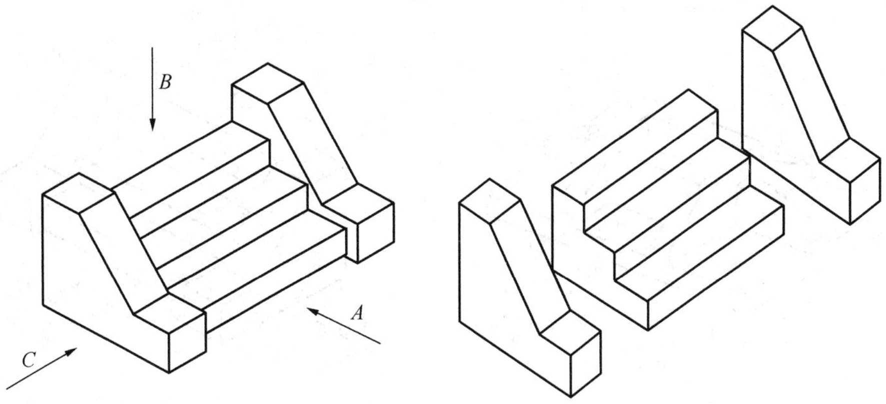

(a) (b)

图 3-15 室外台阶形体分析

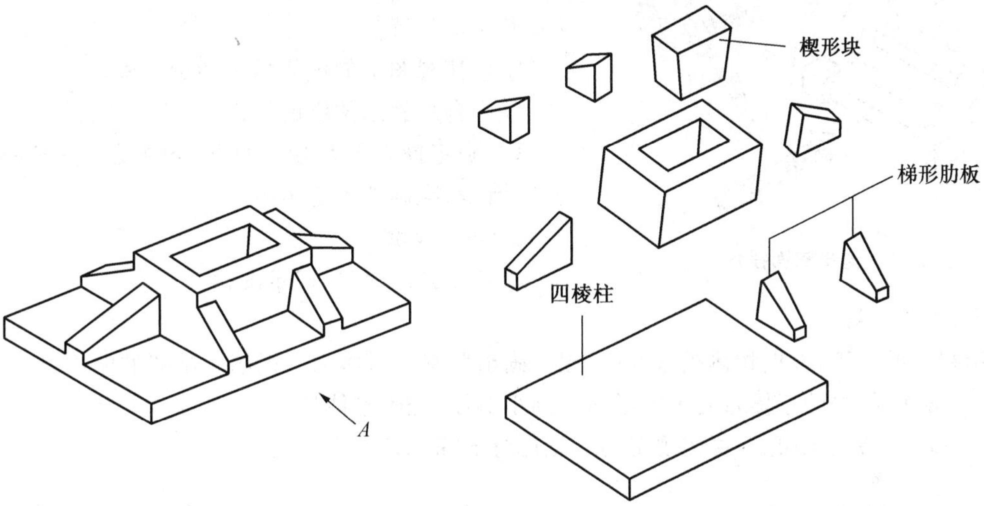

(a) (b)

图 3-16 室外台阶和肋式杯形基础形体分析

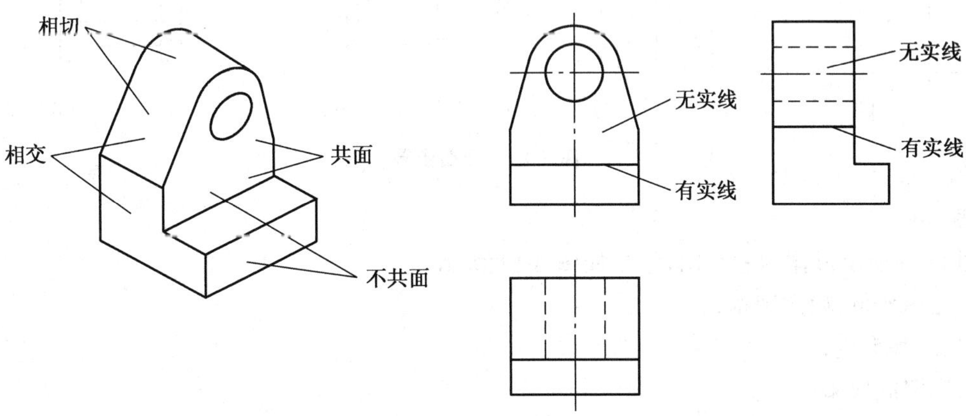

图 3-17 形体之间的表面连接

(1)确定安放位置　一要使形体处于稳定状态，二要考虑形体的工作状况。为了作图方便，应尽量使形体的表面平行或垂直于投影面，如图 3-18 所示。

(2)选择正面投影　正立面图是表达形体的一组视图中最主要的视图，所以在视图分析的过程中应重点考虑，如图 3-19 所示。其选择的原则为：

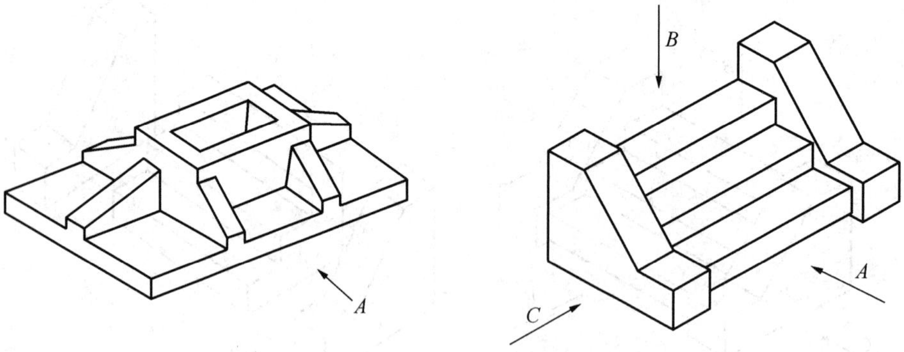

(a) (b)

图 3-18　选择投射方向

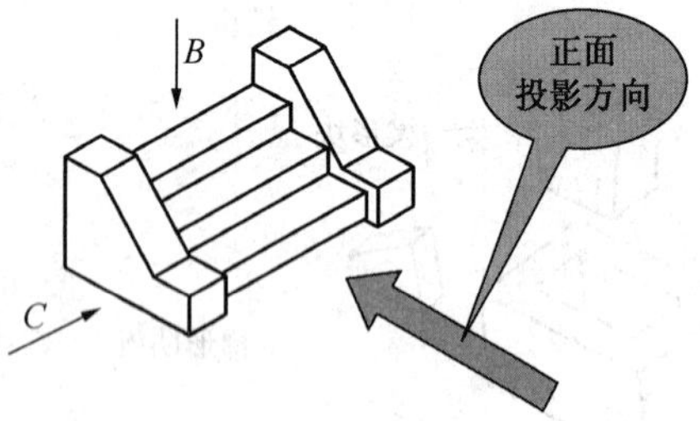

图 3-19　选择正面投影

①应使正面投影尽量反映出物体各组成部分的形状特征及其相对位置；

②应使视图上的虚线尽可能少一些；

③应合理利用图纸的幅面。

(3)确定投影图数量　用较少的投影图把物体的形状完整、清楚、准确地表达出来。

3. 画图步骤

①选取画图比例、确定图幅。

②布图、画基准线。

③绘制视图的底稿：根据物体投影规律，逐个画出各基本形体的三视图。画图的顺序是：一般先画实形体，后画虚形体(挖去的形体)；先画大形体后画小形体；先画整体形状，后画细节形状。

④检查、描深：检查无误后，可按规定的线型进行加深，如图3-20所示。

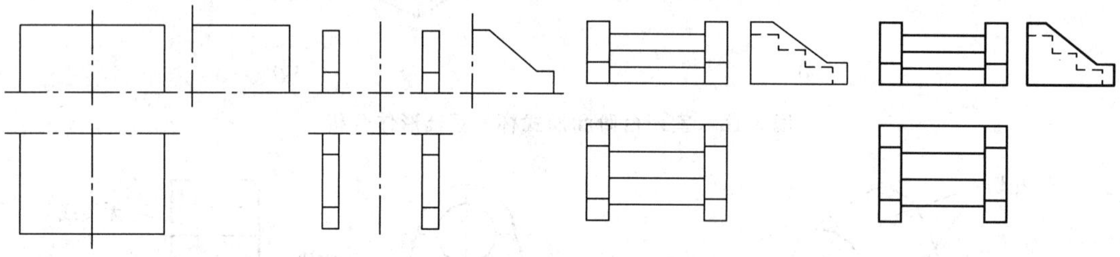

(a) (b) (c) (d)

图 3-20　画图步骤

4. 作图举例

作如图 3-16 所示形体的三视图，结果如图 3-21 所示。

①选取画图比例、确定图幅；

②布图、画基准线；

③绘制视图的底稿；

④检查、描深。

3.2.2　组合体投影图的尺寸标注

1. 基本几何体的尺寸标注

任何基本几何体都有长、宽、高三个方向上的大小，在视图上，通常要把反映这三个方向的大小尺寸

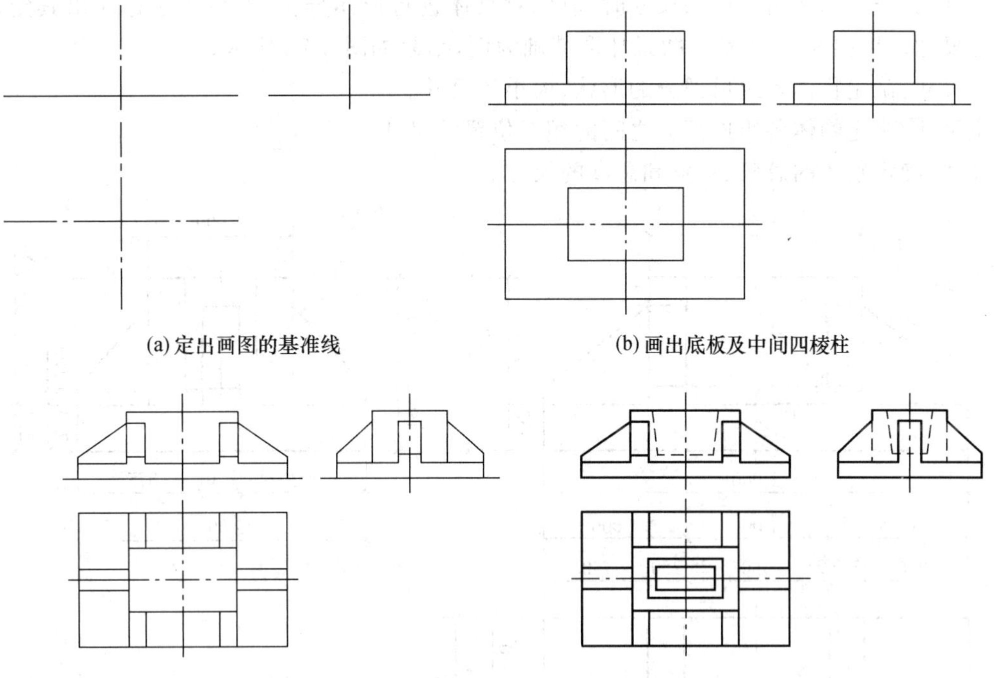

(a) 定出画图的基准线　(b) 画出底板及中间四棱柱

(c) 画梯形肋板　(d) 画楔形杯口并加深图形

图 3-21　画投影图步骤举例

都标注出来；对于回转体，可在其非圆视图上注出直径方向尺寸“ϕ”，球的尺寸标注要在直径数字前加注“Sϕ”，如图 3-22 所示。

尺寸一般标注在反映实形的投影上，并尽可能集中注写在一两个投影的下方或右方，必要时才注写在上方或左方。一个尺寸只需标注一次，尽量避免重复。正多边形的大小，可标注其外接圆的直径尺寸。

2. 组合体的尺寸标注

组合体尺寸标注的基本要求是完整、清晰、合理。

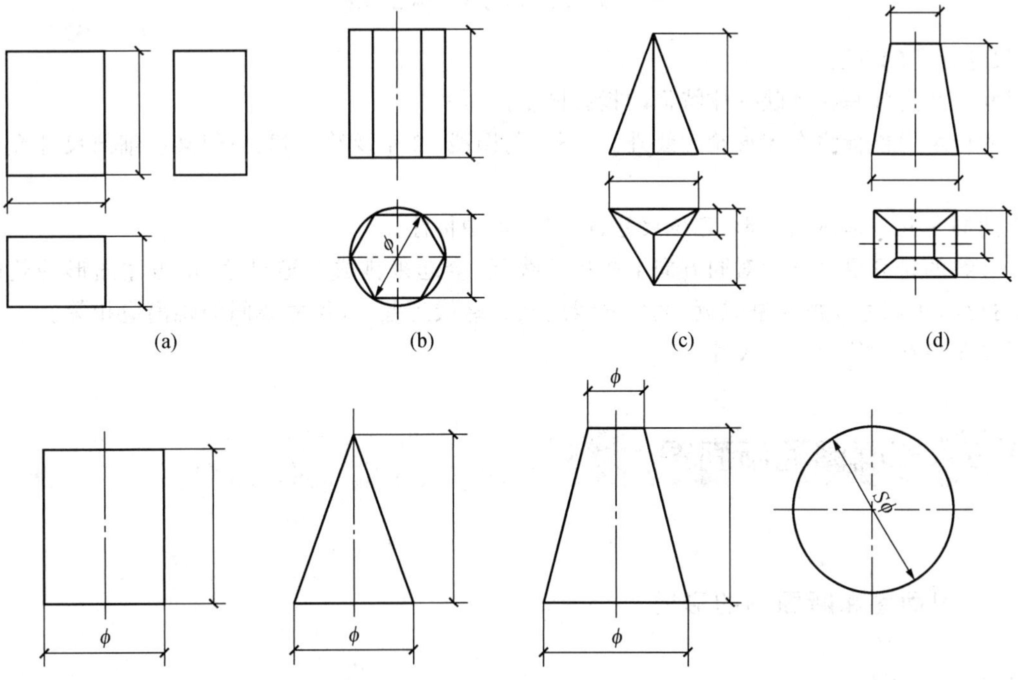

(a)　(b)　(c)　(d)

(e)　(f)　(g)　(h)

图 3-22　基本几何体的尺寸标注

(1)尺寸的分类　标注组合体的尺寸时，应先对物体进行形体分析，然后顺序标注出其定形尺寸、定位尺寸和总尺寸。以图 3-16 所示的肋式杯形基础为例，结果如图 3-23 所示。

①定形尺寸：确定物体各组成部分的形状、大小的尺寸。

②定位尺寸：确定物体各组成部分之间的相对位置的尺寸。

③总尺寸：确定物体的总长、总宽和总高的尺寸。

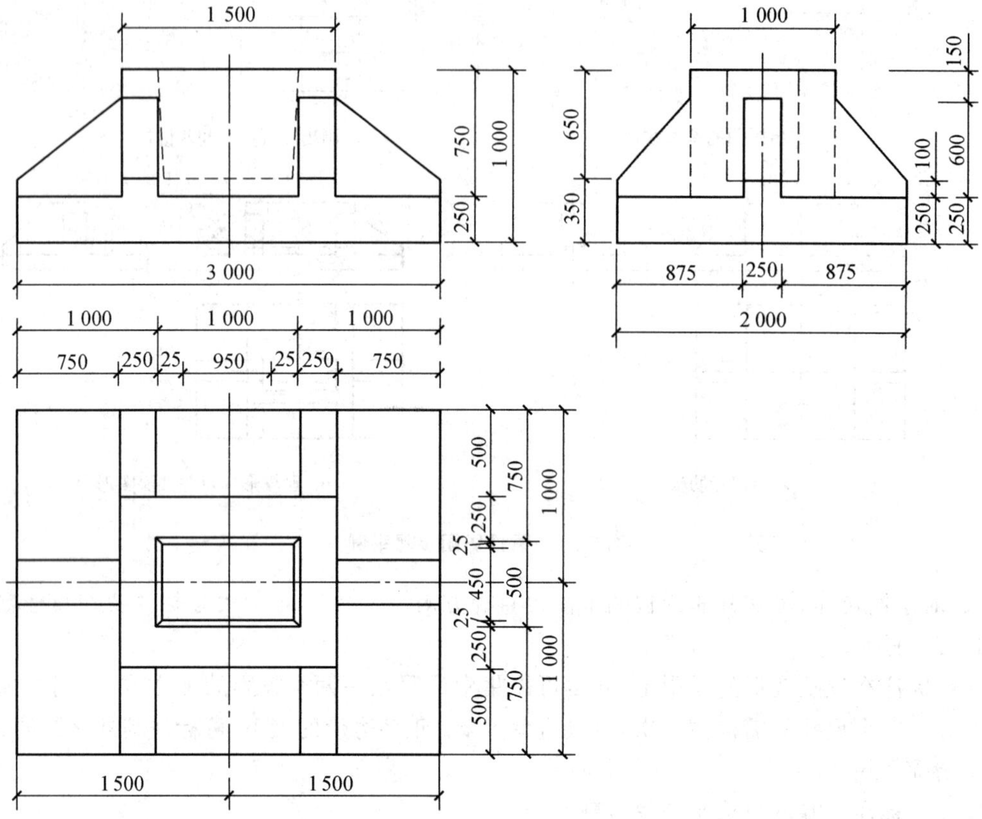

图 3-23　组合体的尺寸标注结果

(2)尺寸标注的方法

①尺寸一般宜注写在反映形体特征的投影图上。

②尺寸应尽可能标注在图形轮廓线外面，不宜与图线、文字及符号相交；但某些细部尺寸允许标注在图形内。

③表达同一几何形体的定形、定位尺寸，应尽量集中标注。

④尺寸线的排列要整齐。对同方向上的尺寸线，组合起来排成几道尺寸，从被注图形的轮廓线由近至远整齐排列，小尺寸线离轮廓线近，大尺寸线应离轮廓线远些，且尺寸线间的距离应相等。

⑤尽量避免在虚线上标注尺寸。

3.3　剖面图和断面图

3.3.1　剖面图和断面图的形成

1. 剖面图的概念

如图 3-24 所示，我们用一个假想的平行于某一投影面的剖切平面，把物体切成两部分，然后移去观者和剖切平面之间的一部分，将剩下的另一部分向该投影面进行投影所得到的投影图称为剖面图。

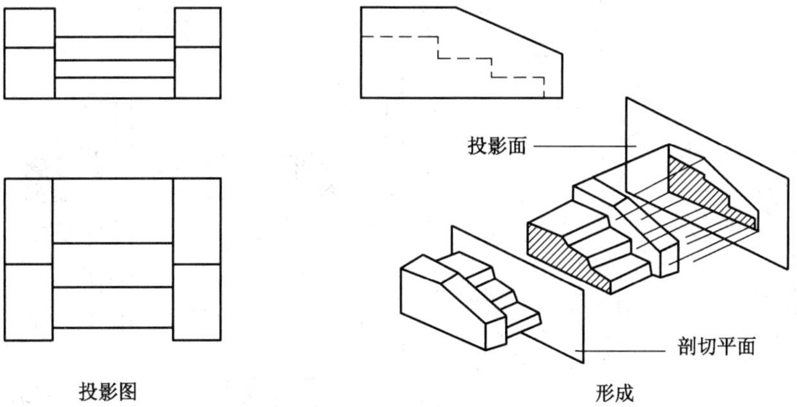

图 3-24　剖面图的形成

2. 断面图的概念

如图 3-25 所示，我们用一个假想的平行于某一投影面的剖切面把物体剖开，画出剖切平面与形体截切后所得到的断面图形的投影图称为断面图。

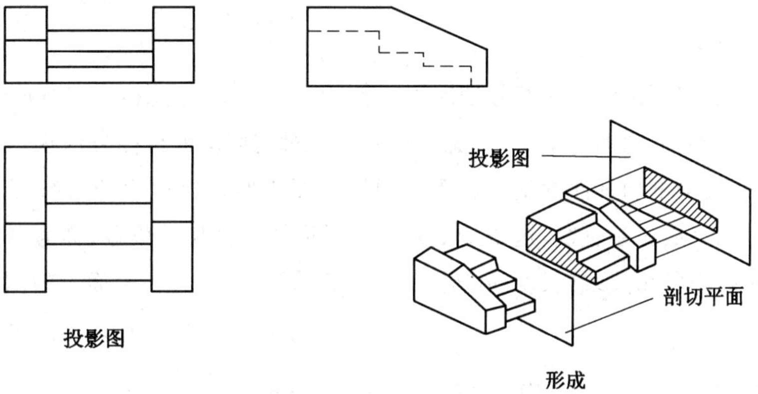

图 3-25　断面图的形成

3.3.2　剖面图与断面图的区别

综上所述，可以看出剖面图与断面图具有如下区别：

①断面图只画出了形体被剖切后截断面的投影；而剖面图则要画出形体被剖切后整个余下部分的投影。即剖面图必包含断面图，而断面图不可能包含剖面图，如图 3-26 所示。

②剖面图是被剖切后形体的投影（“体”的投影）；而断面图只是一个截口的投影（“面”的投影）。

③剖面图中的剖切平面可转折和旋转；断面图中的剖切平面则不转折，也不旋转。

④剖面图与断面图的标注亦不尽相同。

3.3.3　剖面图的画法

1. 剖切平面位置的确定

剖切平面的位置，决定了剖面图的形状。因此，画剖面图时，首先要选择剖切平面的位置。剖切平面位置的选择，要根据所绘形体的特征，一般应选在对称面上或者通过孔、槽等的中心线，并且要平行于某一投影面。

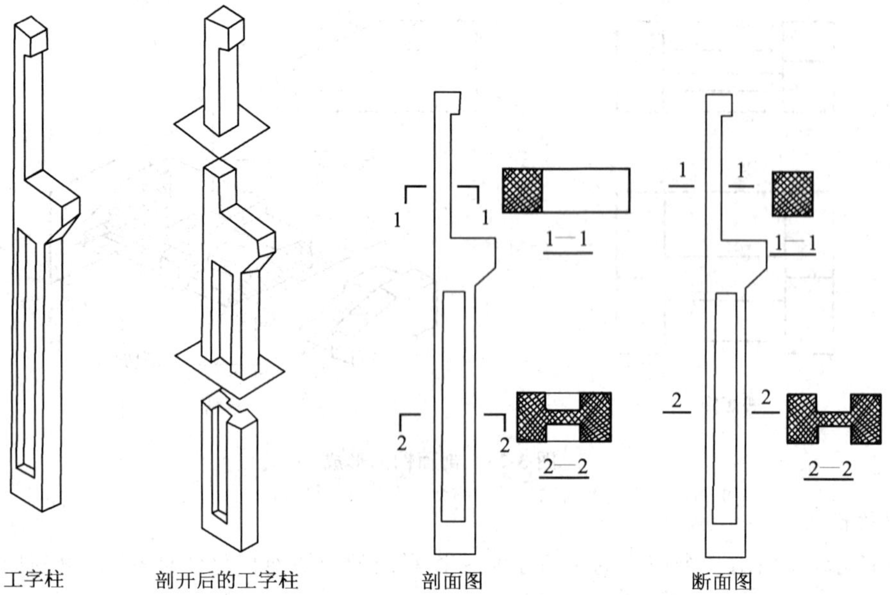

图 3-26　剖面图和断面图的区别

2. 剖面图的剖切符号

为了读图方便，需要用剖面的剖切符号把所画的剖面图的剖切位置和剖视方向，在投影图上表示出来。同时，还要给每一个剖面图加上编号，以免产生混乱。对剖面图的标注方法规定如下：

(1)用剖切位置线表示剖切平面的剖切位置　剖切平面既然是投影面的平行面，那么在它所垂直的投影面上的投影就会积聚成一条直线，这条直线表示出了形体被剖切的位置，称为剖切位置线，简称剖切线。不过规定它只用两小段粗实线(长度为 6～10 mm)表示，并且不宜与图面上的图线相接触，如图 3-27 所示。

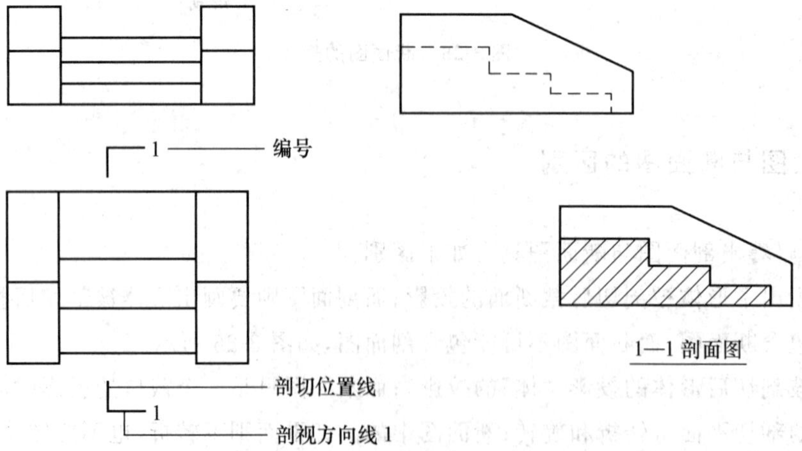

图 3-27　剖面图的画法

(2)剖切断面的画法　形体被剖切后，为了区别剖面图中剖到部分和看到部分，规定形体被剖切后的断面轮廓线用粗实线画出，未剖到的那部分形体的轮廓线常画成中实线。同时，为了图形清晰，在断面轮廓范围内画上 45°倾斜的间隔相等的细实线，即剖面线。若指明了材料类型则应画出建筑材料图例。如图 3-28 所示。

在画剖切断面时，还应注意以下几点：

剖面线可左倾斜，亦可右倾斜，但同一形体应一致。

图形窄小面的断面，可将其涂黑，但相邻构件接触面的邻连部位必须留缝隙，如图 3-29 所示。

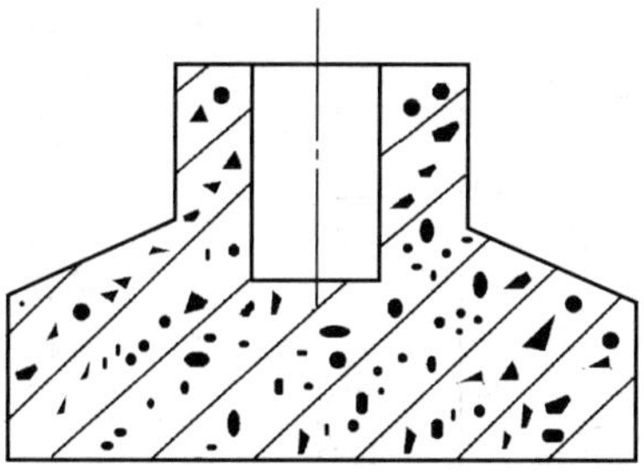

图 3-28　剖面图

图 3-29　相邻涂黑图例的画法

形体被剖切后的不可见线，一般不需画出；但对没有表示清楚的内部形状仍应画上必要的虚线。

(3)剖视方向表示　剖切后的剖视方向用垂直于剖切位置线的短粗线(长度为 4～6 mm)来表示。短粗线如画在剖切位置线的右边表示向右边投影，如图 3-30 所示。

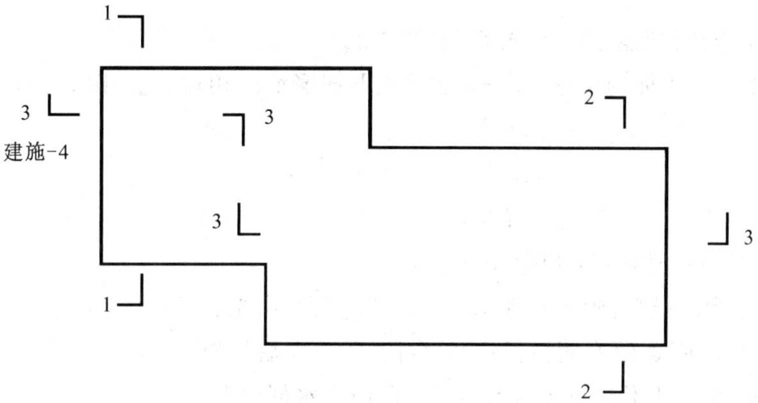

图 3-30　剖切符号和编号

(4)剖切符号的编号　宜采用阿拉伯数字，按顺序从左到右、由上至下连续编排，并注写在剖视方向线的端部。如剖切位置线需转折时，在转折处如与其他图线发生混淆，应在转角的外侧加注与该符号相同的编号，如图 3-30 中的 3—3 所示。

(5)图纸号注写　剖面图如与被剖切图样不在同一张图纸上，可在剖切位置线的一侧注明其所在图纸的图纸号，如图 3-30 中的 3—3 剖切位置线右侧注写“建施-4”，即表示 3—3 剖面图画在建施第 4 号图纸上。

(6)其他　对习惯使用的剖切符号(如画房屋平面时，通过门、窗洞的剖切位置符号)，以及通过构件对称平面图的剖切符号，可以不在图上作任何标注。

3.3.4　断面图的剖切符号

断面的剖切符号应符合下列规定：

(1)断面的剖切符号应只用剖切位置线表示，并应以粗实线绘制，长度宜为 6～10 mm。

(2)断面剖切符号的编号宜采用阿拉伯数字，按顺序连续编排，并应注写在剖切位置线的一侧；编号所在的一侧应为该断面的剖视方向(图 3-31)。

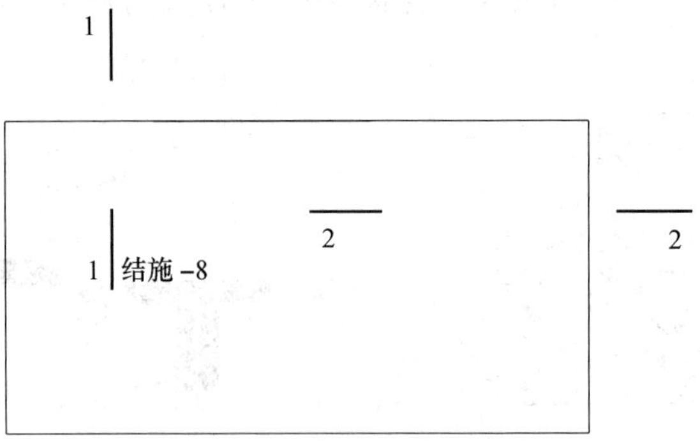

图 3-31　断面的剖切符号

3.4　技能训练

1. 给立体几何体选择相匹配的三面投影图(图 3-32)。

2. 找出立体图上指定平面的投影,并分析各平面与投影面的相对位置(图 3-33)。

P 是(　　　　　　　　)　　Q 是(　　　　　　　　)

R 是(　　　　　　　　)　　S 是(　　　　　　　　)

T 是(　　　　　　　　)　　M 是(　　　　　　　　)

3. 根据两面视图补画物体的俯视图(图 3-34)。

4. 图 3-35 是一个台阶模型,画出三视图并标注尺寸(图 3-36)。

提示:①确定视图范围;②绘右侧栏板;③绘台阶;④绘左后栏板。

5. 绘制如图 3-37 所示或附Ⅱ园林制图案例中假山叠水剖面图。

提示:参考附录Ⅲ常用建筑材料图例(房屋建筑制图统一标准)。

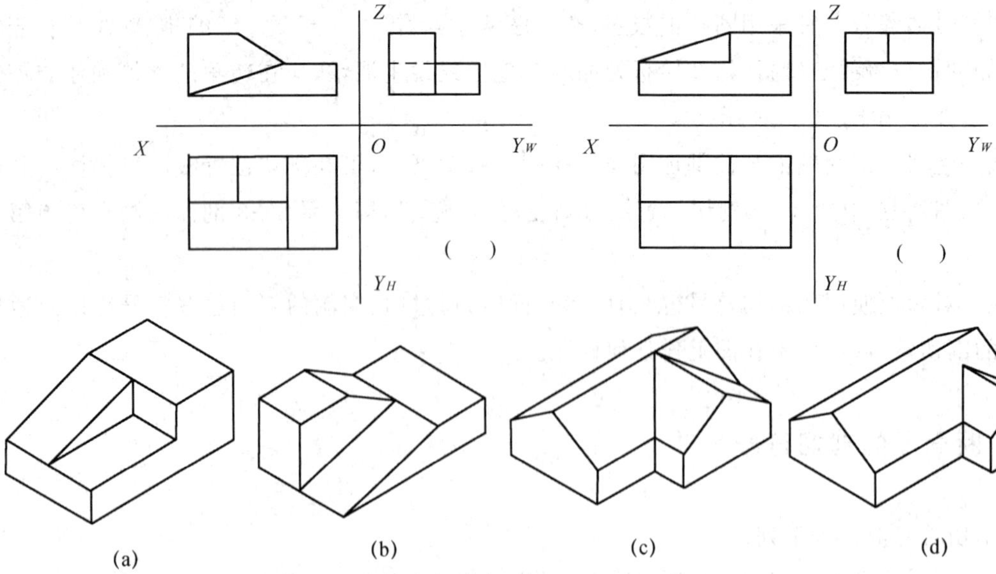

图 3-32　技能训练 1

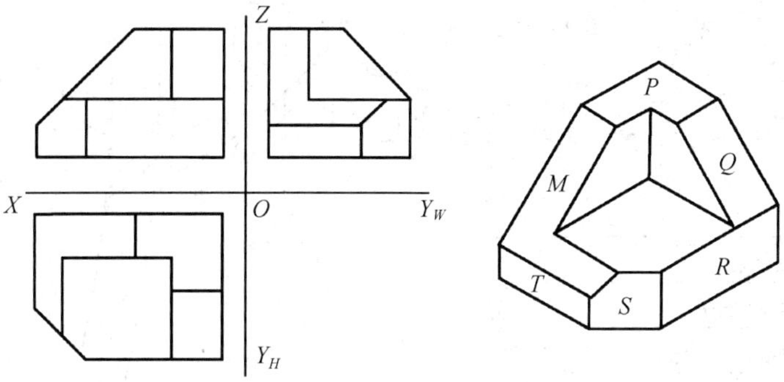

图 3-33 技能训练 2

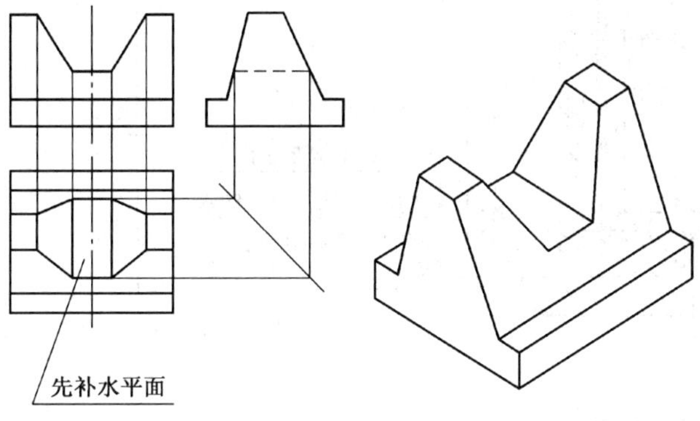

图 3-34 技能训练 3

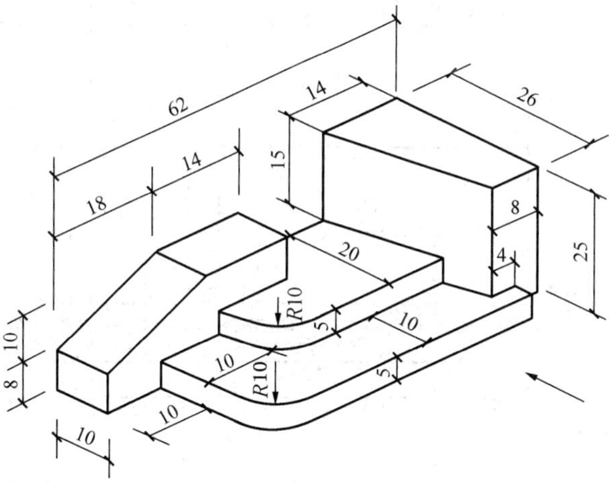

图 3-35 技能训练 4

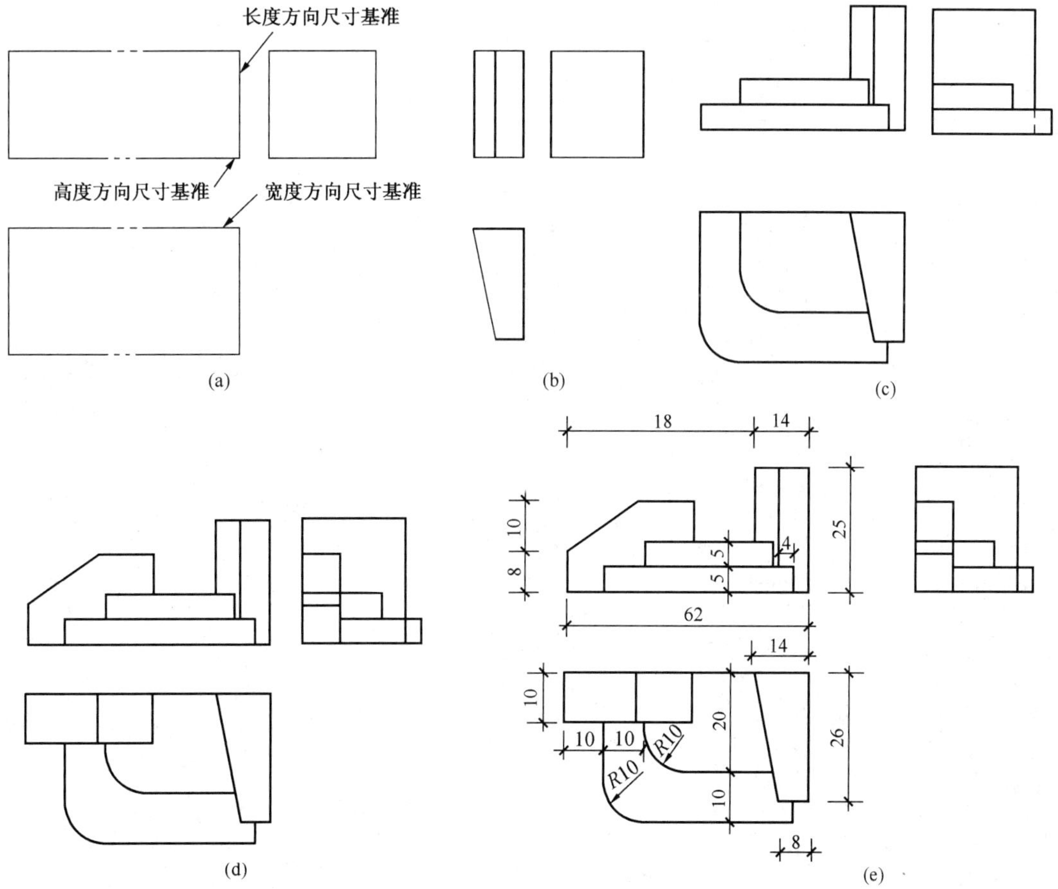

图 3-36 技能训练 4 尺寸标注

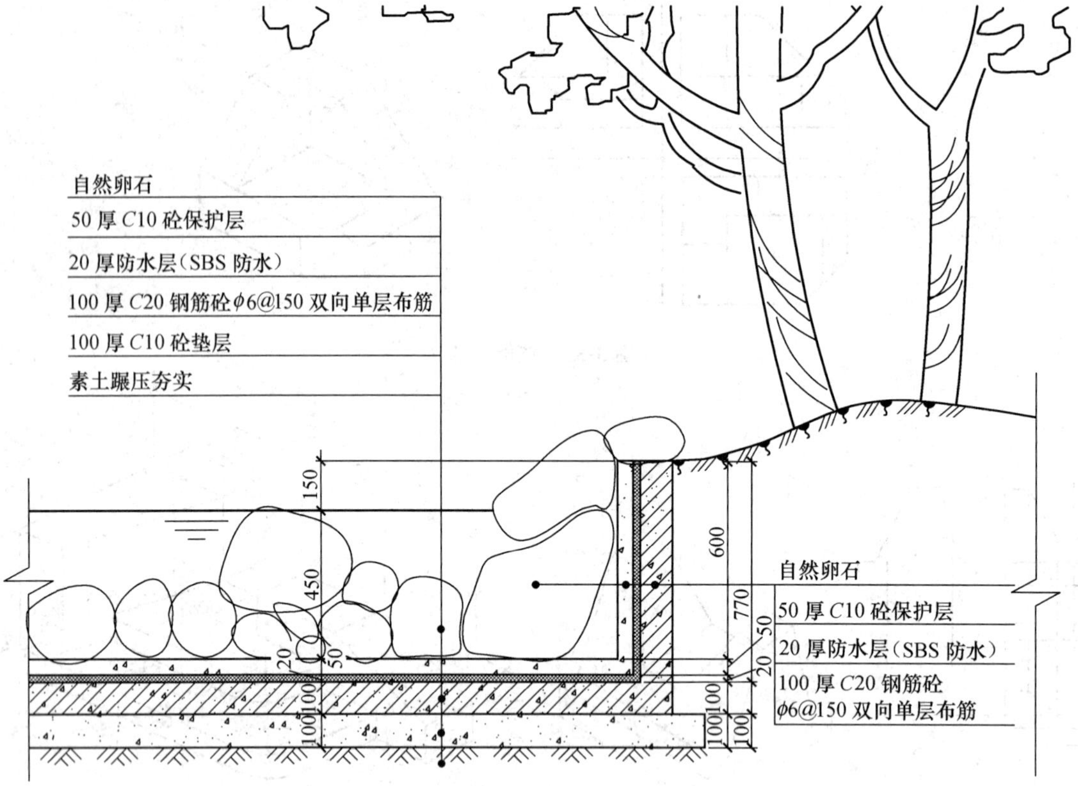

图 3-37　技能训练 5 水池剖面图

Chapter 4

第 4 章

轴测和透视投影

学习目标

掌握正轴测图和斜轴测图的作图方法；

了解透视图的基本概念和透视种类；

熟练绘制正等测轴测图、正面斜轴测轴测图和水平斜轴测轴测图；

熟练绘制园林透视图和鸟瞰图。

4.1 园林轴测图

轴测图是根据平行投影的原理，用一组平行投影线将物体连同确定其位置的三个直角坐标轴一起投影到单一投影面上，在该投影面上所得的能同时反映物体三个方向的面的投影图称为轴测投影图，简称轴测图。轴测图主要具有下面两方面性质：①投影图中互相平行的两直线，其轴测投影仍互相平行。②投影图中平行两线段的长度之比与轴测图中对应的投影长度之比相等。

我们把承受轴测投影图的单一的投影面称为轴测投影面。空间三个直角坐标轴在轴测投影面内的投影称为轴测轴，分别用 OX、OY、OZ 表示。两轴测轴之间的夹角称为轴间角。轴测轴上单位长度与其相应空间直角坐标轴上的单位长度的比值称为轴向变形系数（伸缩系数）。

4.1.1 绘制正轴测图技法

1. 正等测轴测图

正等测轴测图是轴测图中最常用的一种。其特点是三条坐标轴与轴测投影面的倾角相等，所以其轴间角相等，都是 120°。轴向变形系数也相等，$p=q=r=0.82$，但为了作图方便，通常简化变形系数为 1 即 $p=q=r=1$。这样就可以直接按实际尺寸作图，不过，画出来的图形要比实际的轴测图放大 1.22 倍，因此施工时不能从轴测图上直接量取尺寸。作图时 OZ 轴按规定画成铅垂方向，如图 4-1 所示。这样，就可以利用丁字尺和 60° 三角板很方便地作图。

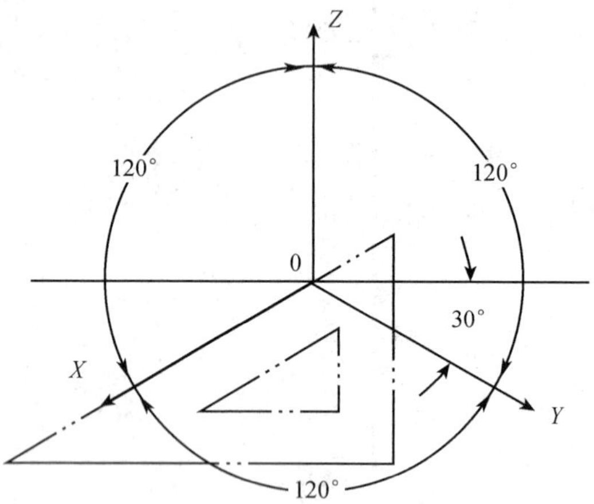

图 4-1 正等测轴测图

2. 正二测轴测图

正二测轴测图的特点是三个坐标轴中有两个轴与投影面具有相同的倾角，因此这两个轴的轴向变形系数相等，轴间角也相等。常用的正二测轴测图的画法是：Z 轴为铅垂线，X 轴与水平线的夹角为 7°10′（可用1∶8画出），Y 轴与水平线的夹角为 41°25′（可用 7∶8 画出）。Z 轴和 X 轴具有相同的轴向变形系数，$p=r=0.94$，Y 轴的轴向变形系数为 $q=0.47$。为了画图方便起见，常取 $p=r=1$，$q=0.5$。这样画出来的图要比实际的略大些，即各轴向线段的轴测投影长度是实长的 1.06 倍，如图 4-2 所示。正二测轴测图比正等测轴测图符合视觉习惯，图形逼真，但作图较为繁琐。

正二测轴测图与正等测轴测图的作图方法基本相同，仅仅是参数设置的区别，如图 4-3 所示。

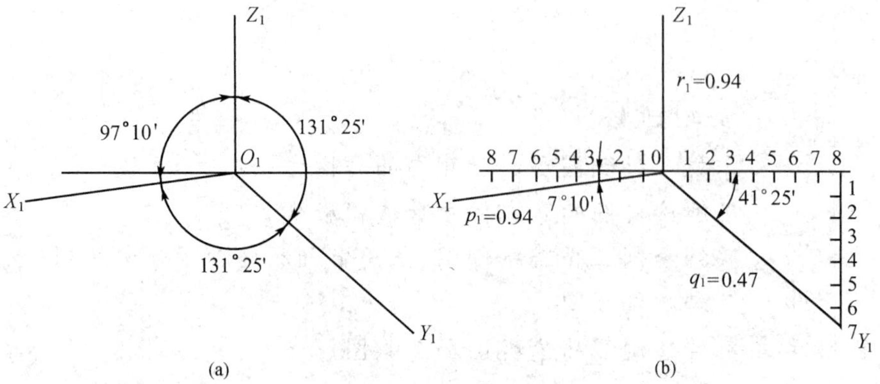

图 4-2 正二测轴测图

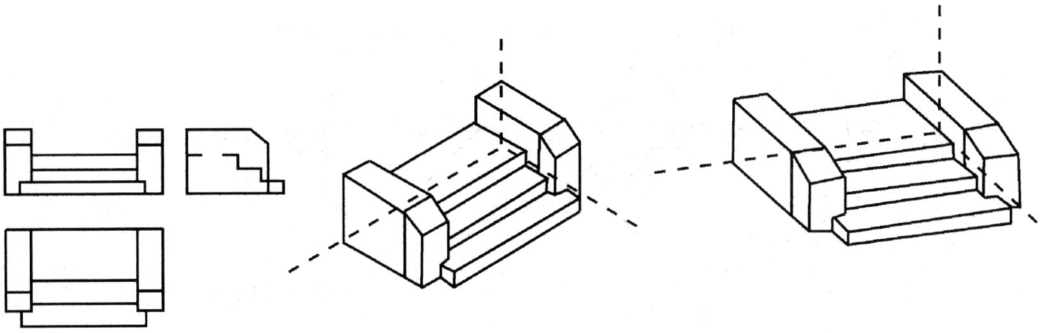

图 4-3 园林台阶的正等测轴测图和正二测轴测图

4.1.2 绘制斜轴测图技法

1. 正面斜轴测图

正面斜轴测的特点是正立面在轴测投影中反映实形。X 轴与 Z 轴平行于轴测投影面，两轴均不变形，反映原长，且它们的轴间角为 90°，X 轴常为水平线，Z 轴常为铅垂线；Y 轴为斜线，与水平线的夹角常为 30°、45°或 60°，也可自定。斜等测的伸缩系数 $p=q=r=1$（p、q、r 分别为沿着 X 轴、Y 轴、Z 轴的轴向伸缩系数），斜二测的伸缩系数为 $p=r=1$、$q=0.5$。正面斜轴测常用来表现形体立面形状复杂，曲线较多的形体，如图 4-4 所示。

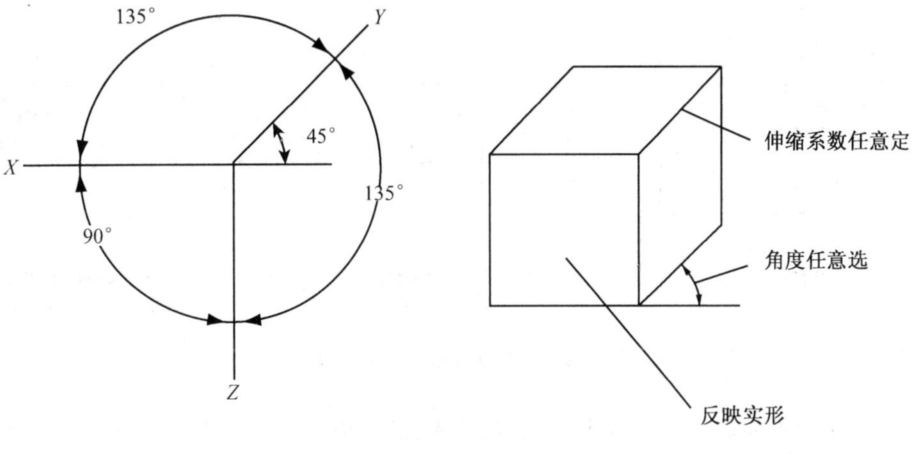

图 4-4 正面斜轴测图

2. 水平斜轴测图

水平斜轴测图的特点是水平面在轴测投影中反映实形。X 轴与 Y 轴平行于轴测投影面，两轴均不变形为原长，且它们的轴间角为 90°，它们与水平线的夹角常采用 30°、45°或 60°，也可自定；Z 轴常为铅垂线。水平斜等测的变形系数为 $p=q=r=1$，水平斜二测的变形系数为 $p=q=1$，$r=0.5$。水平斜轴测常用来表现平面曲线多、形状复杂的形体或者小区的规划图，如图 4-5 所示。

斜轴测图与正轴测图作图方法相同，只是轴测轴方向和轴向变形系数不同。

(1)园林拱桥的正面斜二测轴测图的画法和步骤　该物体的正立面图反映形状特征，各侧棱平行于 OY 轴，故选用正面斜二轴测图，宽度方向的尺寸取实长的一半。

①在视图上定坐标原点、坐标轴，如图4-6(a)所示。

②作正面斜轴测图的轴测轴，OX 轴垂直于 OZ 轴，OY 轴与水平线夹角取 45°。抄绘出所给投影图

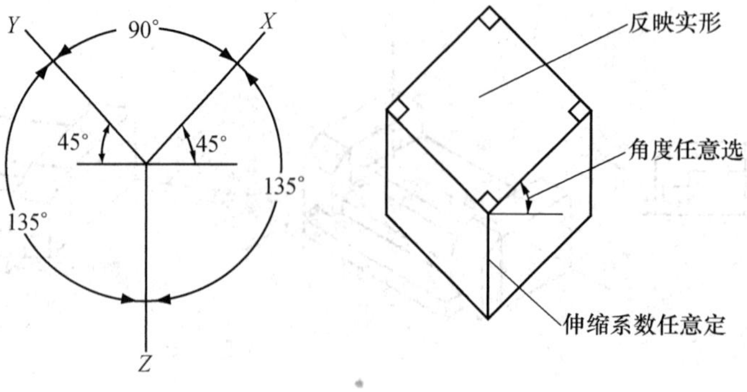

图 4-5　水平斜轴测图

的正立面，如图 4-6(b)所示。

③从各顶点引 OY 轴的平行线，并取实长宽度的一半得侧棱的轴测图，如图 4-6(b)所示。

④连接后面各点，擦去多余的作图线，加深可见轮廓线，完成作图，如图 4-6(c)所示。

(2)园林拱门正面斜二测轴测图的画法和步骤

①根据投影图选择合适的坐标原点(为了作图方便选择基础上表面对称中心为坐标原点)。

②绘制斜二测轴测图的轴测轴。OX 轴与 OZ 轴垂直，OY 轴与水平线夹角 45°。

③绘制基础的正面斜二测轴测图。OX 轴、OZ 轴方向长度不变，OY 轴方向长度取原长度的一半。

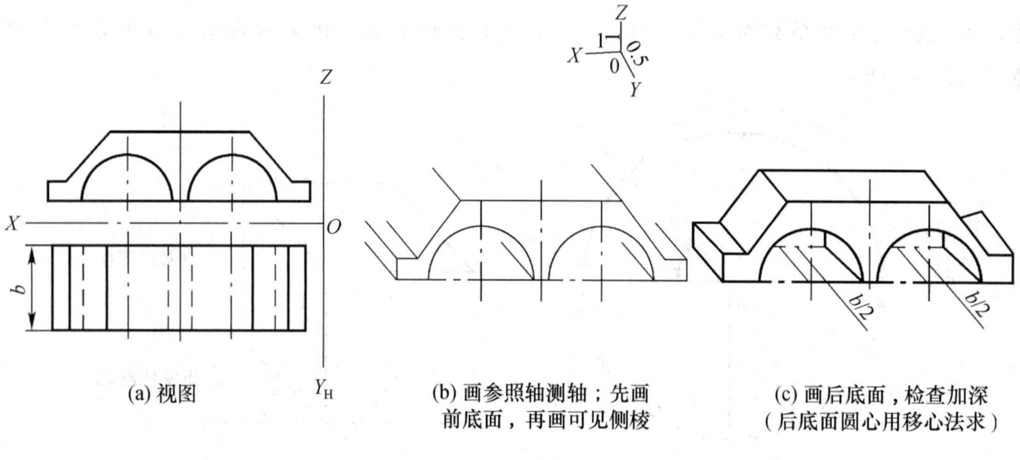

图 4-6　正面斜轴测图的画法

④绘制拱门门洞的正面斜二测轴测图，先绘制前表面所在位置，再确定门洞厚度。注意门洞的圆弧可通过确定圆心的位置作图，步骤如图 4-7 所示。

(3)某居住小区水平斜轴测图的画法和步骤

①根据水平斜轴测图轴测轴的位置，将总平面图[图 4-8(a)]按逆时针方向旋转到合适角度，如图 4-8(b)所示。

②在总平面图上立高，并连接各点，完成轴测图底稿，如图 4-8(c)所示。

③擦除多余图线，加深图线得到该建筑群的水平斜轴测图，如图 4-8(d)所示。

(4)某机关单位办公楼及绿地水平斜轴测图的画法和步骤

①将平面图逆时针旋转 30°；

②根据立面图在平面图上起高；

③擦除多余图线，加深可见图线得到该建筑群的水平斜轴测图；

④添加配景，进行图面装饰，如图 4-9 所示。

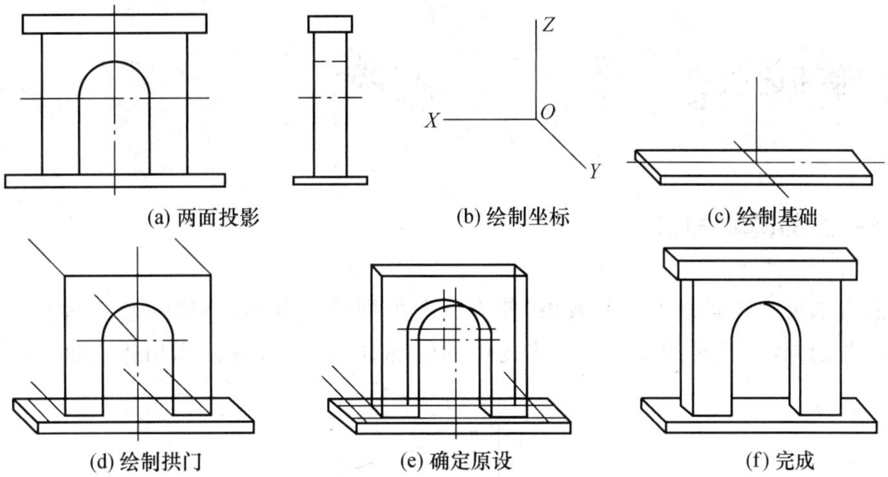

图 4-7　园林拱门的正面斜二测轴测图画法

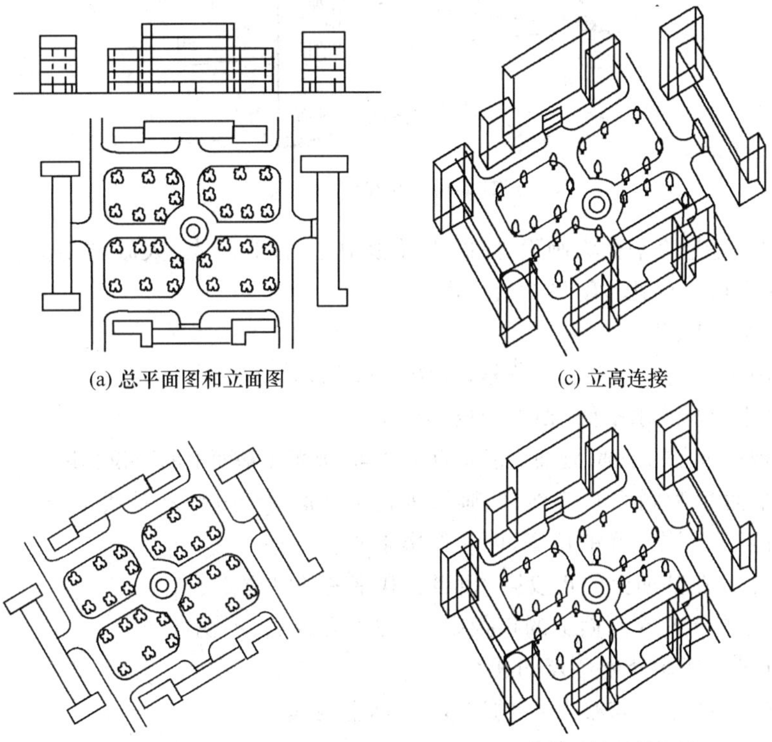

图 4-8　水平斜轴测图的画法

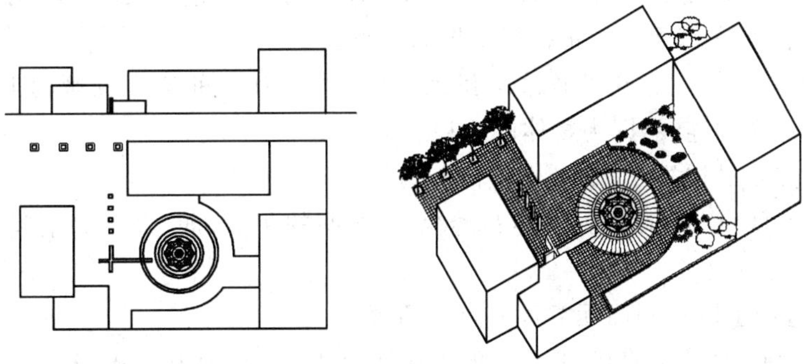

图 4-9　某机关单位办公楼及绿地水平斜轴测图

4.2 园林透视图

4.2.1 透视图的基本知识

透视图能逼真地反映出景观的空间效果，使人看图如同亲临其境、目睹实物一样。在物体和观察者之间放置一块透明的画面，透过透明的画面将物体的轮廓描绘下来，就得到物体在这个画面上的透视图（图 4-10）。

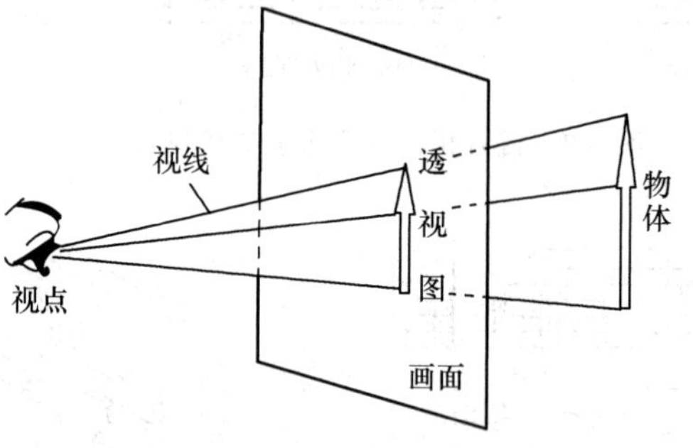

图 4-10 透视图的概念

透视图是中心投影，竖直平面为画面，人眼为投影中心，称为视点，人眼与物体上各个点的连线称为视线，视线与画面的交点集合就是物体的透视图。

1. 透视图常用的术语、符号

作透视图时常用到一些专业术语及符号，如图 4-11 所示。

(1)基面 G 放置景物的水平面，相当于投影面 H。

(2)画面 P 透视图所在的平面，画面一般垂直于基面，画面在基面上的正投影用 pp 线表示。

(3)基线 gg 基面 G 和画面 P 交线；当画面垂直于基面时，pp 线和基线重合。

(4)视点 S 相当于人眼所在的位置，即为投影中心。

(5)站点 s 视点 S 在基面上的正投影，相当于观察者的站立点。

(6)心点 $s^0(s')$ 视点 S 在画面上的正投影，又称中心视点、主视点。

(7)视线 视点 S 与所画景物各点的连线。

(8)中心视线 Ss^0 视点 S 与心点 s^0 的连线，又称主视线。

(9)视平面 过视点 S 所作的水平面。

(10)视平线 hh 视平面与画面的交线，且为一条过心点 s^0 的水平线。

(11)视高 Ss 视点 S 到站点 s 的距离，即人眼的高度，也等于视平线到基线的距离。

(12)视距 视点 S 到画面的距离，也为中心视线 Ss^0 的长度或站点 s 到画面的距离。

(13)基点 空间点 A 在基面上的正投影 a 即为基点。

(14)透视 空间点 A 与视点 S 的连线与画面的交点，即为空间点 A 在画面 P 上的透视，用 A^0 表示。物体上若干点的透视的连线，即为物体的透视。

(15)基透视 基点 a 的透视 a^0 即为 A 点的基透视。

(16)透视高度 空间点 A 的透视 A^0 与基透视 a^0 之间的距离，即 A^0a^0 为空间点 A 的透视高度，且 A^0a^0 始终位于一条铅垂线上。

(17)灭点(F) 直线上距离画面无穷远的点的透视。

(18)迹点(T) 与画面相交的直线，其交点的透视称为迹点。如图中的 A^0、B^0 分别为直线 AB 的迹点。

(19)全透视 迹点(T)和灭点(F)所得到的透视即为直线的全透视。

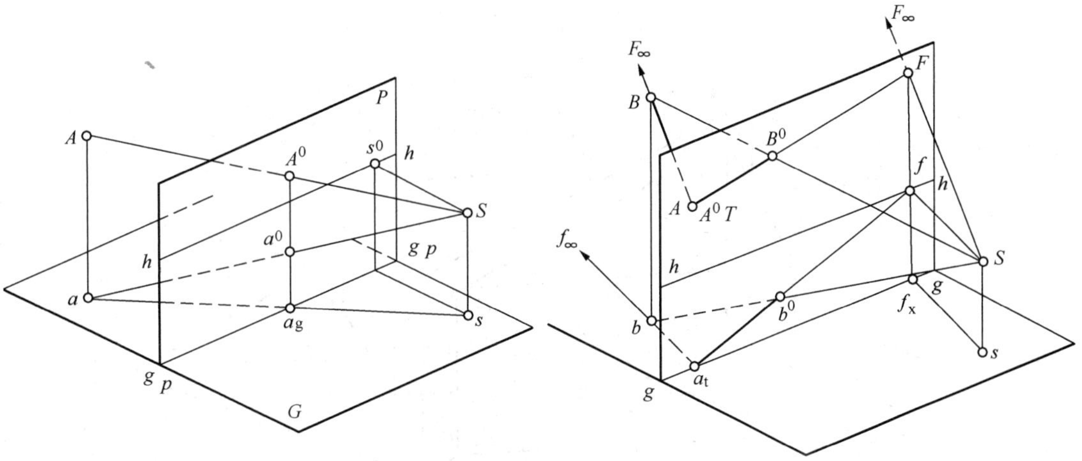

图 4-11　透视的术语、符号

2. 透视图的种类

将景物设想为具有长、宽、高的空间物体，根据其三个方向的轮廓线与画面 P 的位置关系，透视图可分为以下几种类型：

(1)一点透视(平行透视)　当空间体有一个面与画面平行时所形成的透视称为一点透视，又称为平行透视。在一点透视中，空间体的三组轮廓线中有二组与画面平行，一组与画面垂直，并且其灭点就是心点 s^0，如图 4-12 所示，一点透视较适宜表现场面宽广或纵深较大的景观。

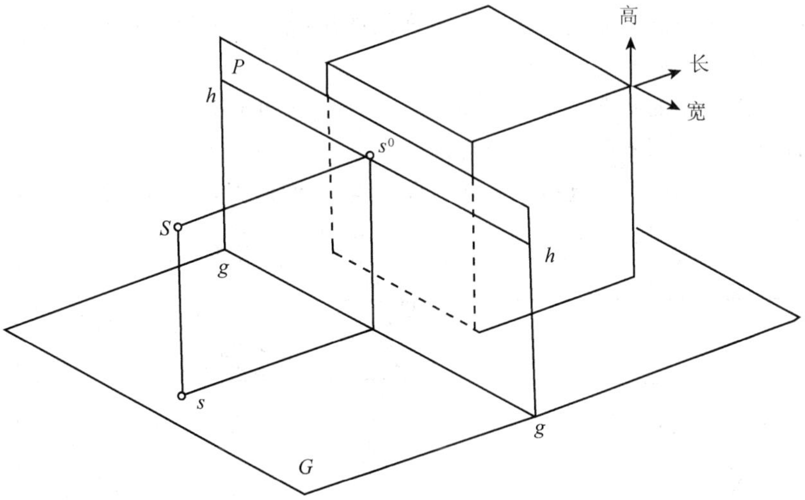

图 4-12　一点透视

(2)两点透视(成角透视)　当空间体只有铅垂线与画面平行时所形成的透视称为两点透视，空间体的两组水平线形成了两个灭点。若从景物与画面的平面关系看，则又可称为成角透视。如图 4-13 所示，园林景物常用两点透视来表示。

(3)三点透视　如果画面倾斜于基面，即画面与物体的三个主方向轮廓线均相交，物体与画面有三个灭点，这样的透视称为三点透视。因为画面是倾斜的，所以又称为斜透视。

本章主要介绍一点透视与两点透视的画法。

3. 透视投影规律

(1)点的透视仍为一个点，点位于画面上时，其透视为其本身。

(2)直线的透视一般仍为直线，直线上一点的透视，必在该直线的透视上。

(3)平行于画面的直线组，没有灭点。

(4)位于画面上的直线，它的透视与直线本身重合且反映实长。

(5)与画面相交的平行直线组必有共同的灭点。水平线的灭点必位于视平线上。

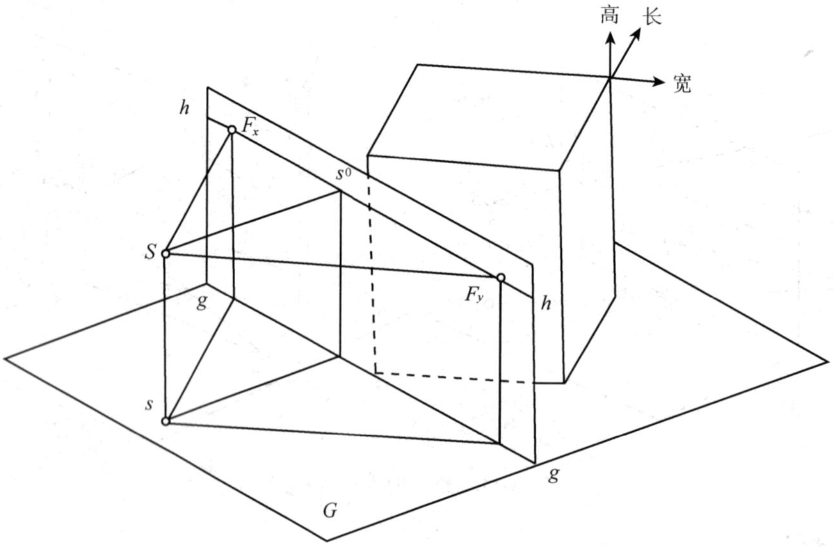

图 4-13　两点透视

4.2.2　绘制透视图的基本技法

1. 平面图形的透视

平面图形的透视，就是组成平面图形周边的轮廓线的透视。当平面图形是直线多边形时，其透视与基透视一般仍为直线多边形，而且边数保持不变。

(1)视线法求作平面图形的两点透视　如图 4-14 所示，已知基面上的平面图形 *abcd* 以及画面的位置、站点、视高，用视线法求平面图形的两点透视。

分析：直线 *ab*、*cd* 及 *ad*、*bc* 为两组相互平行的水平线，它们的灭点在视平线上。先求出全线透视，然后再求出端点透视。

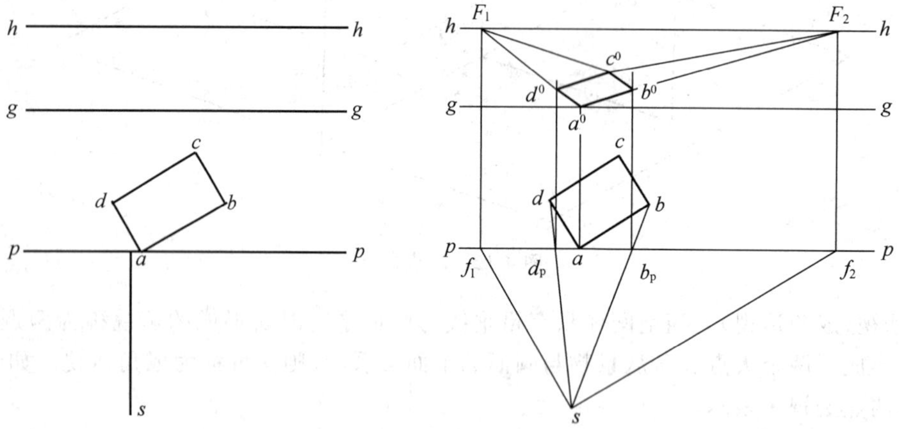

(a) 已知　　　(b) 透视作图

图 4-14　视线法作平面的透视

作图步骤：

①作迹点：*a* 点在画面上，其透视为本身，*a* 为直线 *ab*、*ad* 的迹点。由 *a* 向上作垂线，交 *g*-*g* 线于 a^0。

②求灭点：过 *s* 分别作 *ad*、*ab* 的平行线，交 *p*-*p* 于 f_1 和 f_2，由 f_1 和 f_2 向上作垂线，交 *h*-*h* 于 F_1、F_2，即为 *ab*、*dc* 及 *ad*、*bc* 的灭点。

③作全透视：连接 a^0F_1 和 a^0F_2。

④端点透视：连接 *sd* 交 *pp* 线与 d_p 点，由 d_p 点向上引垂线交 a^0F_1 于 d^0 点，则 d^0 点为 *d* 点的透视，

同理得 b 点的透视 b^0。连接 d_0F_2 和 b_0F_1，两线相交于 c_0，则 $a_0b_0c_0d_0$ 为平面 $abcd$ 的两点透视。

(2)量点法求平面图形的透视　如图 4-15(a)所示，给出了基面上的平面图形，并选定了站点 s 和画面位置线 p-p，平面上的一点 a 在画面上，其余在画面后，用量点法作平面的透视。

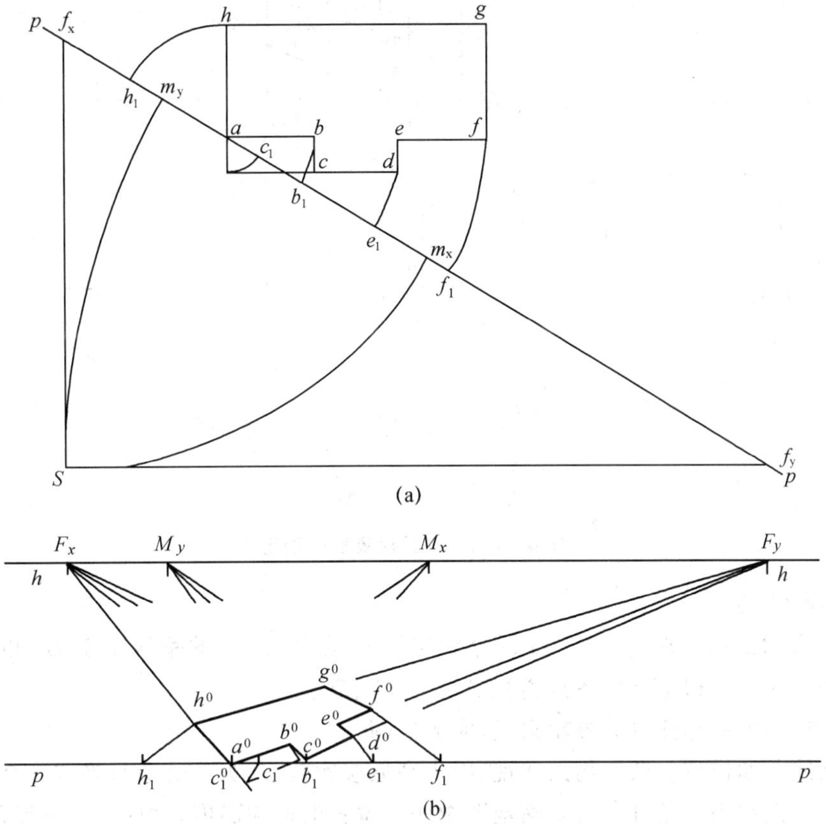

图 4-15　量点法作两点透视图

作图步骤：

①确定灭点和量点：首先从站点分别作两组方向线的平行线，与 p-p 线交于点 f_x 和 f_y，得到两个灭点 f_x 和 f_y，然后以 f_y 为圆心，以 sf_y 长为半径作弧交 p-p 线于点 m_y，以 f_x 为圆心，以 sf_x 长为半径作弧交 p-p线于点 m_x，得到两个量点 m_x 和 m_y，将平面图求得的点 f_x、f_y、m_x、m_y 以不变的距离量到视平线上，得到量点 M_x、M_y 和相应灭点 F_x、F_y，如图 4-15(b)所示。

②将平面图上的点 a 移到透视图的 g-g 线上，即得到点 a 的透视 a^0，要注意的是不能改变它相对于灭点的左右距离。

③作两个方向线的透视，即连接 a^0F_x、a^0F_y。

④自 a^0 点向右在基线上量取线段，$a^0c_1=bc$ ；$a^0b_1=ab$；$a^0e_1=ae$；$a^0f_1=af$；得到点 c_1、b_1、e_1、f_1，自 a^0 点向左在基线上量取取线段，$a^0h_1=ah$。

⑤连接 b_1M_y、e_1M_y、f_1M_y，与 a^0F_y 相交，交点即为点 b、e、f 的透视点 b^0、e^0 和 f^0。同样，连接 c_1M_x 和 h_1M_x 与 a^0F_x 相交，即得透视点 $c_1{}^0$ 和 h^0。

2. 物体的透视

(1)物体透视高度的确定　空间点的透视高度一般是利用真高线的概念来求的。即当点在画面上时，其透视就是该点本身，点的透视高度反映点的空间真实高度，通常称为真高线。下面举例说明透视高度的确定。

如图 4-16 所示，已知形体的投影图及视点、视高、画面的位置，作形体的透视图。

作图步骤：

①先作基透视，即底面矩形的透视，得到 $a^0b^0c^0d^0$。

②确定透视高度。由于 A 点在画面上，A 的高度反映真实高度，量取 a^0A^0 等于形体的高度 H_2，得

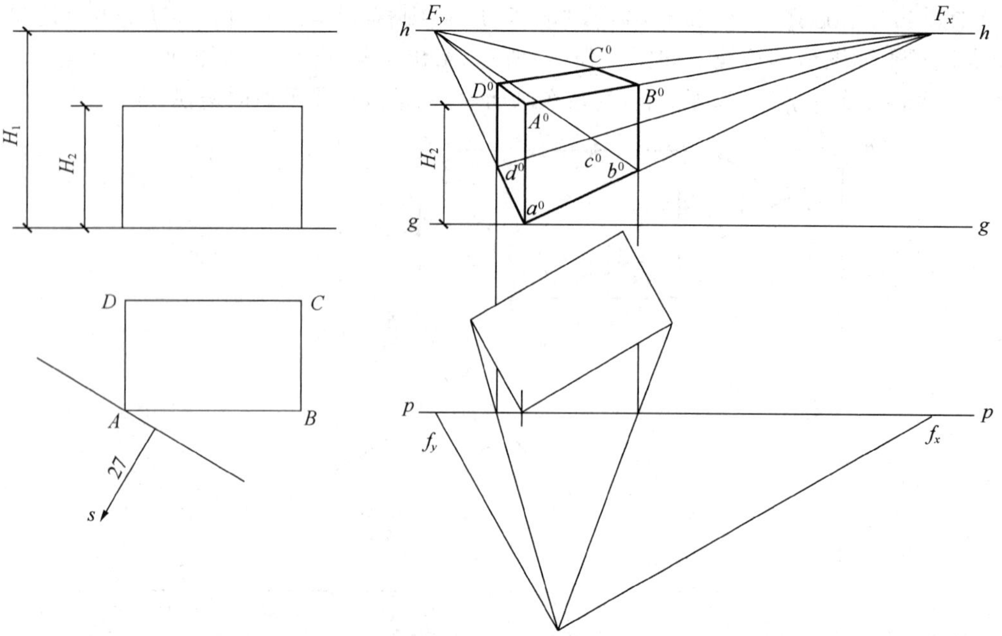

图 4-16　物体透视高度的确定

到上顶面点的透视 A^0 点。

③作出 A^0 点和灭点的连线 A^0F_x、A^0F_y，分别与过 b^0 点和 d^0 点的垂线交于 B^0 和 D^0，再分别连接 B^0F_y、D^0F_x，相交于 C^0，即得上顶面各点透视 A^0、B^0、C^0、D^0。

④连接透视点，并加深形体可见外轮廓线，完成作图。

(2)集中真高线　如作较复杂景物的透视，因为高低层次较多，为了避免每确定一个点的透视高度就要画一条真高线，可以利用一条真高线来确定图中任一位置的透视高度，这样的真高线称为集中真高线。

集中真高线的原理是：空间等高各点，若与画面距离相等，则它们的透视高度也相等。

已知 a、b 两点所在位置树高相同，真实高度均为 oa，c 点所在位置树的真实高度均为 oc，利用集中真高线原理求得树的透视高度分别为 aA^0、bB^0、cC^0，如图 4-17 所示。其中 V 点为辅助灭点，可选取在线 hh 上的任何位置。

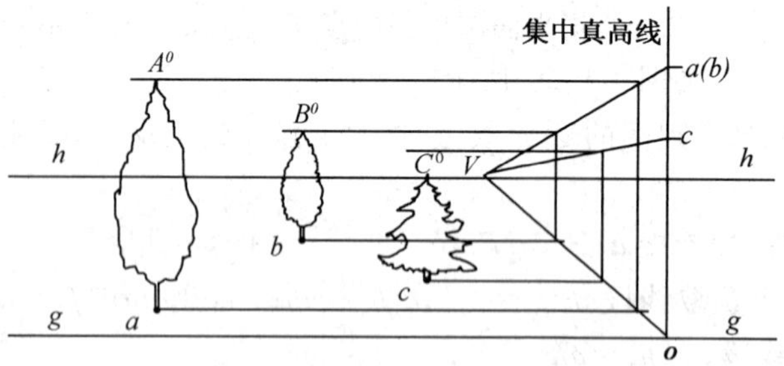

图 4-17　集中真高线

3. 透视参数的确定

由前面的知识知道，视点、画面和物体形体是形成透视图的三个基本要素。这三者之间的相对位置关系直接影响到透视图的最终效果，所以在作透视图之前就要选择确定好适宜的透视参数。

(1)视点的确定　视点的确定包括确定站点的位置及视高。

①确定站点的位置：经计算，当视距等于画面宽度的 1.5～2.0 倍，视角在 28°～37°范围内时，画出的透视图效果最好，如图 4-18 所示。

另外，为了保证物体的透视效果图全面、不失真，还应使站点的位置位于画面中间的 1/3 的范围内，如图 4-19 所示。

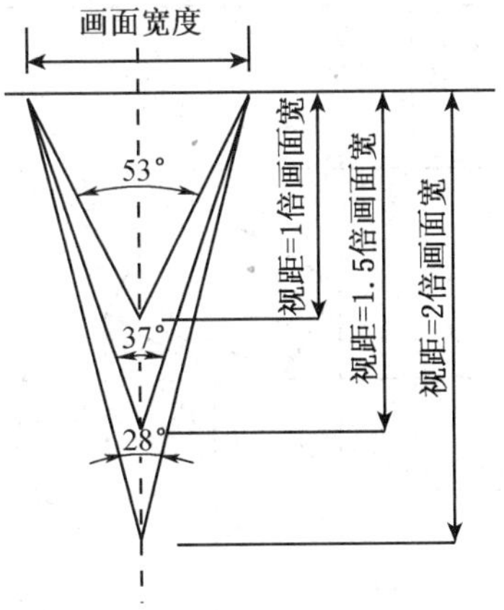

图 4-18　视距与画面宽度关系

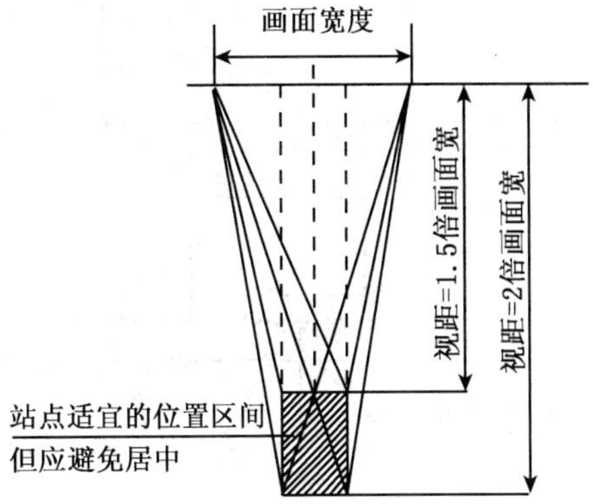

图 4-19　站点位置的选择

②视高的确定：视高通常取人眼的实际高度 1.5～1.8 m，以获得人们正常观察景物时的透视效果。视高有时也与景物的总高有关。景物较高时可适当提高视高，景物较低时则应适当降低视高。此外，视高还与透视图想要达到的效果有关，若要表现景物的高耸雄伟，可适当降低视高；若要表达大范围的景观效果，则应提高视高，这时所绘制的透视图又称为鸟瞰图，如图 4-20 所示。

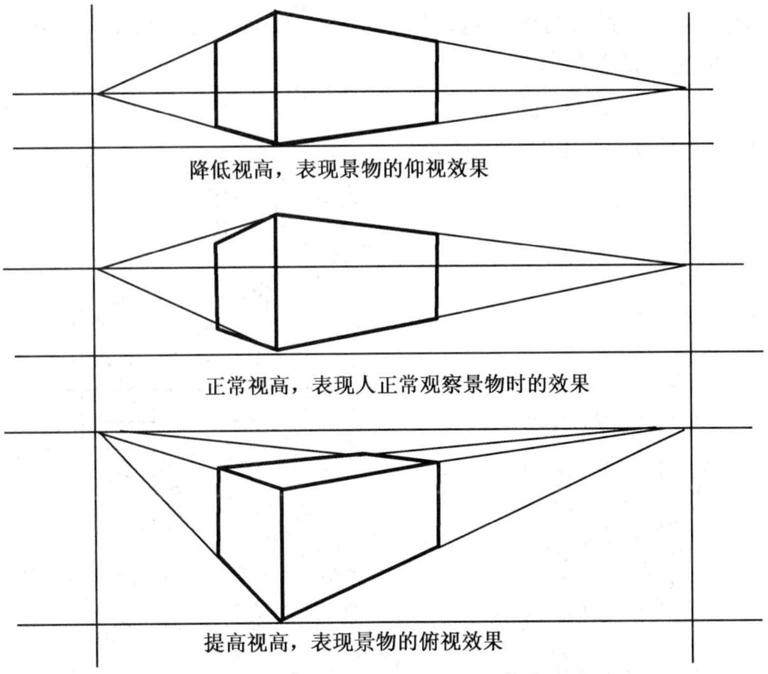

图 4-20　视高对透视效果的影响

（2）画面位置的确定

①一般应使画面通过形体的一个转角（两点透视）或一个主要立面（一点透视），这样，可直接利用这个点或边来确定形体其他部位的透视，同时，又可利用它在画面上这一特征，确定形体的透视高度。可以简化作图步骤，节省作图时间。

②画面与主立面间的夹角为画面偏角。一般当画面偏角为 30°时，透视图中的形象比例合适，主次分明，效果较好，如图 4-21 所示。选择画面偏角时还应注意避免建筑物的两个立面与画面的偏角相等，否则所画立面形象呆板，效果差。

③画面的选择还应注意所绘透视图应能反映形体的主要特征。

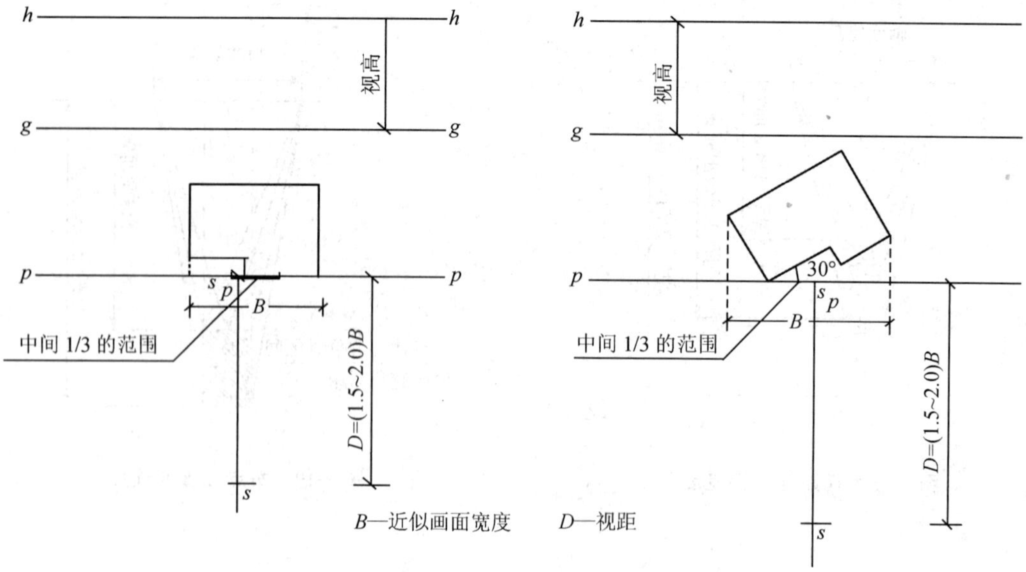

(a) 一点透视　　　　(b) 两点透视

图 4-21　画面位置的确定

(3)站点、画面在平面图中的选择方法

①先定站点、后定画面的方法,如图4-22所示。

首先定站点 s。从站点 s 向景物两侧引视线投影 sa 和 sc,并使其夹角 $a\approx30°\sim40°$。

作视线 sO,使其为夹角 α 的角平分线。

过 O 点作垂直于 sO 的直线,即画面线 p-p。

②先定画面,后定站点的方法,如图4-23所示。

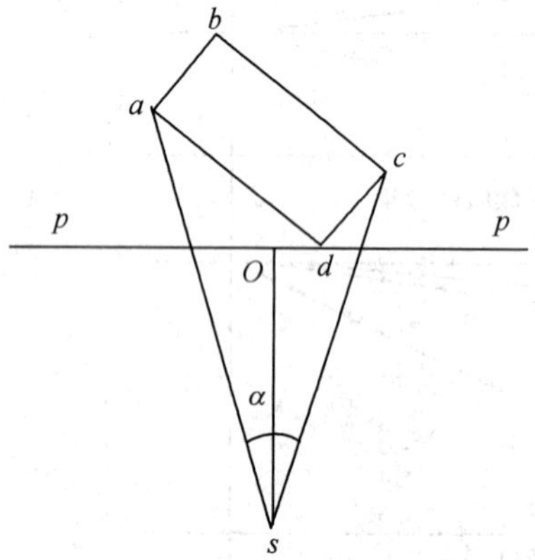

图 4-22　先定站点,后定画面的方法

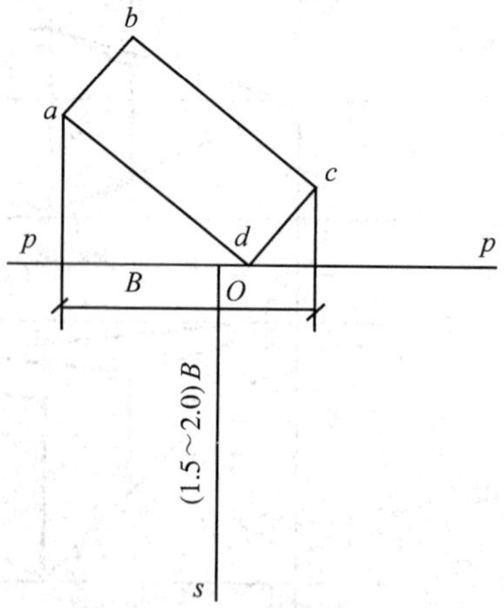

图 4-23　先定画面、后定站点的方法

根据画面偏角(常用 30°)确定画面线 p-p。

过转角点 a 和 c 分别向 p-p 线引垂线,得画面的近似宽度 B。

在画面宽度的约 1/3 处确定一点 O,过 O 点作垂线,在垂线上确定站点 s,使 $sO=(1.5\sim2.0)B$。

4.2.3　绘制鸟瞰图的技法

由于鸟瞰图视点位置比较高,所表现的内容较多,具有一般透视图所无法比拟的效果,因此鸟瞰图在园林设计效果图表现中被广泛应用。实际作图时一般采用网格法作鸟瞰图,尤其对于不规则图形和曲线图形较多的园林设计图,其透视不是向一个或两个灭点消失,而是向多方向消失,这时如果采用其他方法绘制透视图是很不方便的，而利用网格法作鸟瞰图则要方便得多。

1. 网格透视作法

(1)一点透视网格作法　如图 4-24 所示，一点透视网格的画法如下：

①定出透视参数，画出视平线、基线，定出站点的位置。

②确定距点 D 的位置，连接 $0D$，即为 45°对角线的透视方向。

③在基线上从 0 开始向一侧量取等距离网格点，并分别向心点引线，得到网格线的透视方向线。

④过各网格线与 $0D$ 的交点分别作水平线，即得一点透视网格。

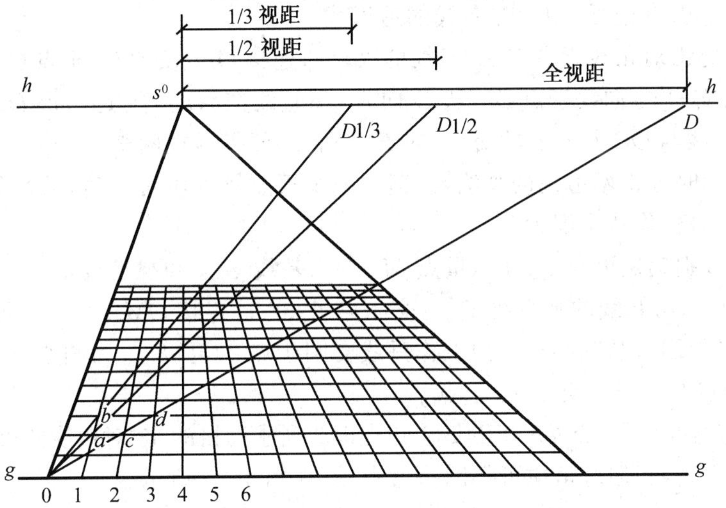

图 4-24　一点透视网格的作法

当距点太远时，可选用 1/2 或 1/3 的视距点来代替，具体作法为：将 0 点与 $D1/2$（或 $D1/3$）相连，与 $1s^0$ 交于点 a（或 b），过点 a（或 b）作水平线，与 $2s^0$（或 $3s^0$）相交于点 c（或点 d），连接点 c（或点 d）和点 0，即为所求的 45°角的透视方向线。

(2)两点透视网格作法

①一般透视网格作法如图 4-25 所示。

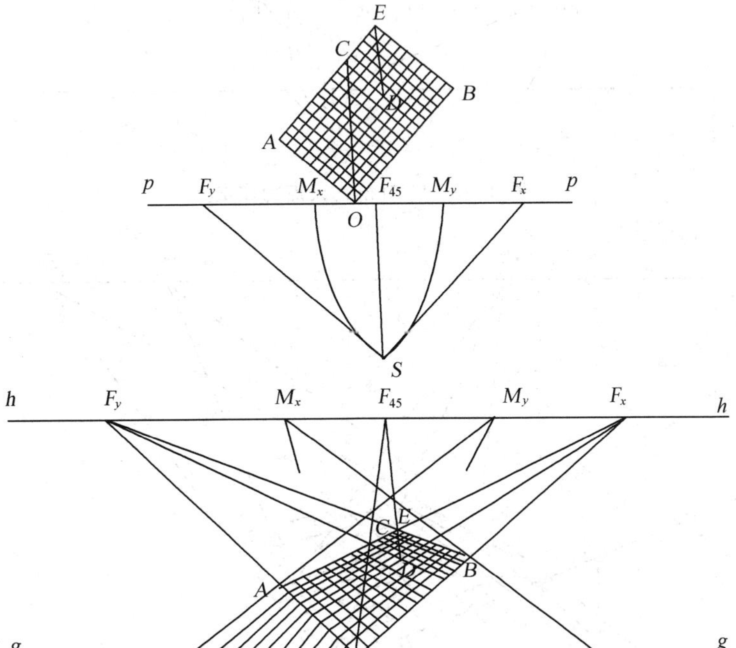

图 4-25　两点透视网格的作法

根据平面网格图，分别确定灭点 F_x 和 F_y，量点 M_x 和 M_y，基线 g-g 和视平线 h-h。

从基线上点 O 分别向灭点 F_x 和 F_y 引透视方向线，并向两侧量取网格边 OA 和 OB，并将其等分。

将 OA 和 OB 上各等分点分别与量点 M_x 和 M_y 相连，并与 OF_x 和 OF_y 相交，所得的交点再分别与灭点 F_x 和 F_y 相连即可得两点透视网格。

②对角线画法如图 4-25 所示，为灭点可达时两点透视网格的对角线画法，其求作方法可按以下步骤进行。

沿 g-g 线上的 O 点向一侧量取网格边 OA 并按网格数等分 OA，从其上的等分点向 M_y 引直线，与 OF_y 相交，由交点向 F_x 引直线可得 F_x 方向线的透视线。

在视平线 h-h 上定出对角线灭点 F_{45}（45°线的灭点），连接 OF_{45} 交 AF_x 于点 C，得 OC 的透视线。

连接 CF_y 并延长交 F_x 方向线于点 D，从 D 向 F_{45} 引直线交 AF_x 于点 E，得 DE 透视线。

过已作的 F_x 方向线与 OC 和 DE 的交点，向 F_y 引直线便得透视网格。

③灭点较远不可达时方格网透视的画法：当其中一个灭点较远不可达时，可采用图 4-26，图 4-27 所示的方法作两点透视网格，作法步骤为：

根据平面网格图分别确定灭点 F_x、F_y，量点 M_x、M_y，基线 g-g 和视平线 h-h。

作直线 OF_x 和 OF_y，与基线的平行线 f_xf_y 交于点 f_x、f_y。连接 OM_y，交该平行线于点 m_y。

作以 f_xf_y 为直径的圆。从圆心点 1 向上作垂线交圆于点 2；再以 f_x 为圆心，以 f_xm_y 为半径向下作圆弧交圆于点 3，连接点 2 和点 3 交 f_xf_y 于点 f_{45}。

从点 O 向 f_{45} 作直线并延长，交 h-h 于点 F_{45}，该点即为所求网格的 45°对角线的灭点，如图 4-26 所示。

用与前述相同的方法，利用对角线可得网格透视图，如图 4-27 所示。

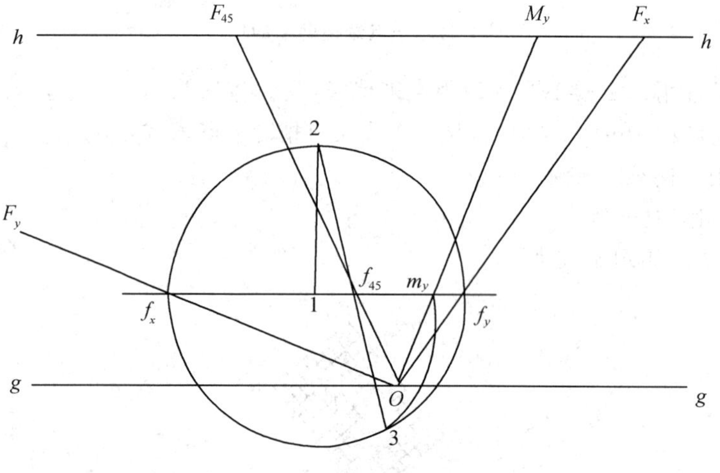

图 4-26　45°对角线灭点的作法

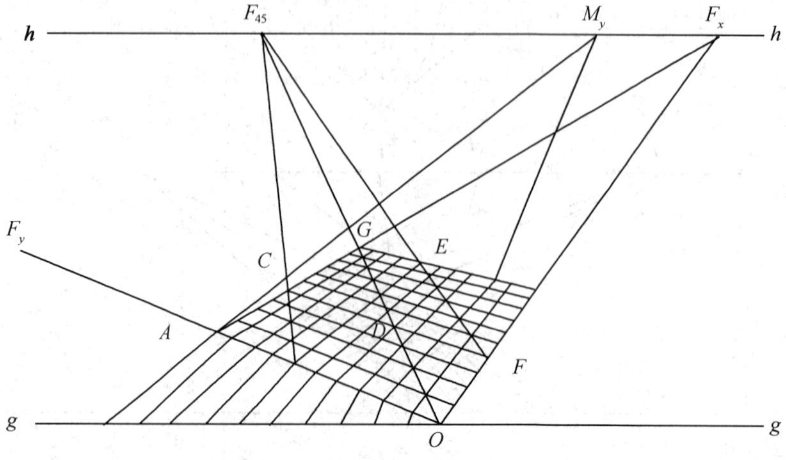

图 4-27　灭点不可达时透视网格的作法

2. 网格法作鸟瞰图画法

①首先确定基线 g-g，视平线 h-h，主视点 s^0，灭点和量点。

②运用前述方法绘制与平面网格相应的网格透视图。

③目测景物各控制点在方格网上的位置，并按照透视规律，将它们定位到透视网格相对应的位置上，即得景物的基透视图。

④在基透视的一侧作一集中真高线。根据景物在基透视中的位置，按照透视规律求作各景物的透视高。然后运用表现技法加深景物，擦去网格线及一些看不到的线，最终完成鸟瞰图。

如果画面与主立面的偏角为 30°，利用灭点、量点与主点的规律可直接画出量点和灭点，如图 4-28 所示。

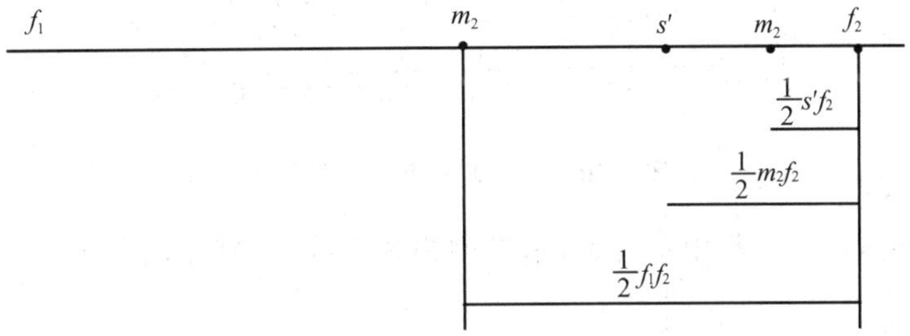

图 4-28　灭点、量点与主点的位置规律

3. 网格法作一点透视鸟瞰图举例

已知园景的平面和立面，观察者的视高和视点及画面位置。求作该园景的一点透视鸟瞰图，如图 4-29 所示。

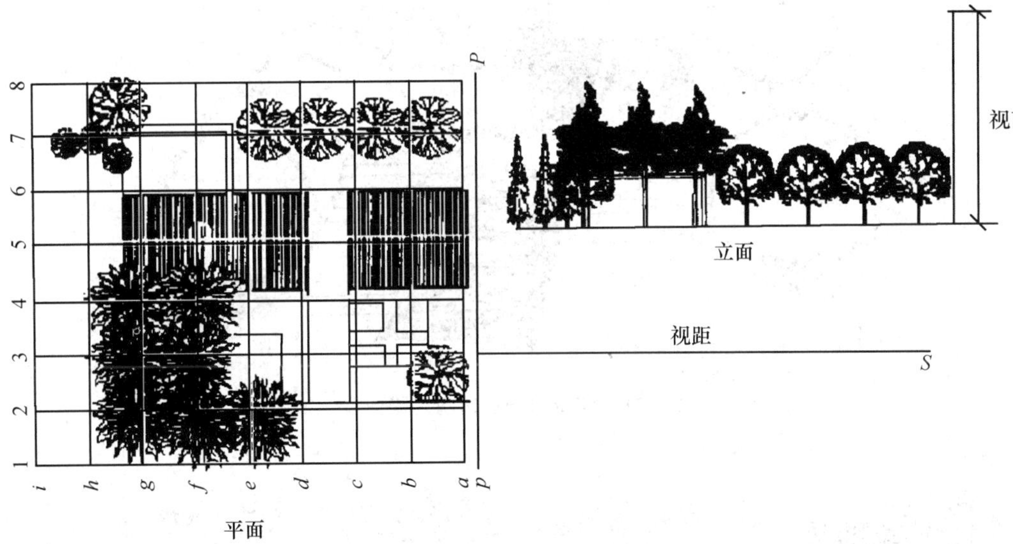

图 4-29　园景的平、立面及透视参数

作图步骤如下：

①根据园景平面图的复杂程度，确定网格的单位尺寸，并在园景平面图上绘制网格，进行编号，通常横向网格采用阿拉伯数字，纵向网格采用英文字母来编号，如图 4-29 所示。

②定出基线 g-g，视平线 h-h 和心点 s^0。

③在视平线 h-h 上于 s^0 的右边量取距点 D，并按照绘制一点透视网格的方法，把平面图上的网格绘制成一点透视图。

④根据景物在平面网格上的位置，按照透视规律，将其定位到透视网格的相应位置上，完成景物的基透视，如图 4-30 所示。

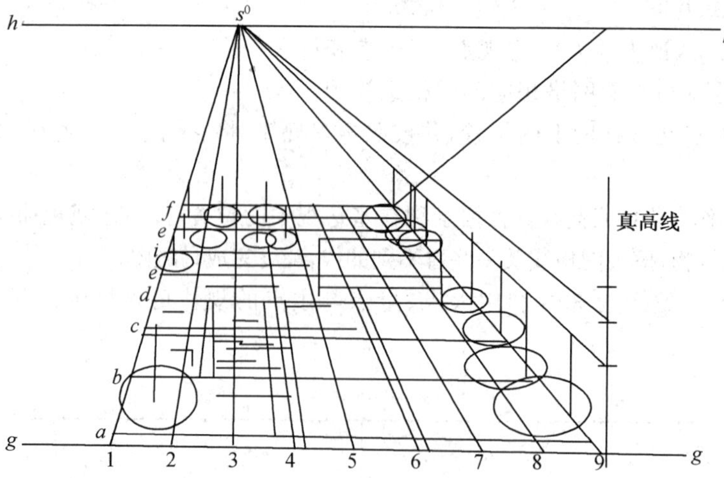

图 4-30　园景的一点透视基透视

⑤在网格透视图的右边设一集中量高线，借助网格透视线，分别作出各个景物的透视高，如图 4-30 所示。

⑥运用表现技法，绘制各设计要素，然后擦去被挡部分和网格线，完成景物的一点透视鸟瞰图，如图 4-31所示。

图 4-31　园景的一点透视鸟瞰图

4.3　技能训练

1. 已知建筑群的平、立面投影图(图 4-32)，求作其水平斜轴测图(尺度自定)。
2. 已知小游园一角平、立面图(图 4-33)，绘制小游园一角的一点透视。
3. 已知小游园平面图(图 4-34)，绘制小游园的两点透视。
4. 绘制某小区的两点透视鸟瞰图(图 4-35 至图 4-37)。
5. 绘制园景的两点透视鸟瞰图(图 4-38 至图 4-40)。

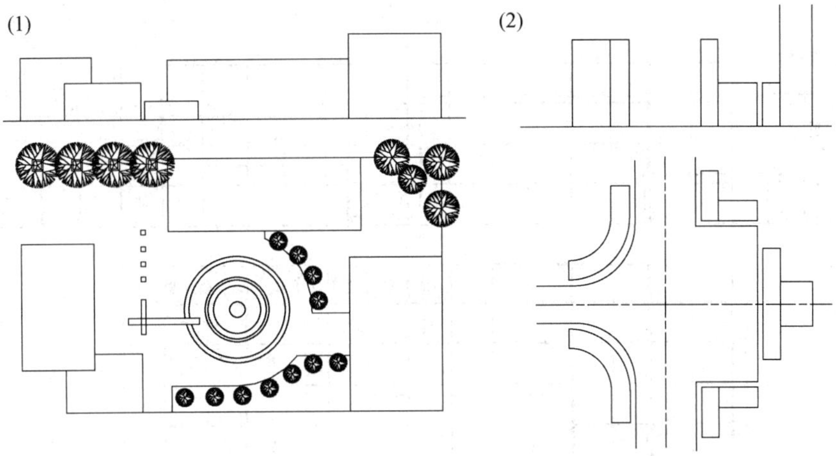

图 4-32　建筑群的平、立面投影图

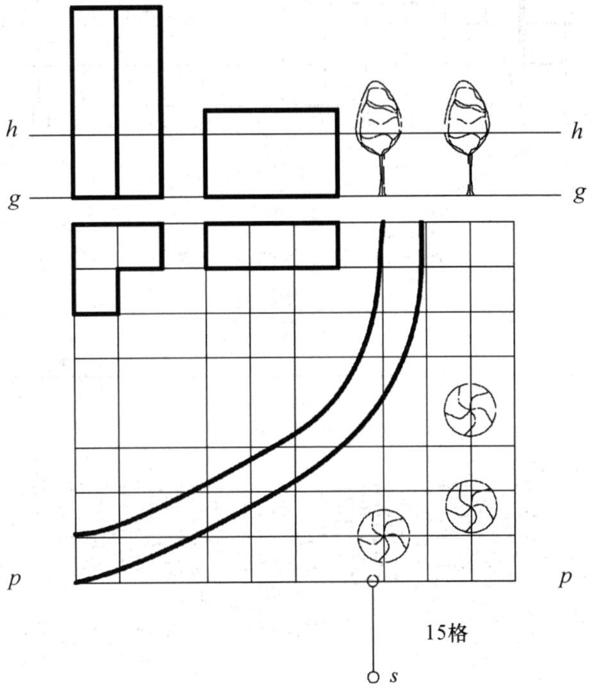

图 4-33　小游园一角平、立面图

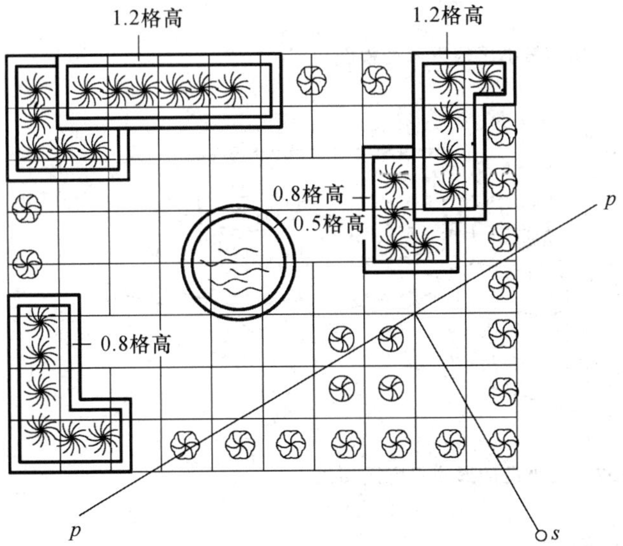

说明：
1.平面图中建筑为花池和水池。
2.视高10格高。
3.视距取18格。
4.植物高自定。

图 4-34　小游园平面图

第4章　轴测和透视投影

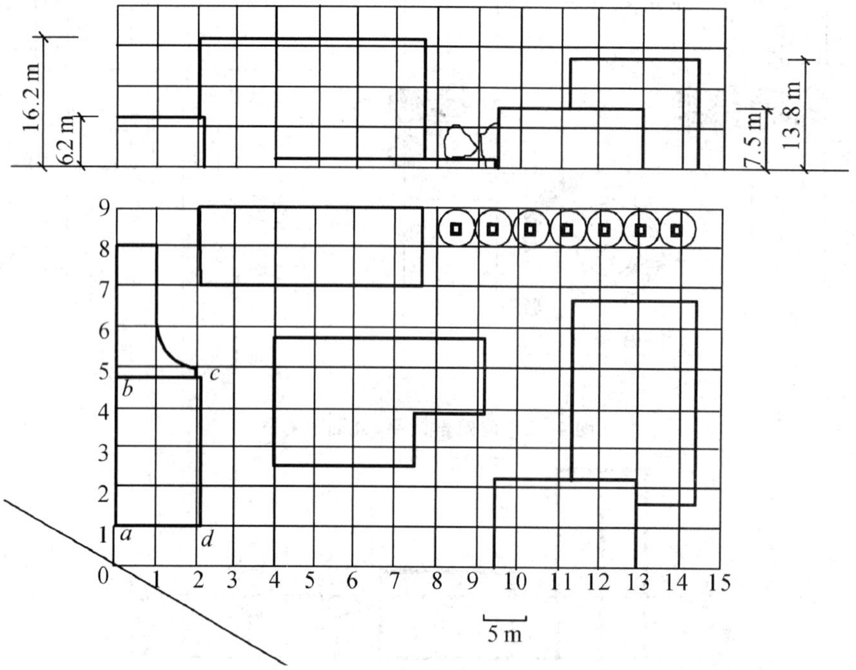

图 4-35　某小区的平、立面图

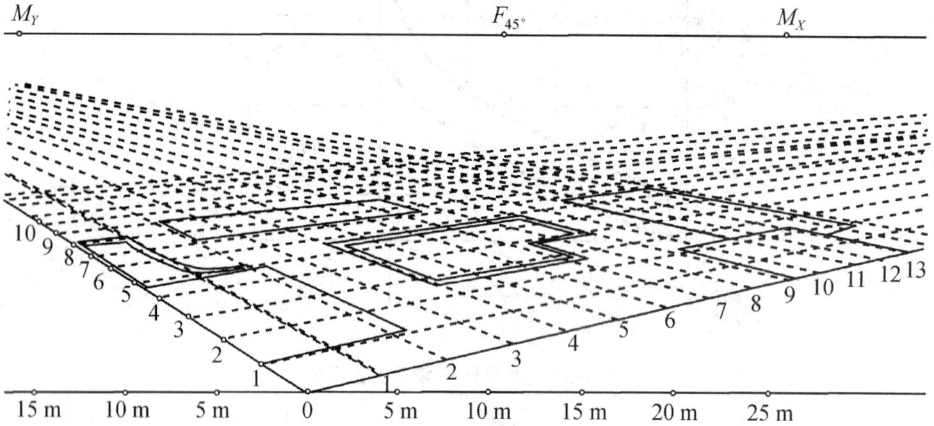

图 4-36　某小区的平面透视图

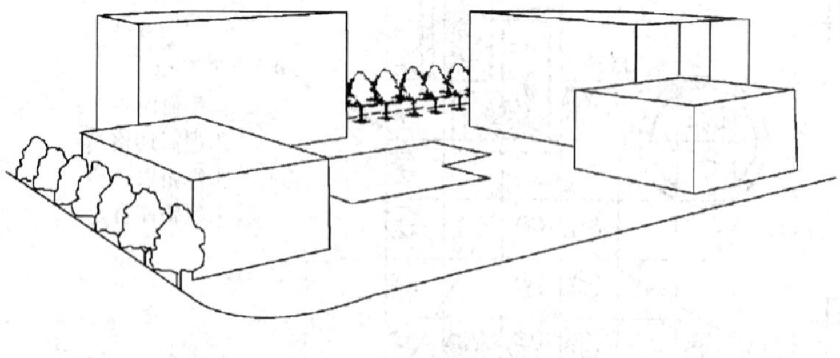

图 4-37　某小区的透视鸟瞰图结果

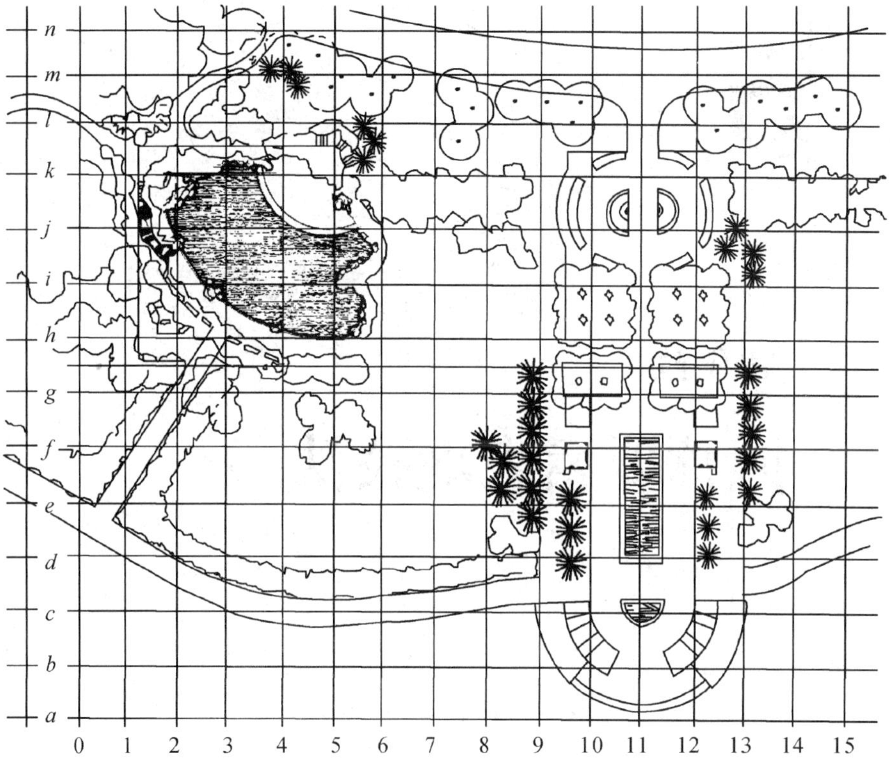

图 4-38　园景平面图方格网

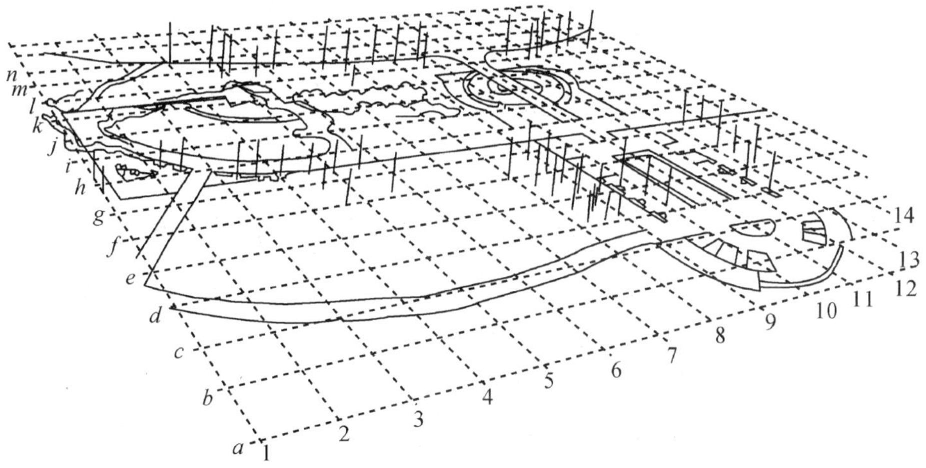

图 4-39　园景两点透视的基透视

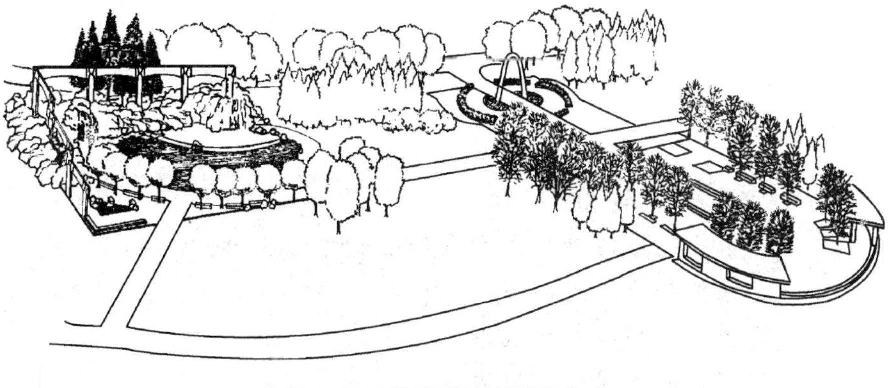

图 4-40　园景两点透视最终效果

Chapter 5

第5章

园林要素表现技法

学习目标

掌握园林植物平立面图例绘制方法；
能徒手绘制园林石、假山和水体；
会用等高线表现地形；
掌握园林道路表现方法。

5.1 园林植物的表现技法

园林植物是园林设计中应用最多的造园要素。可以将园林植物分为乔木、灌木、攀缘植物、竹类、花卉、绿篱和草地等，其表现方法见本书附录Ⅳ《CJJ 67—95 风景园林图例图示标准》(植物部分)。

5.1.1 树木的平面表现技法

园林树木的平面图是指园林树木的水平投影图，如图 5-1(a)所示。园林植物绘制的基本笔法如图 5-1(b)所示。

平面图中树的绘制一般采用“图例图示”概括地表现，其方法是用一个圆圈表示树木成龄以后树冠的形状和大小，圆心用大小不同的黑点表示树木的定植位置和树干的粗细。为了能够更形象地区分不同种类的植物，常用不同形状的树冠线形来表示。

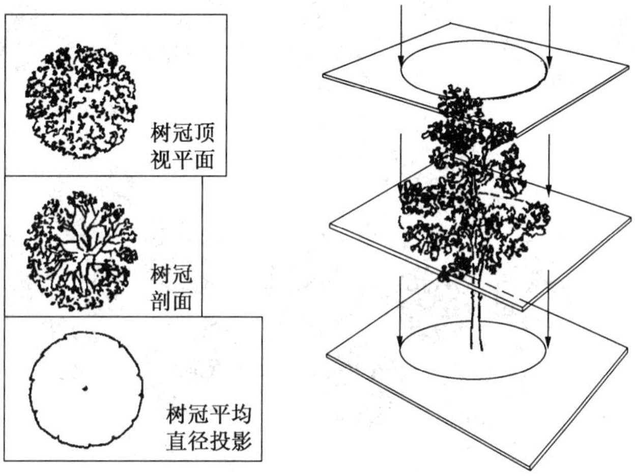

(a)

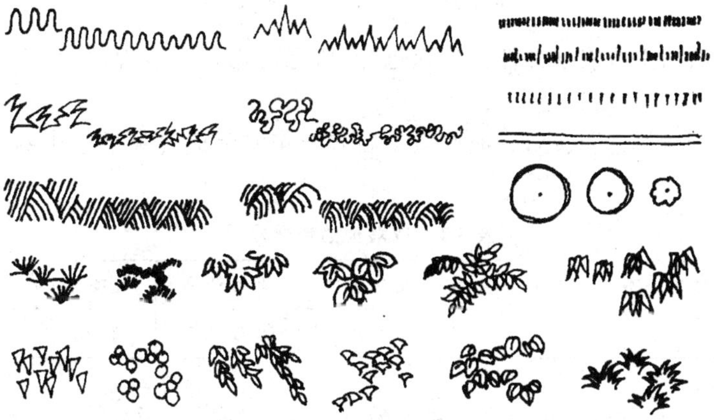
(b)

图 5-1 园林树木的水平投影图和基本笔法

1. 树木平面的基本类型

根据不同的表现手法将园林树木划分成以下几种基本平面类型，如图 5-2 所示。

轮廓型：树木平面只用线条勾勒出轮廓，线条可粗可细，轮廓可光滑，也可带有缺口和突尖。

枝干型：在树木平面图中用线条的组合表现树枝或枝干。

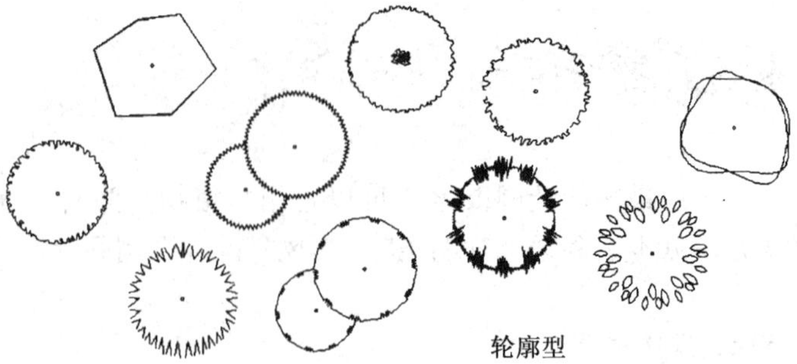

轮廓型

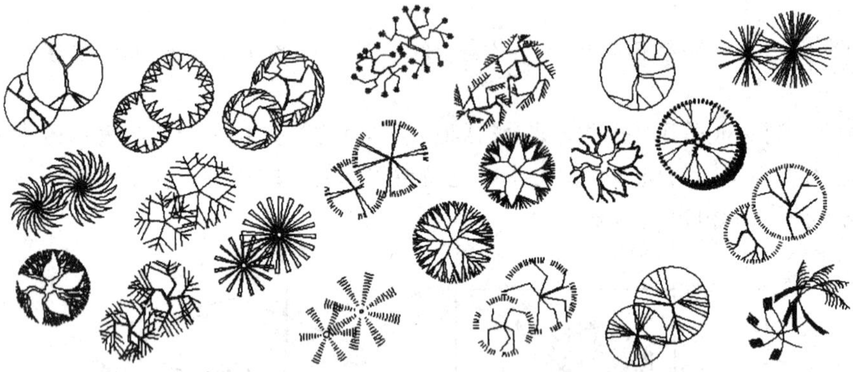

枝干型

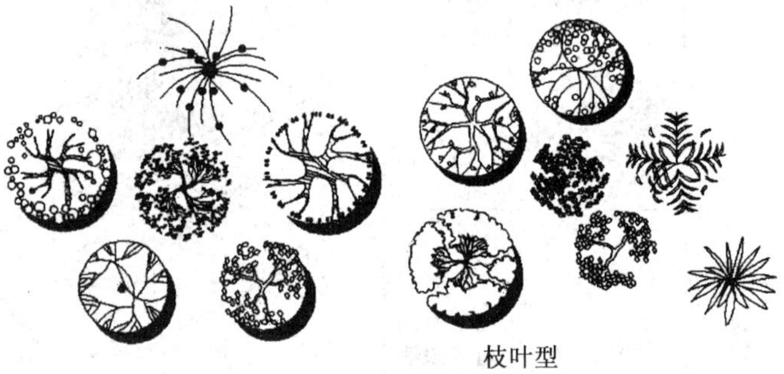

枝叶型

图 5-2　树木平面的三种表现类型

枝叶型：在树木平面图中既表现分枝又表现冠叶，树冠可用轮廓表现，也可用质感的线条加以体现。这种类型可以看做是其他类型的组合。

对所表现树木的平面树冠的大小，一般按施工后若干年实际成龄效果按比例绘出，成龄的树冠大小如表 5-1 所示。

表 5-1　成龄树的树冠冠径　　m

树种	孤立树	高大乔木	中小乔木	常绿大乔木	锥形幼树	花灌木	绿篱
冠径	10～15	5～10	3～7	4～8	2～3	1～3	0.5～1.5

2. 树木落影的平面表现

绘制树木的平面落影的具体方法可参考整个图纸的方位，先确定平面光线的方向，定出落影量，以等圆作树冠圆和落影圆，然后擦去树冠下的落影，将其余的落影涂黑，并加以表现，对不同质感的地面可采取不同的树冠落影的表现方法，如图 5-3 所示。

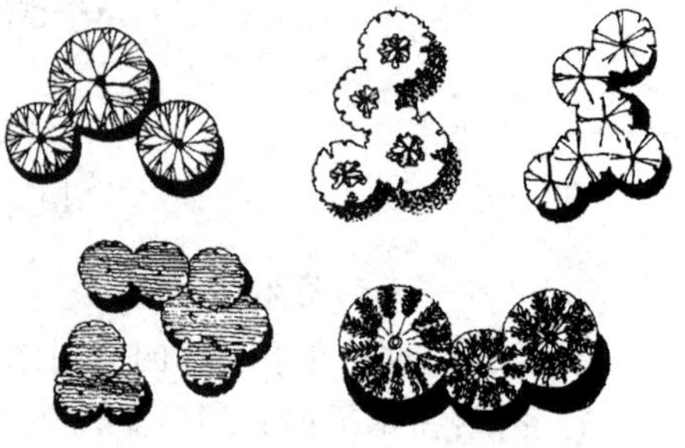

图 5-3　树木落影的平面表现

3. 树木平面图绘图程序

第一步，先确定树木在平面图中的种植点的坐标位置，根据冠幅大小用 4H 铅笔和圆规按比例绘出辅助圆。

第二步，选择树种和树例轮廓。树例轮廓线条较深，常用 H

或 HB 铅笔绘制。在辅助线上直接绘制轮廓线应从中心向外辐射，如图 5-4 所示。

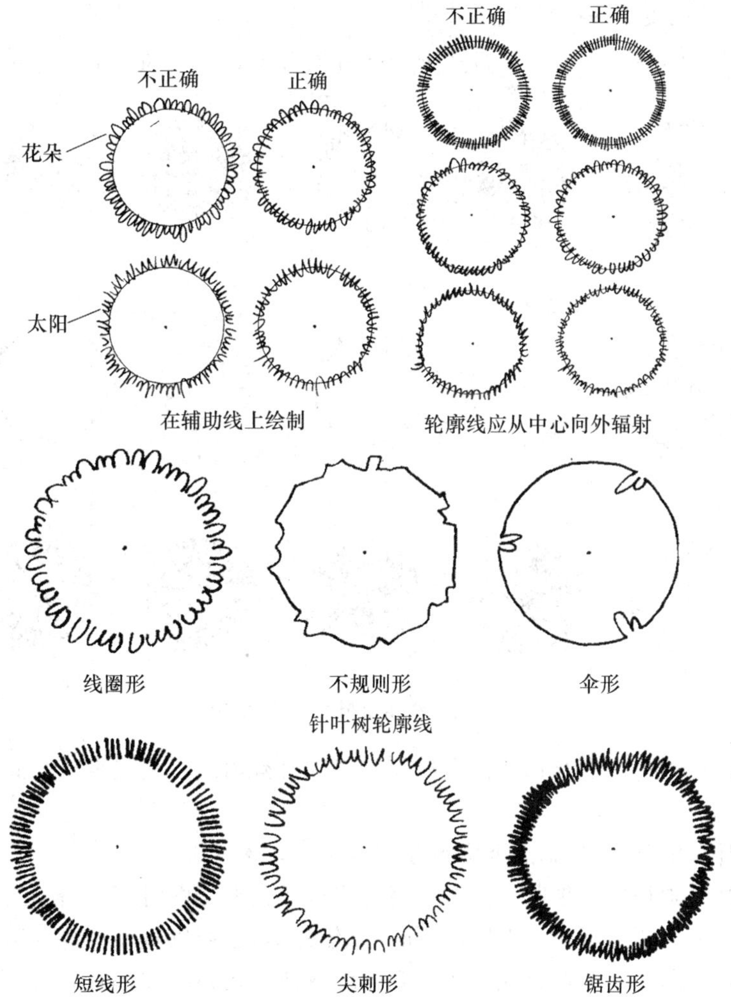

图 5-4　绘制辅助线和轮廓线

第三步，绘制树例细部。树例细部需要使用 H 或 2H 铅笔绘制，硬铅绘制的线条较轻，能够增加树例的质感，如图 5-5 所示。

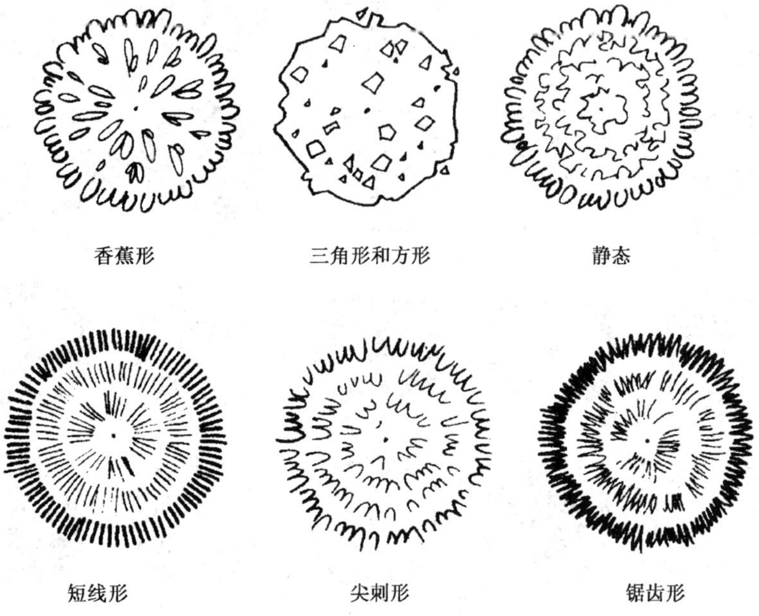

图 5-5　绘制树例细部

第四步，根据树影的绘图方法绘出树影(见图 5-3)，完成绘图。

4. 不同类别树木的表现手法

(1)针叶树的表现　园林中针叶树通常选择一些外周有锯齿的平面树形来表示，如图 5-6 所示。

图 5-6　常用针叶树平面树例

落叶针叶树通常中部留空；常绿针叶树在树冠线平面符号内画出相互平行且间隔相等或有渐变变化的 45°细实线。

如果是手工表现图，线条则要活，还要强调手工线条的艺术性。

如果是工具图，则要画得比较规范。一般先用圆规进行辅助绘图，按照冠径和比例尺的大小，先画出辅助圆，然会再用特细钢笔画出圆的外部锯齿，如果比较熟练，也可以直接用特细钢笔画锯齿树例。

(2)阔叶树的表现　阔叶树的树冠线一般为圆弧线或波浪线，且常绿的阔叶树多表现为浓密的叶子，并在树冠内加画平行斜线，落叶的阔叶树冬态多用分枝形或枝叶形表现，如图 5-7 所示。

图 5-7　常用阔叶树平面树例

(3)树丛、树群、树林的表现　树丛、树群、树林也是由一棵棵树组成的，一般先确定其种植点的位置，再依据树木的大小和形态、按比例尺画出其大小和树形，注意单棵树之间的大小变化，形成对比。当表示几株相连的相同树木的平面时，应互相避让，使图形形成整体。当表示成群树木的平面时可连成一片。当表示成林的平面时可勾勒林缘线，如图 5-8 所示。

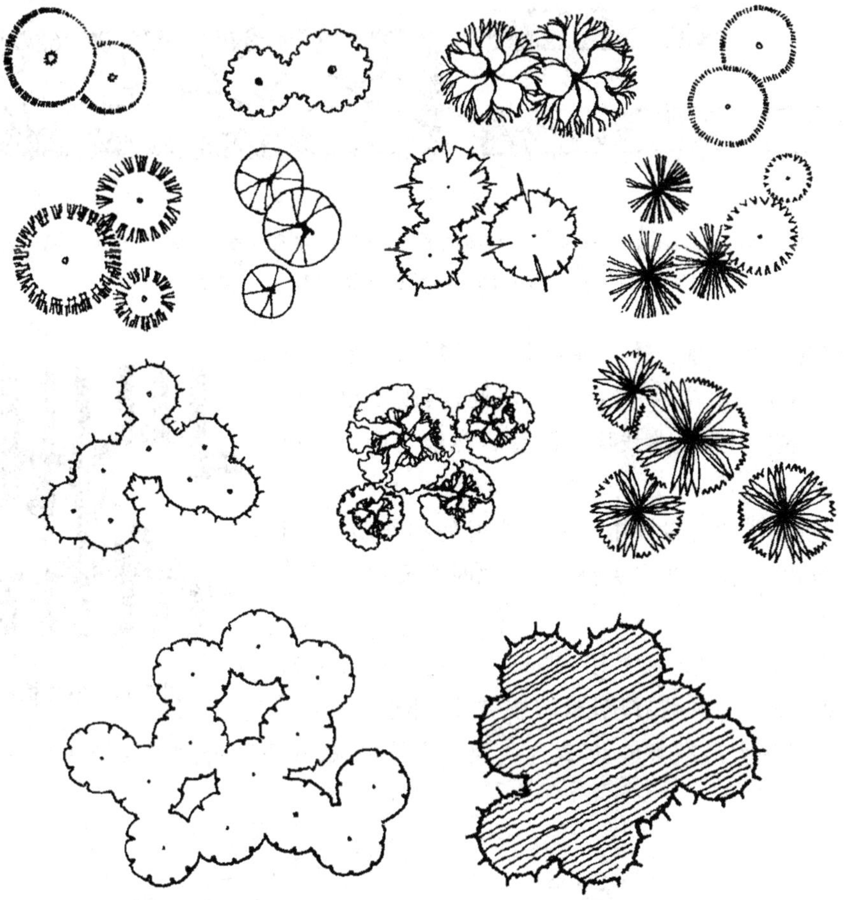

阔叶乔木疏林　　针叶乔木密林

图 5-8　树丛、树群、树林的表现

(4)丛植灌木、竹类、花丛、花境的表现　灌木没有明显的主干。单株灌木的平面表示与乔木类似。

灌木、竹类、花卉多以丛植为主，其平面画法多用曲线较自由地勾画出其种植范围，并在曲线内画出能反映其形状特征的叶子或花的图案加以装饰。花丛、花境的外部边缘不像树群、树丛那样严格，比较随意，在实际中很难分清楚其种植边缘。通常用如图 5-9 所示的图形表现。

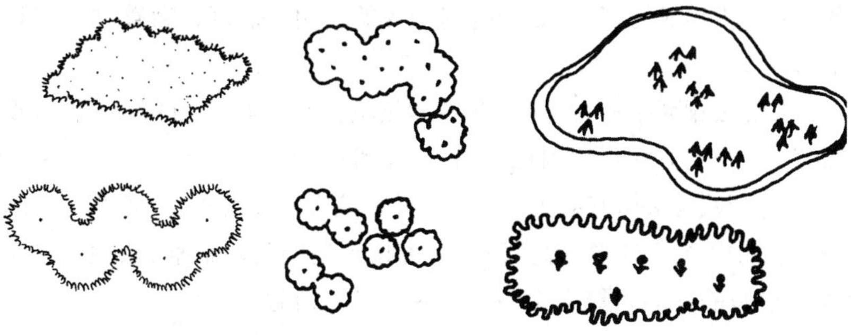

图 5-9　灌木、竹类、花丛、花境表现

(5)绿篱、模纹的表现　绿篱按其所选用的树种可分为针叶绿篱和阔叶绿篱，并有常绿及落叶之分。常绿绿篱可分为修剪与不修剪两种情况，常绿修剪绿篱与不修剪绿篱在平面图上表现的异同点是：两种都用斜线或弧线交叉表现，但由于修剪绿篱外轮廓修剪得比较整齐，所以一般用带有折口的直线绘出，而不修剪绿篱由于外轮廓线不整齐，因此用较自然曲线绘出，如图 5-10 所示。

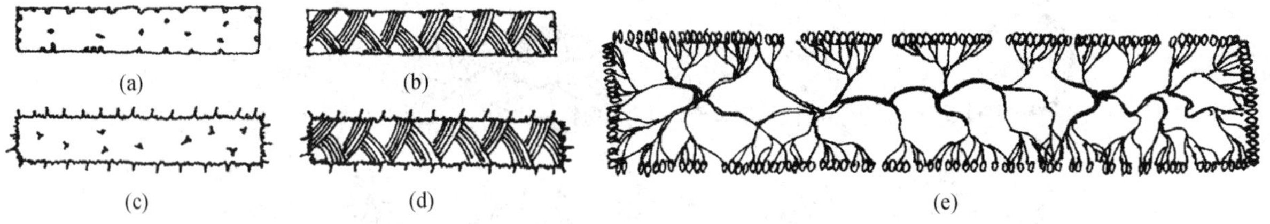

(a)阔叶自然形绿篱；(b)阔叶整形绿篱；(c)针叶自然形绿篱；(d)针叶整形绿篱；(e)阔叶绿篱的表现

图 5-10　绿篱的平面表现

(6)攀缘植物的平面表现　由于攀缘植物必须依附于其所要装饰的建筑小品生长(如花架、景墙等)，因此，其画法也往往是在其被装饰的小品上用自由曲线比较随意自然地勾画出其形态，如图 5-11 所示。

图 5-11　攀缘植物的平面表现

(7)草地的表现　草坪在设计中起到一个基底的作用，相当于一个铺地的绿色背景，作用相当关键，在表现时主要有以下几种手法：

①打点法：点要大小一致，通常用特细笔较多，打点时笔要垂直纸面，不能像小蝌蚪一样留有尾巴，疏密有致，邻近建筑物、构筑物、树木、道路的地方应较密集，远离这些地方应较稀疏，注意疏密过渡要渐次自然，不能太突然，如图 5-12 所示。

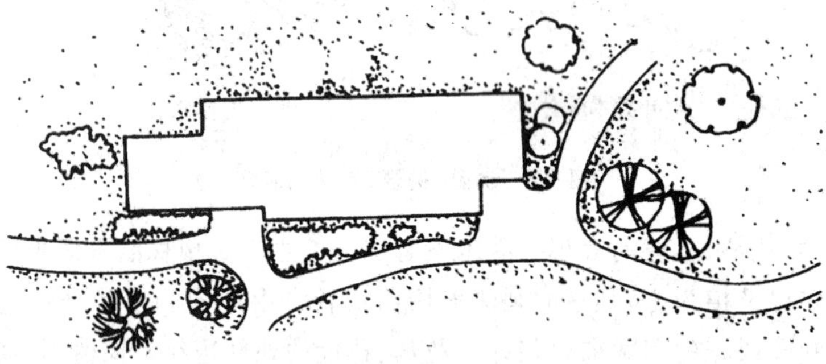

图 5-12　草地的平面表现 1

②小短线法：将小短线排列成行，每行之间排列整齐的可用来表现修剪草坪，排列不整齐的可用来表现草地和管理粗放的草坪。

③线段排列法：要求线段排列整齐，行间有断断续续的重叠，也可稍许留些空白或行间留白。另外，也可用斜线排列表现草坪，排列方式可规则也可随意，如图 5-13 所示。

用小短线法和线段排列法等表现草坪时，应先用淡铅笔在图上作平行稿线，根据草坪的范围可选用 2～6 mm 间距的平行稿线组，若有地形等高线时，也可按上述的间距标准，依地形的曲折方向勾绘稿线，并使得相临等高线之间的分布均匀，最后，用小短线或线段排列起来即可。

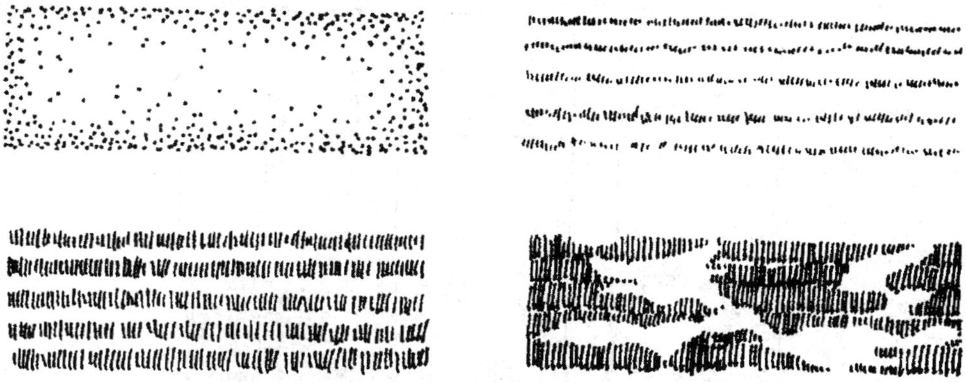

图 5-13　草地的平面表现 2

5.1.2　树木的立面表现技法

园林树木的立面图形态特征主要由树干和树冠来决定，树干的形态由它的高矮、粗细，分枝情况等决定，画法较简单。而树冠决定植物的主外形特征，其形状较为复杂，但可概括为几种基本形体：尖塔形、圆锥形、圆柱形、伞形、圆球形、椭圆形、匍匐形、垂枝形等，如图 5-14 所示。

图 5-14　树木立面基本树形

1. 树木立面图绘图程序

先绘制轮廓线，再绘制枝条，并延伸到轮廓线上。然后添加叶片，再加重树干和轮廓线。

确定树木的高宽比，画出四边形外框，若外出写生则可伸直手臂，用笔目测出大约的高宽比和干冠比。

略去所有细节，只将整株树木作为一个简洁的平面图形，抓住主要特征修改轮廓，明确树木的枝干结构。

分析树木的受光情况。

最后，选用合适的线条去体现树冠的质感和体积感，主干的质感和明暗，并用不同的笔法去表现远、中、近景中的树木(图 5-15)。

画树木立面时，往往从树木的主要特征入手，概括出树干及树冠的基本树形轮廓，而忽略其枝条及叶片的形状，以高度抽象的方法完成，如图 5-16 至图 5-18 所示；有时为了增加图面的艺术效果，采用夸张、简化等方法，绘制出具有很强的装饰效果的图案画，是艺术的抽象图案画法，如图 5-19、图 5-20 所示。

需要注意的是，针对同一景观在表现时，树木立面表示应与其平面相一致，如图 5-21 所示。

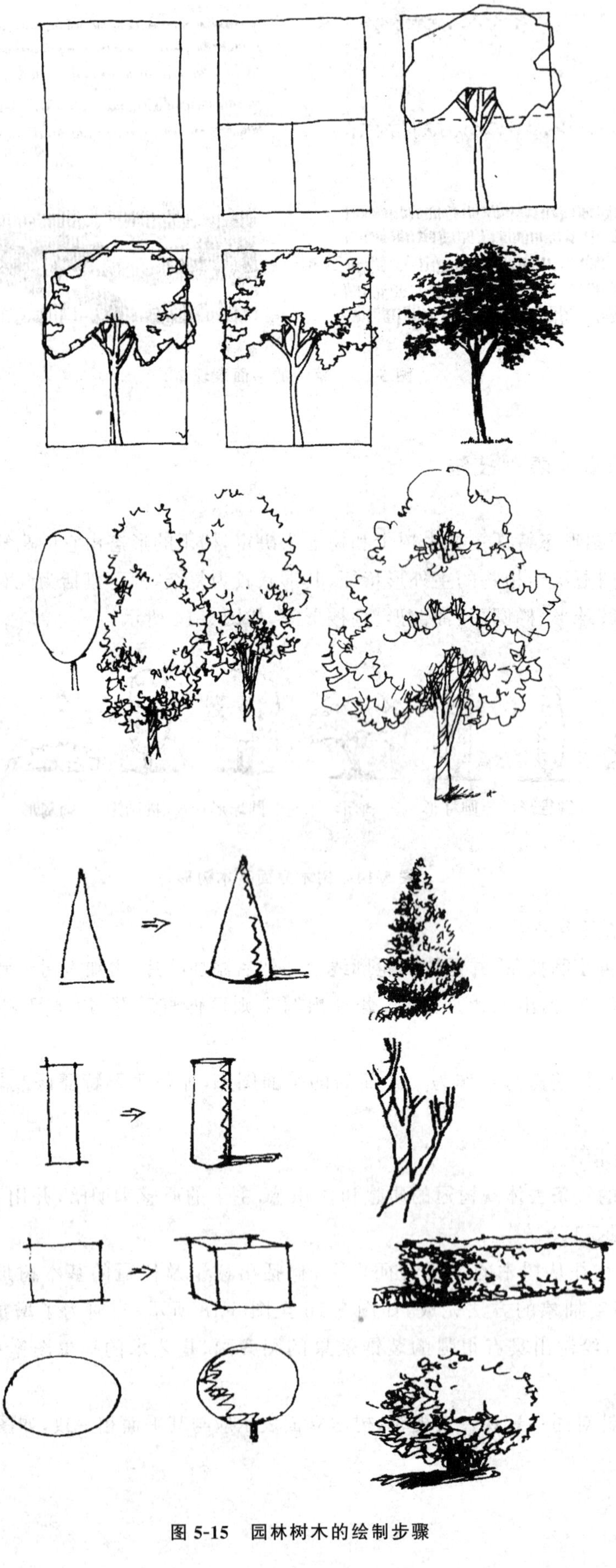

图 5-15　园林树木的绘制步骤

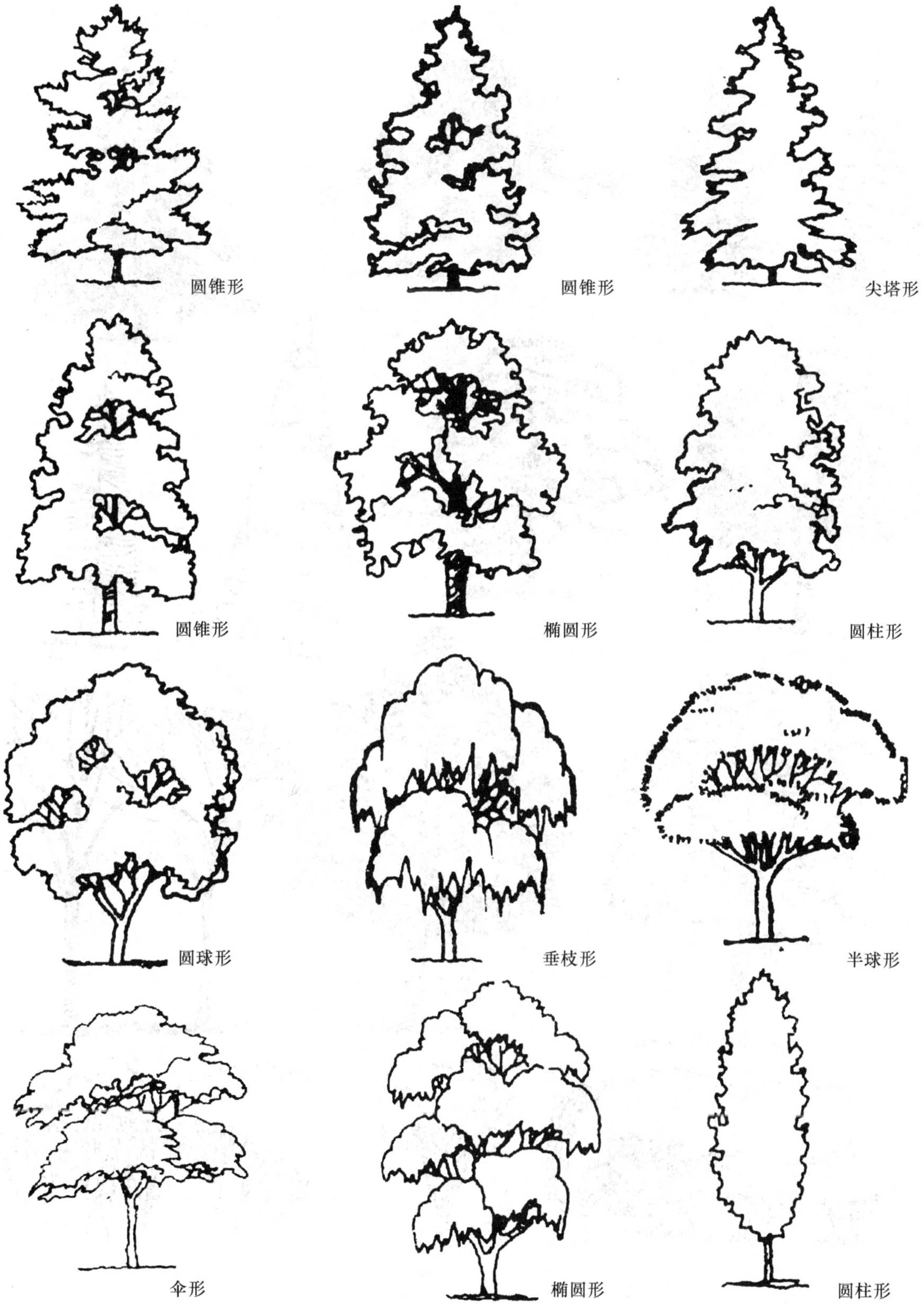

图 5-16 树木立面图例 1——抽象、概括的画法

图 5-17　树木立面图例 2——抽象、概括的画法

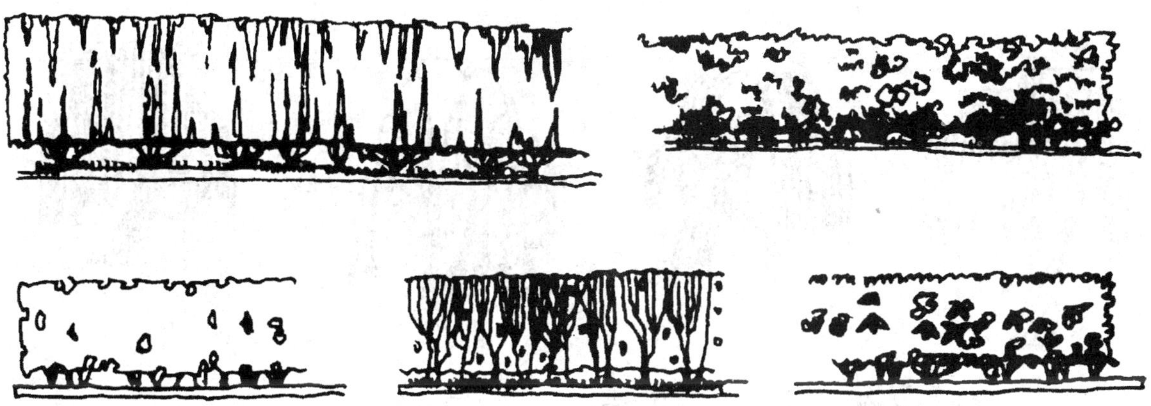

绿篱的画法

花卉、灌木、竹类、攀缘植物

图 5-18　树木立面图例 3——抽象、概括的画法

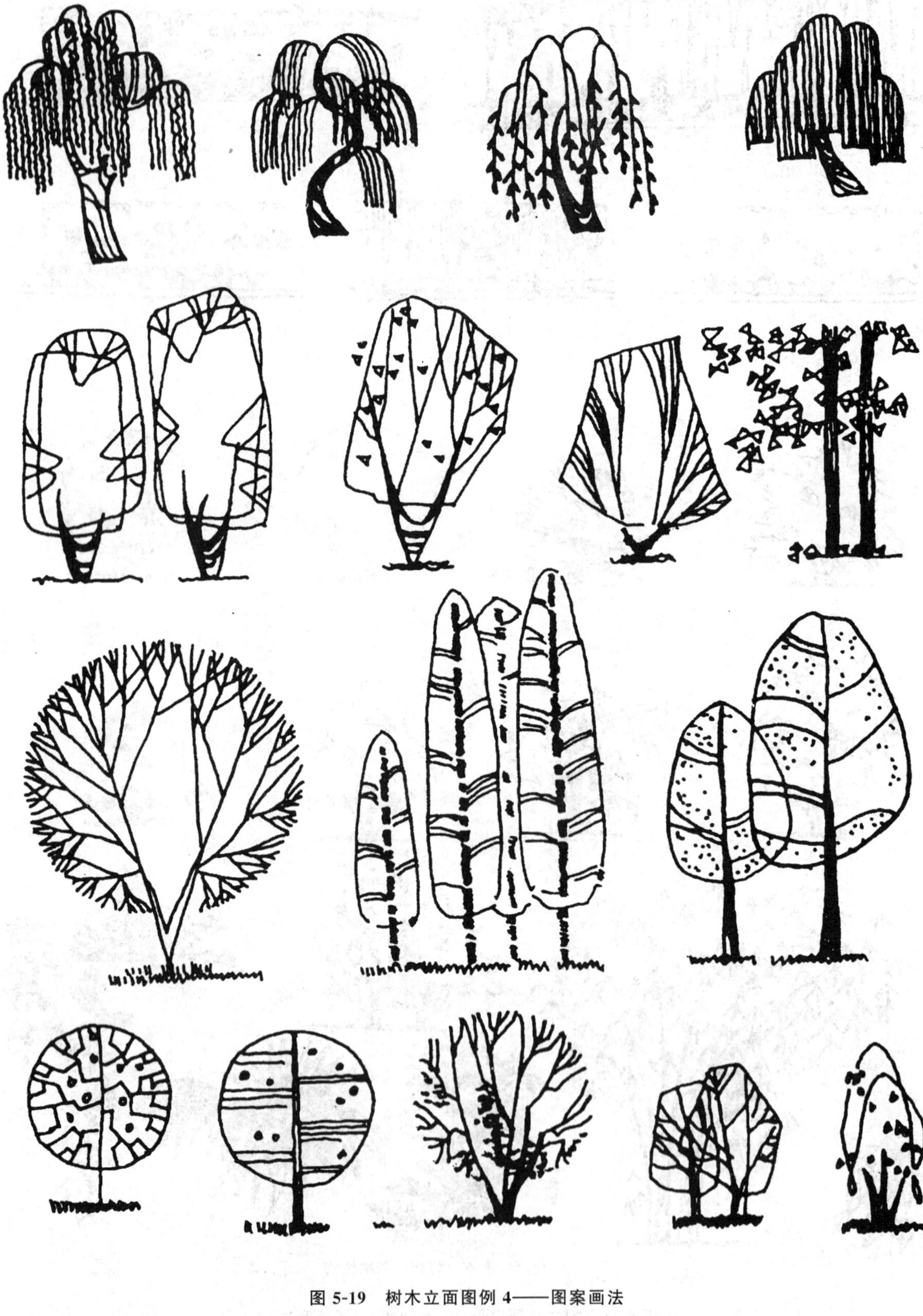

图 5-19　树木立面图例 4——图案画法

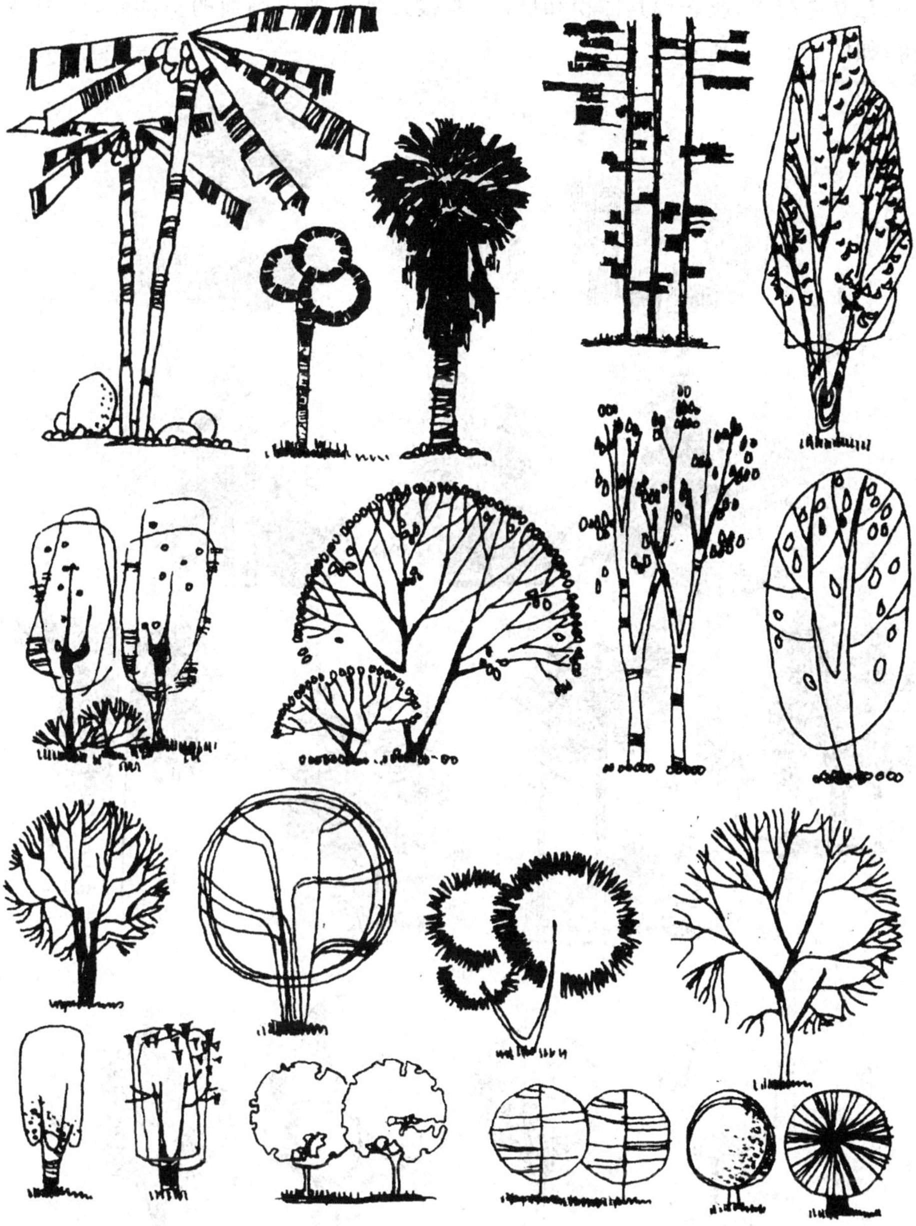

图 5-20　树木立面图例 5——图案画法

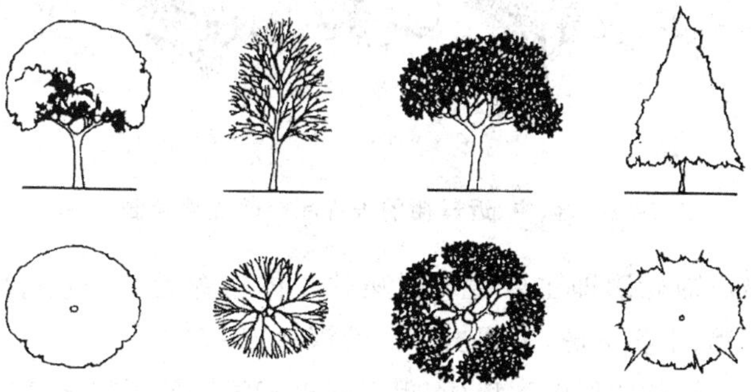

图 5-21　平面与立面表现要统一

2. 立面树木的景深层次

树丛在空间是立体配景，应表现其体积和层次，要很好地表现出画面的空间感，景观一般要绘出远、中、近景三种树，如图 5-22(a)所示。

(a)

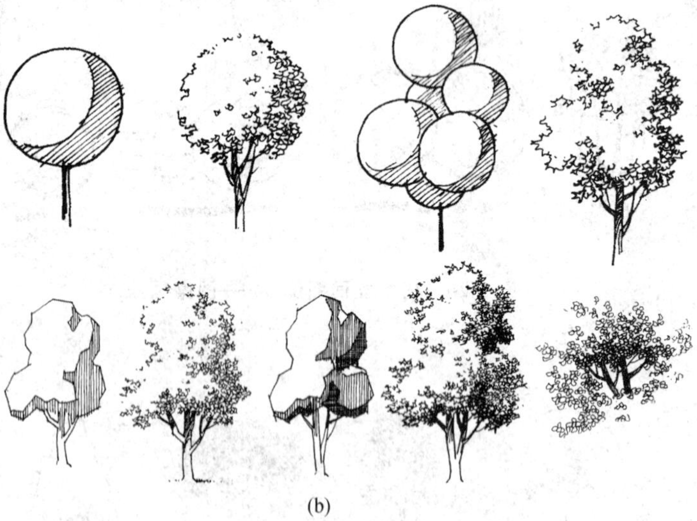

(b)

图 5-22　远、中、近景树的表现和明暗效果绘制方法

(1)远景树　只需绘出树冠轮廓即主要表现树丛的整体轮廓无需对枝叶特点进行描绘。具体绘图时，也将整体描绘成上深下浅、上实下虚，表现出图面的深远感。

(2)中景树　绘中景树应抓住树形轮廓特征，也反映出不同树种的特点区别绘图，主要通过对枝叶的特点和树冠轮廓的概括描绘来表现。

(3)近景树　描绘要细致具体，如树干应画出树皮纹理、枝干的结构、树叶的形态与铺排(树叶除用自由线条表现外，也可用点、圈、条带、组线、三角形及各种几何图形）等特征，还要描绘出明暗调子，分清空间层次，表现出树木的枝干和空间感，如图 5-22(b)所示。

3. 树木的明暗效果表现

一棵枝叶繁茂的树在阳光的照射下，由于受到阳光照射的角度不同，就会显示出光线的亮、暗、最暗等三个基准本层次：迎光的一面亮，背光的一面暗，里层最暗，如图 5-22(b)所示。在描绘树木时，必须正确认识阳光照射到树上的光影效果，准确描绘出从明到暗的层次转变，从而确切地描绘出空间层次，表现出树木的空间感。

5.2 园林山石的表现技法

园林中山石的应用主要有假山和置石两种。山石的画法主要是平面图和立画图的绘图技法，一般都是用粗线画出其外轮廓，再用细线勾画出内部纹理。

5.2.1 园林置石的表现技法

太湖石是经过熔融的石灰岩。这种山石的特点是纹理纵横，脉络起隐，石面上遍多坳坎，称为“弹子窝”，很自然地形成沟、缝、穴、洞，窝洞相套，玲珑剔透。画湖石时，首先用曲线勾画出湖石轮廓线，再用随形体线表现纹理的自然起伏，最后着重刻画出大小不同的洞穴，为了画出洞穴的深度，常常用笔加深其背光处，强调洞穴中的明暗对比，其画法如图 5-23 所示。

黄石是一种带橙黄颜色的细砂岩，山石形体顽夯，见棱见角，节理面近乎垂直，雄浑沉实，平正大方，块钝而棱锐，具有强烈的光影效果。画黄石多用平直转折线，表现块钝而棱锐的特点。为加强石头的质感和立体感，在背光面带常加重线条或用斜线加深与受光面形成明暗对比，如图 5-24 所示。

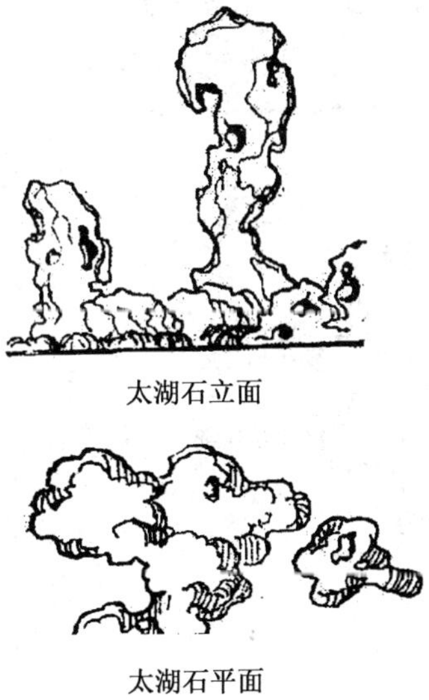

图 5-23 湖石画法

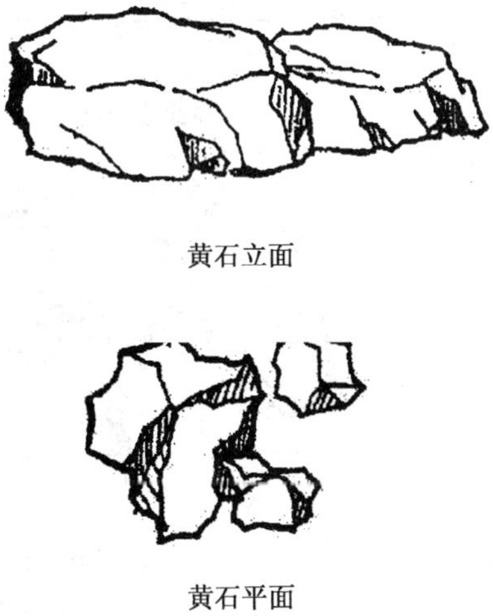

图 5-24 黄石画法

青石是一种青灰色的细砂岩，就形体而言，多呈片状，又有“青石片”之称。画时要注意刻画多层片状的特点，水平线条要有力，侧面用折线，石片层次要分明，搭配要错落有致，如图 5-25 所示。

卵石体态圆润，表面光滑。画时多以曲线表现其外轮廓，再在其内部用少量曲线稍加修饰即可。

石笋是指外形修长如竹笋的一类山石的总称。画时以表现其垂直纹理为主，可用直线或曲线。要突出石笋修长之势，掌握好细长比。石笋细部的纹理要根据石笋特点来刻画，如图 5-26 所示。

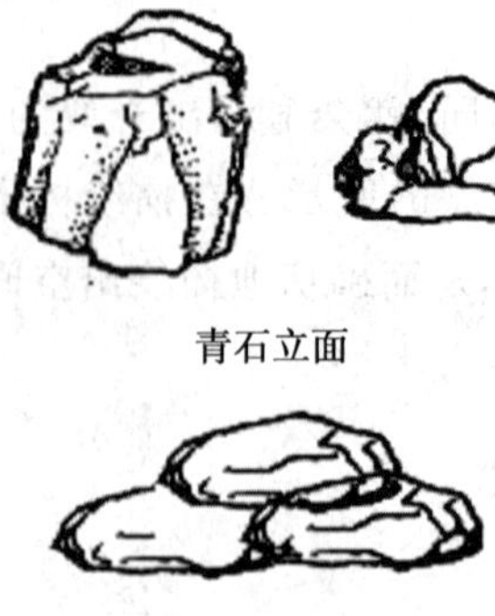

图 5-25　青石画法

图 5-26　石笋

5.2.2　园林假山的表现技法

假山中常用的石材有湖石、黄石、青石、石笋、卵石等。由于山石材料的质地、纹理的不同，其表现方法宜不同。假山的表现主要有平面图、立画图、剖面图和效果图的绘图技法，一般都是用粗线画出其外轮廓，再用细线勾画出内部纹理，如图 5-27 所示。

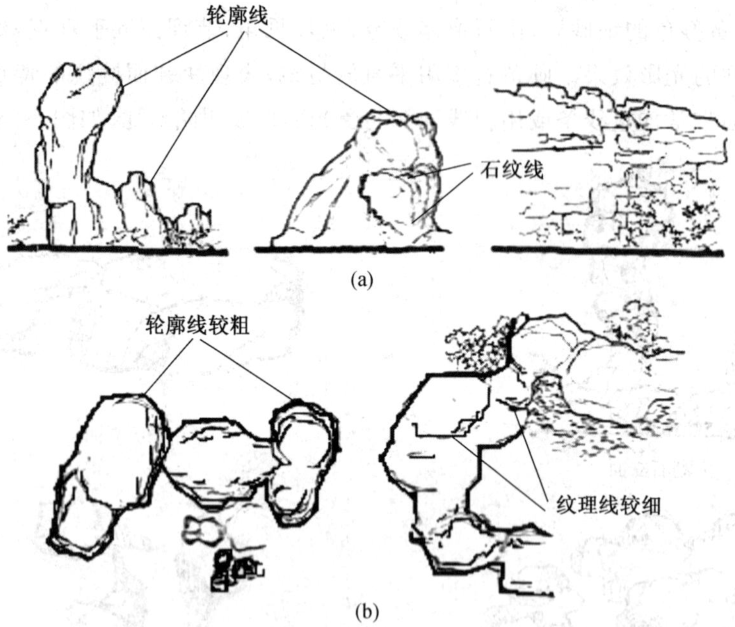

(a)石块立面画法；(b)石头平面的画法

图 5-27　假山置石画法

总之，平立面中的石块通常只用线条勾勒轮廓，很少采用光线、质感的表现方法，以免使之凌乱。用线条勾勒时，轮廓线要粗些，纹理用较细、较浅的线条稍加勾绘，以体现石块的体积感。不同的石块，其纹理不同，有的圆浑、有的棱角分明，在表现时应采用不同的笔触和线条。

在假山设计中，有时需要画出剖面图。剖面上的石块，轮廓线应用粗实线画出，石块剖面上还可加上 45°的斜纹线，如图 5-28 所示。

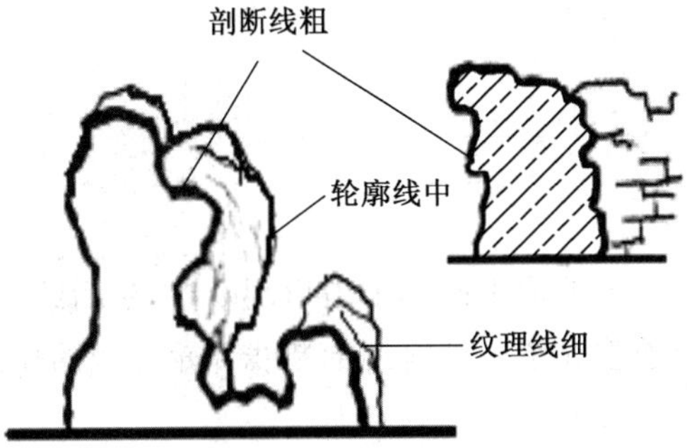

图 5-28　石头剖断面画法

5.3　地形设计表现方法

5.3.1　地形的表现方法

在规划设计阶段，主要用等高线法、断面法表示设计方案。施工阶段的地形设计见后面章节中的竖向设计内容。

1. 等高线法

此法在园林地形设计中使用得最多，一般园林基址地形测绘图都是用等高线和点高程来表现的，园林设计人员通常用平面地形图作为探讨地形设计的主要方法。平面地形设计图可以绘有原地形、设计地形及公园的平面布置、各部分的高程关系，并能准确地勾画出地形景观的整个空间轮廓。因此，等高线法自然成为一种园林地形设计及表达的首选方法，最适宜自然山水园的地形设计，如图 5-29 所示。

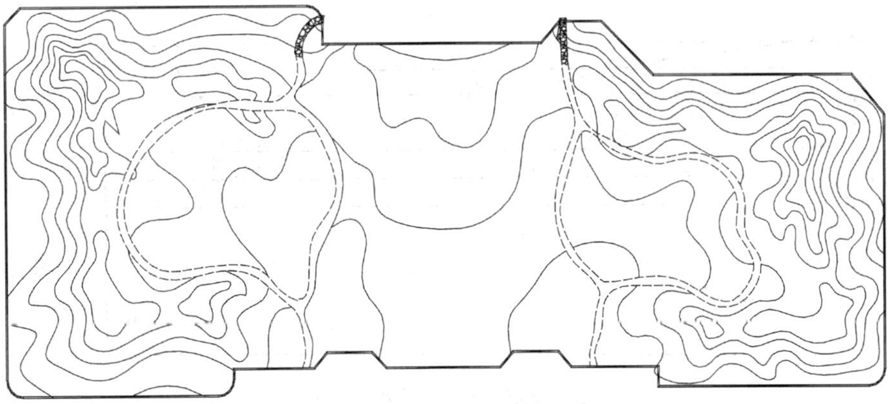

图 5-29　设计地形等高线

2. 断面法

即用许多断面表达设计地形以及原有地形的状况的方法。断面图表现了地形按比例在纵向和横向的变化。此种方法可以使视觉形象更明了和表达实际形象轮廓。同时，也可以说明地形上地物的相对位置和室内外标高的关系，说明植物分布及林木空间的轮廓以及在垂直空间内地面上不同界面的处置效果（如水体岸坡坡度变化延伸情况等）。

断面的取法可以选择园林用地具有代表性的轴线方向，断面间距根据所需精度而定；也可在地形图上绘制方格网，方格边长可依据设计精度确定，设计方法是在每一方格角点上求出原地形标高，再根据设计意图求取该点的设计标高。

5.3.2 地形剖面图的画法

作地形剖面图先根据选定的比例结合地形平面作出地形剖断线，然后绘出地形轮廓线，并加以表现，便可得到较完整的地形剖面图。下面着重介绍一下地形剖断线和轮廓线的作法。

1. 地形剖断线的作法

①在描图纸中按比例画出间距与地形等高距相等的平行线组，将其覆于地形平面图之上，使平行线组的起点线和地形剖切线位置相吻合。

②用丁字尺和三角板作等高线和剖切位置线的交点。

③再用光滑曲线将这些点连接起来并加粗加深，即得地形剖断线，如图 5-30 所示。

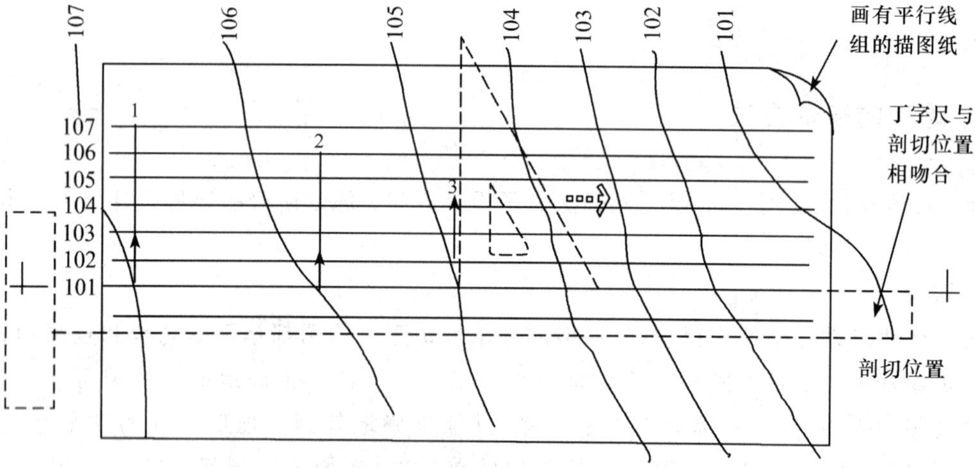

(a)先用描图纸直接覆盖原地形图上求出相应的交点

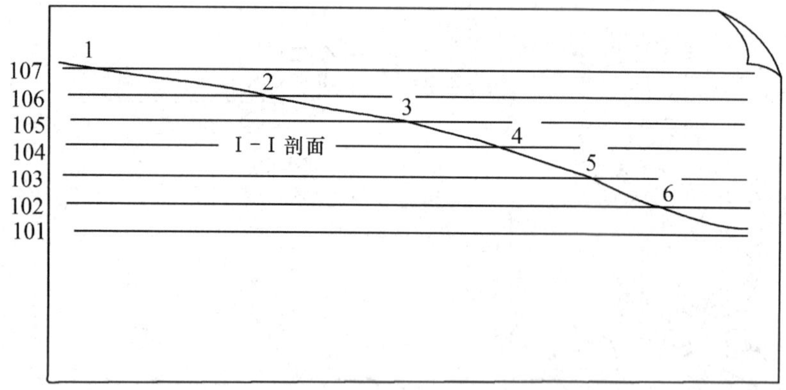

(b)先将这些交点用光滑的曲线连起来

图 5-30 地形剖断线的画法

地形剖面图中的水平比例应和原地形图一致，垂直比例可根据地形适当调整；地形起伏不明显、原地形比例过小，可将垂直比例扩大 5～20 倍，也就是纵向扩大比例尺；地形起伏变化较明显，应选择较小的垂直比例尺；当水平和垂直比例不相同时，应分别标明这两种比例尺；地形剖面图缩放时，最好还应分别加上图示比例尺，如图 5-31 所示。

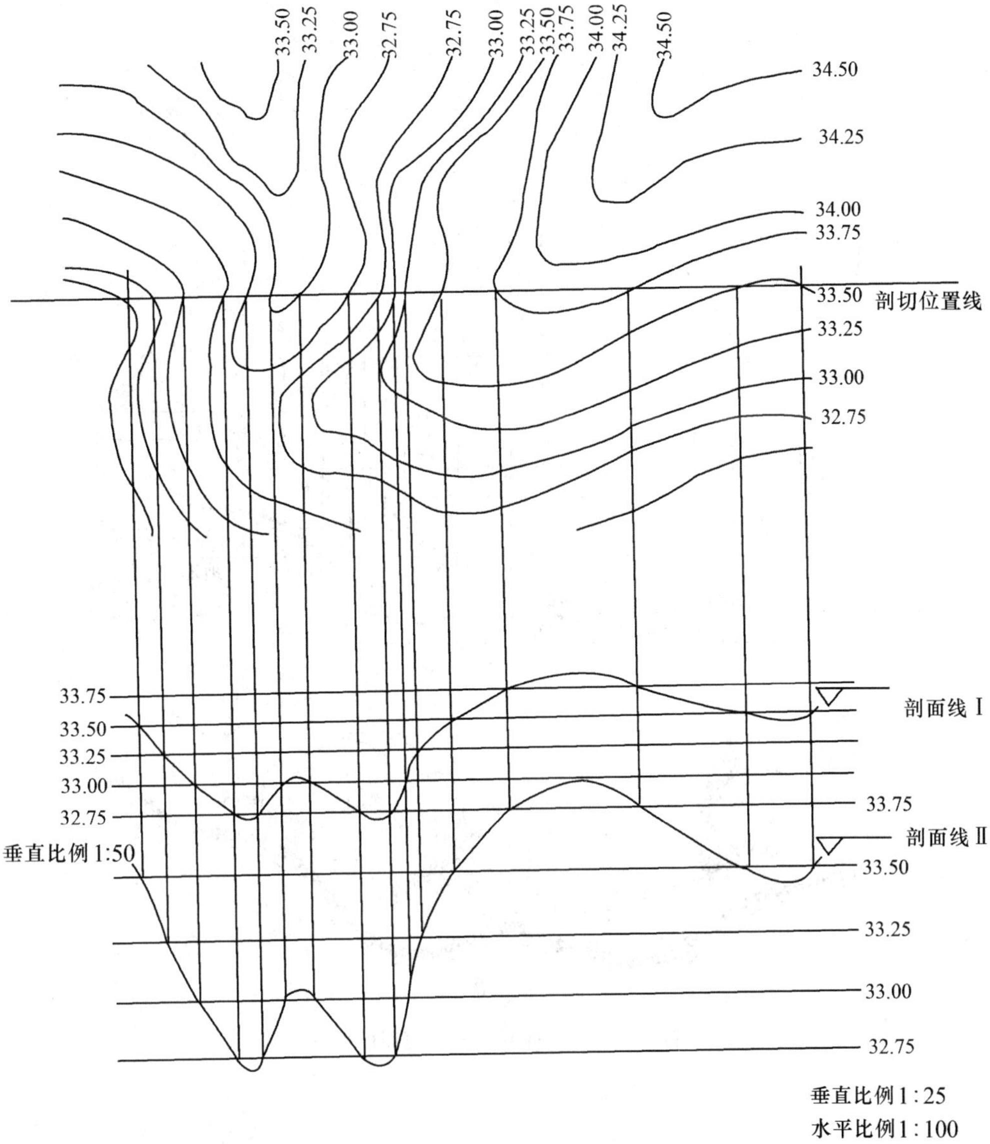

图 5-31　地形剖面的垂直比例

2. 地形轮廓线

(1)含义　地形剖断后的可见景物称地形的轮廓线。可见地形用地形轮廓线表现。轮廓线法强调的是地形、地物和地貌在空间立面构成的轮廓线,是设计构思反映在立面构图中的重要方法,能整体体现景物空间各部分的高低错落、景物深远和气氛意境,也是近实远虚透视法的处理手法。

(2)地形轮廓线的作法

①虚线表示垂直于剖切位置线的地形等高线的切线,将其向下延长和等距平行线组之中相应的平行线相交,所有交点的连线即为地形轮廓线;

②树木投影的作法是将所有树木按其所在的平面位置和所处的高度(高程)定到地面之上,然后作这些树木的立面,并根据前显后藏、近实远虚的原则,擦除被挡住的图线,描绘出图线的树木的投影;

③因有的地形轮廓线图的作法较复杂,所以只有地形变化较复杂的地形才作地形轮廓线图,以便加以辅助分析,如图 5-32、图 5-33 所示。

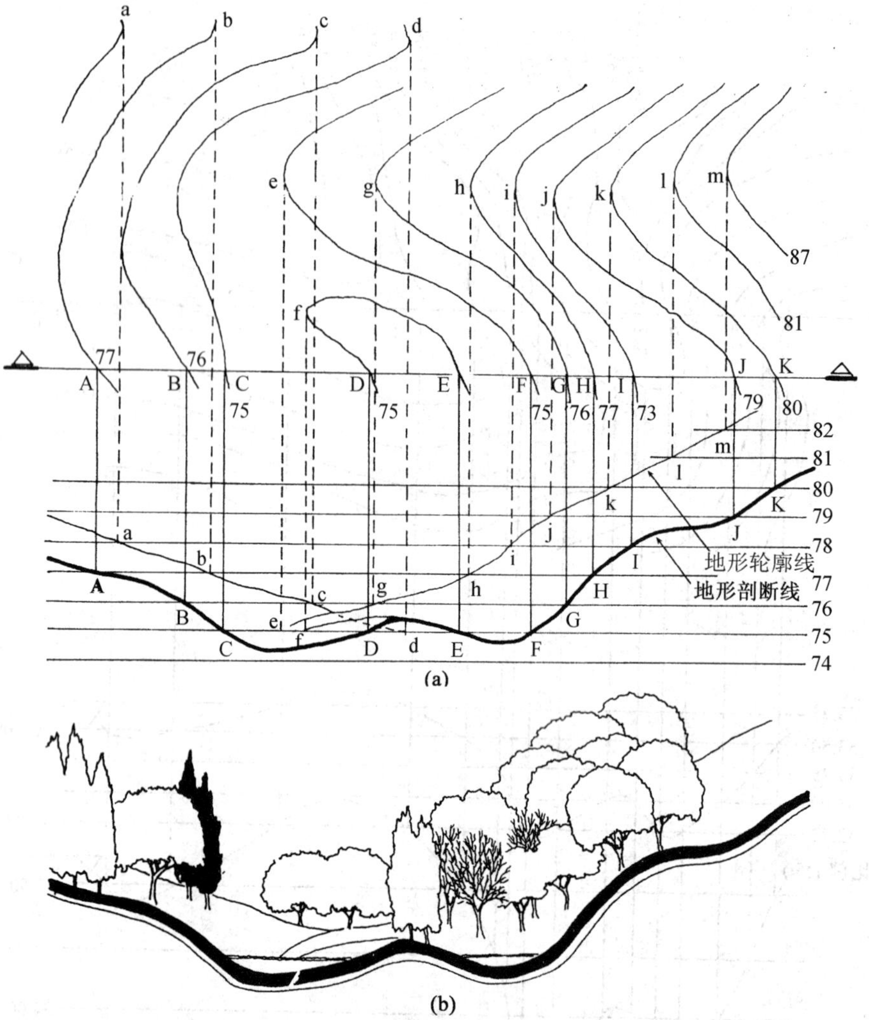

图 5-32 地形轮廓线及剖面图的作法

图 5-33 不作地形轮廓线的剖面图

5.4 园路的表现方法

5.4.1 园路的平面线形表现方法

在规划设计阶段，园路线形设计的主要任务是与地形、水体、植物、建筑物、铺装场地及其他设施合理结合，形成完整的风景构图；连续展示园林景观的空间或欣赏前方景物的透视线，并使路的转折、衔接通顺，符合游人的行为规律。因此，规划设计阶段园路的平面表现以线形表现为主，基本不涉及数据的标注。园路工程施工图的绘制见后面章节。

绘制园路平面图的基本步骤如下：

①确立道路中线。

②根据设计路宽确定道路边线。

③确定转角处的转弯半径或其他衔接方式，并可酌情表现路面材料，如图 5-34 所示。

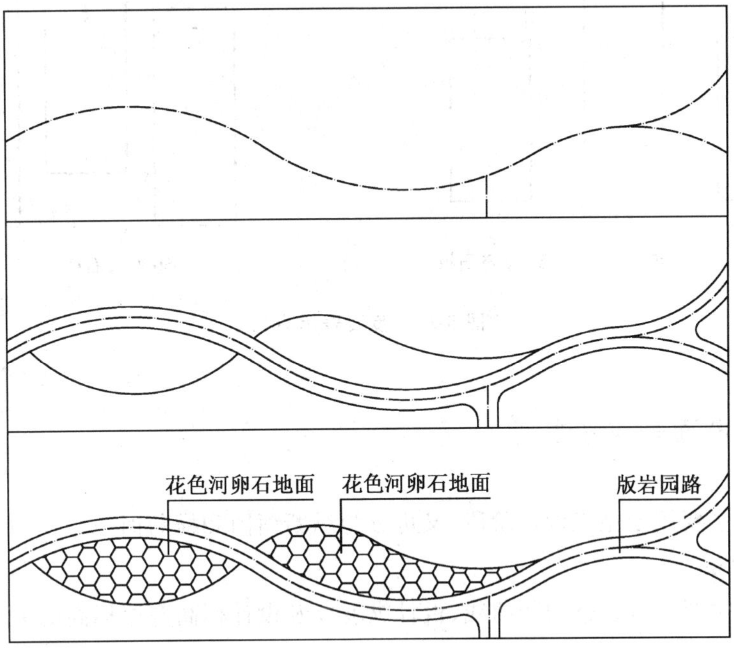

图 5-34 园路平面图绘制步骤

④曲路只能丁字相交，表现技法如图 5-35 所示。曲路加宽时的表现技法如图 5-36 所示。

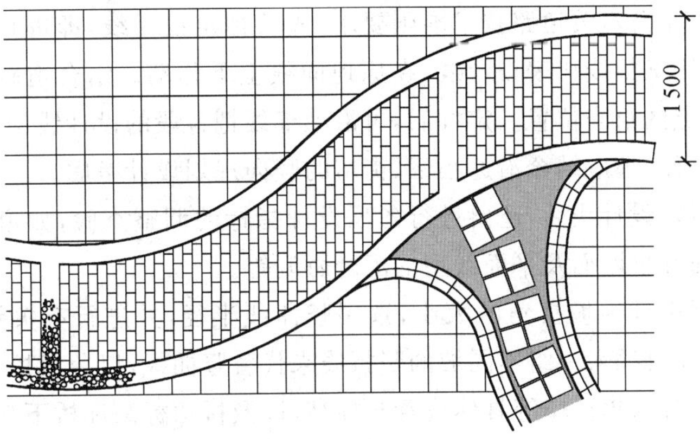

图 5-35 曲路相交表示方法

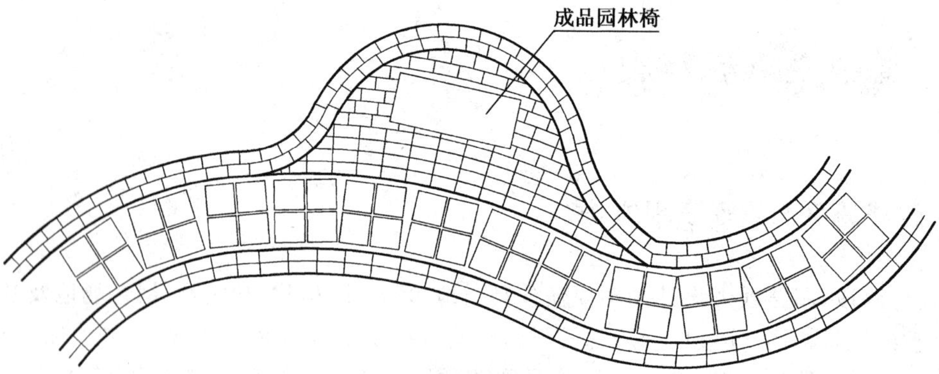

图 5-36　曲路加宽表示方法

⑤步石表示方法如图 5-37 所示。

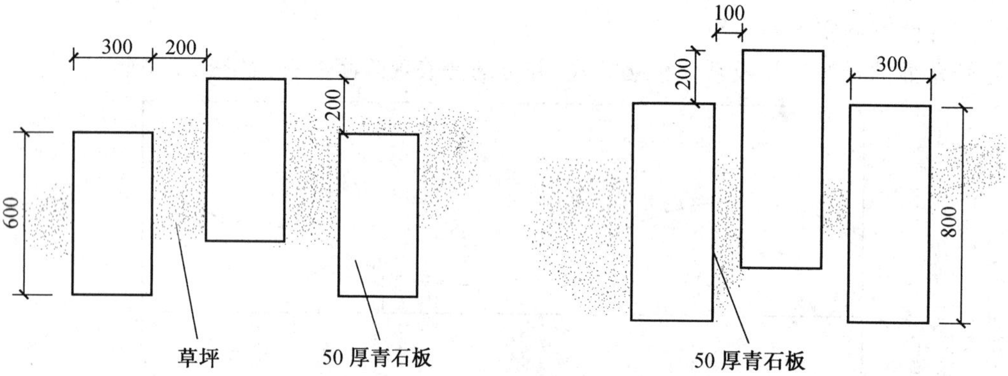

图 5-37　步石表示方法

5.4.2　园路的断面表现方法

园路的断面表现主要用于施工设计阶段，又可分为纵断面图和横断面图。

1. 纵断面图表现法

园路的纵断面图主要表现道路的竖曲线、设计纵坡以及设计标高与原标高的关系等。绘定设计线的具体步骤：

①标出高程控制点(路线起讫点地面标高，相交道路中心标高，相交铁路轨顶标高，桥梁桥面标高，特殊路段的路基标高，填挖合理标高点等)。

②拟定设计线。由行车及有关道路技术准则要求，先行拟定设计线，即进行道路纵向“拉坡”。可用大头针插在转坡点上，并用细棉线代表设计线，在原地面线上下移动。结合道路平面和横断面斟酌填挖工程量的大小，决定转坡点的恰当位置。定好后，可沿细棉线把各段的设计线用笔画定。定设计线时，除注意在纵断面上的填挖平衡，还应结合沿途小区、街坊的竖向规划设计考虑。

③确定设计线。在拟定设计线后，还要进行各项设计指标的调整查验，如道路的最小纵坡、坡度、坡度折减、桥头线型、纵断面和横断面及平面线型的配合协调等。

④设计竖曲线。根据设计纵坡折角的大小，选用竖曲线半径，并进行有关计算。当外距小于 5 cm 时，可不设竖曲线。有时亦可插入一组不同坡的竖折线来代替竖曲线，以免填挖方过多。

⑤标出桥、涵、彼岸、闸门、挡土墙等具体位置与标高，以及桥顶标高和桥下净空及等级。

⑥绘制纵断面设计全图，如图 5-38 所示。

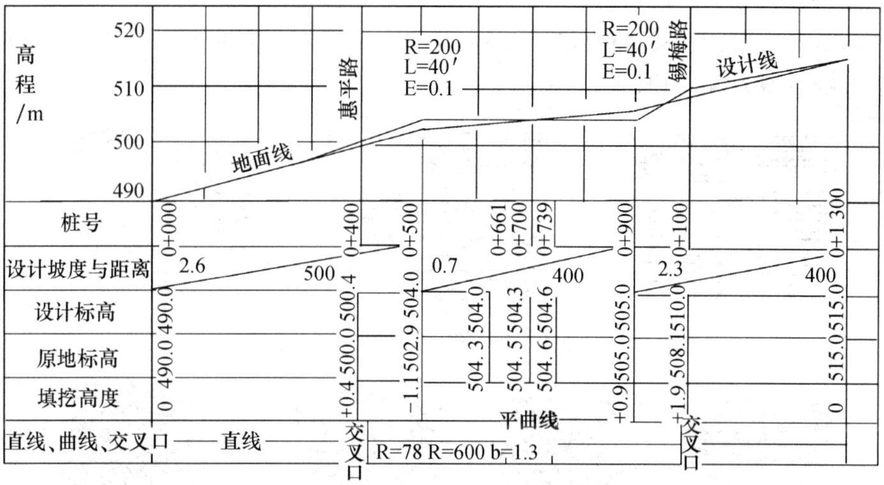

图 5-38　园路纵断面设计全图

2. 横断面图表现法

园路的横断面图主要表现园路的横断面形式及设计横坡,如图 5-39 所示。

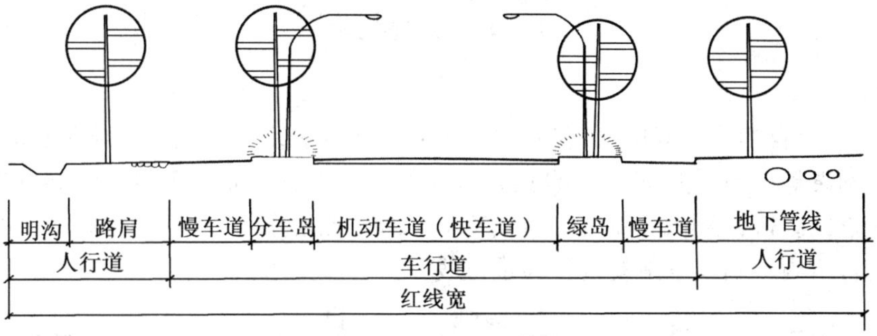

图 5-39　标准横断面图

道路横断面设计,系在风景园林总体规划中所确定的园路路幅或在道路红线范围内进行。它由下列各部分组成:车行道、人行道或路肩、绿带、地上和地下管线(给水、电力、电信等)共同敷设带(简称共同沟)、排水(雨水、中水、污水)沟道、电力、电信、照明电、分车导向岛、交通组织标志、信号和人行横道等。

5.5　园林水体的表现方法

5.5.1　水休的平面表现法

在平面上,水面表现可采用线条法、等深线法、平涂法和添景物法,前三种为直接的水面表现法,最后一种为间接表现法。

1. 线条法

用工具或徒手排列的平行线条表现水面的方法称线条法。作图时,既可以将整个水面全部用线条均匀地布满,也可以局部留有空白,或者只局部画些线条。线条可采用波纹线。水纹线、直线或曲线。组织良好的曲线还能表现出水面的波动感。

水面可用平面图和透视图表现。平面图和透视图中水面的画法相似,只是为了表现透视图中深远的空间感,对于较近的则表现得要浓密,越远则越稀疏。水面的状态有静、动之分,它的画法如下:

静水面是指宁静或有微波的水面,能反映出倒影,如宁静时的海、湖泊、池潭等。静水面多用水平直线或小波纹线表现,如图 5-40(a)所示。

动水面是指湍急的河流、喷涌的喷泉或瀑布等,给人以欢快、流动的感觉。其画法多用大波纹线、鱼鳞纹线等活泼动态的线型表现,如图 5-40(b)所示。

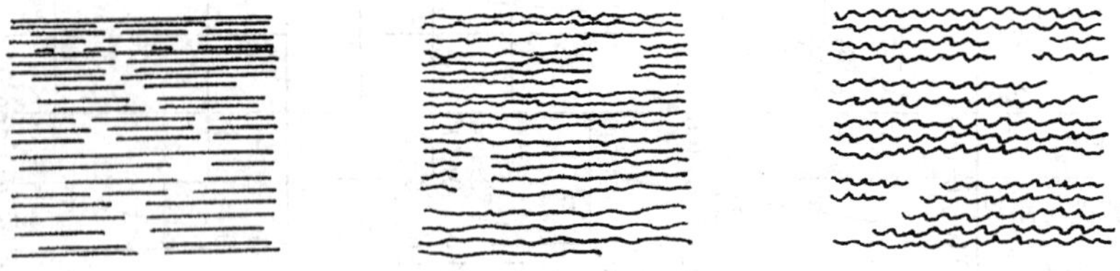
(a)

(b)

(a)静水水面的画法;(b)动水水面的画法

图 5-40　水面的画法

2. 水体的平面画法

水体的平面画法分自然式和规则式两种,主要用于静水的表现。自然式水体是指天然形成的或模仿天然形状的河流、湖溪等如图 5-41 所示。自然式水体的平面画法一般是用粗实线绘制外轮廓,再用到实线沿岸边画 2～3 道线。这种类似等高线的曲线称等深线。规则式水体是指几何形状的水池喷泉等,用粗实线画外轮廓,再沿内部画一条细实线作为水位线。

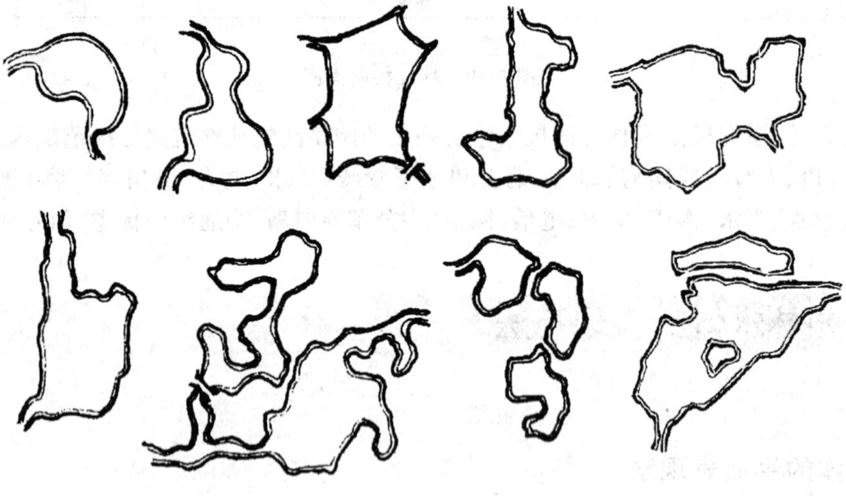

图 5-41　自然式水体平面示例

5.5.2　水体的立面表现法

在立面上,水体可采用线条法、留白法、光影法等表现。

1. 线条法

线条法是用细实线或虚线勾画出水体造型的一种水体立面表现法。线条法在喷泉设计图中使用得最多,如图 5-42 所示。用线条法作图时应注意:

①线条方向与水体流动的方向保持一致。

②水体造型清晰,但要避免外轮廓线过于呆板生硬。

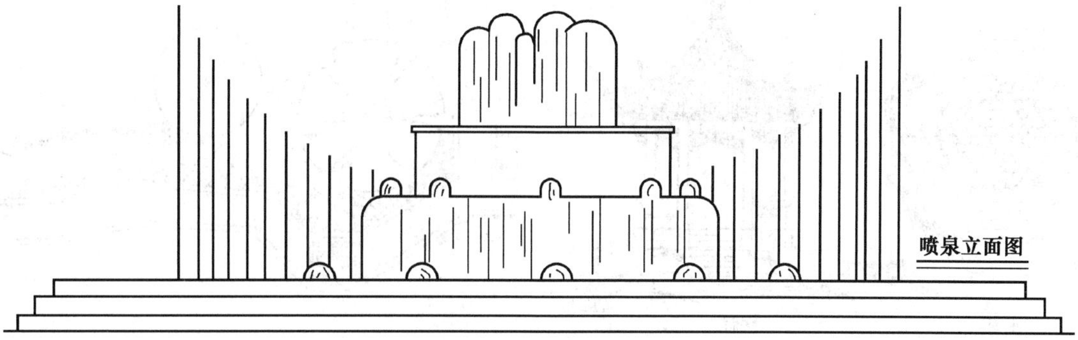

图 5-42　线条法表现水体立面图

瀑布的表现方法一般也用线条法。尤其是瀑布在立面图上更是常见，它简洁而准确地表达了水体与山石、水池等硬质景观之间的相互关系，如图 5-43 所示。

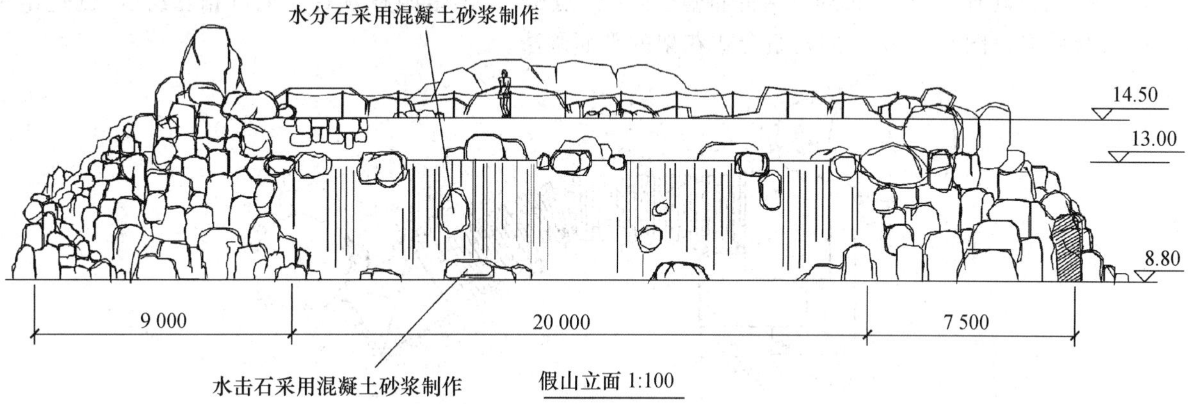

图 5-43　线条法表现瀑布立面图

2. 留白法

留白法就是将水体的背景或配景画暗，从而衬托出水体造型的表现手法。留白法常用于表现所处环境复杂的水体，也可用于表现水体的洁白与光亮。

3. 光影法

用线条和色块(黑色和深蓝色)综合表现出水体的轮廓和阴影的方法叫水体的光影表现法。留白法与光影法主要用于效果图中。

5.6　园林建筑小品的画法

园林建筑及小品的种类很多，形式各具特色，有亭、廊、花架、园门、景墙、园林桌、椅、凳等。通常用平面图、立面图、剖面图来表示，必要时加绘透视图。

5.6.1　亭和廊

图 5-44 是一个六角亭的平面图和立面图。在大比例尺图纸中，对没有门窗的建筑，采用通过支撑柱部位的水平剖面图来表示平面图，用粗实线画断面轮廓，用中粗实线画出其他可见轮廓。廊的画法与亭一致，图 5-45 是廊的平面图。

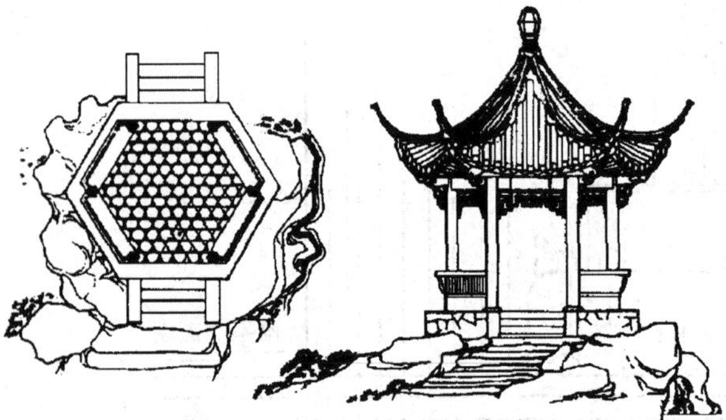

平面　　立面

图 5-44　六角亭的平、立面图

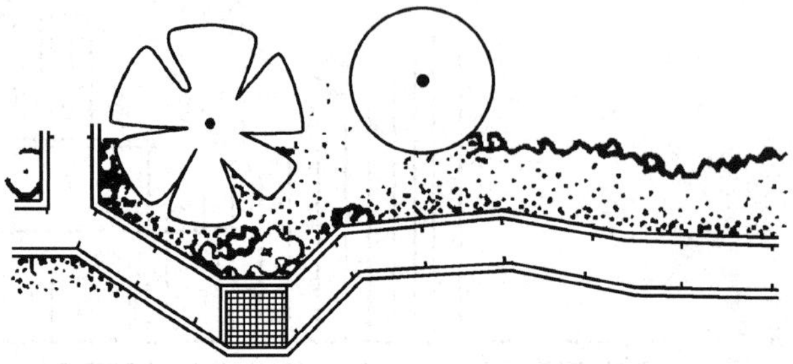

图 5-45　廊的平面图画法

5.6.2　亭与花架的组合

厅、廊、花架具有体型小、布局灵活的特点，常用作点缀，以丰富园林景观。也可相互组合，创造出更丰富的景观效果。图 5-46 所示的是组合式花架的平面画法。

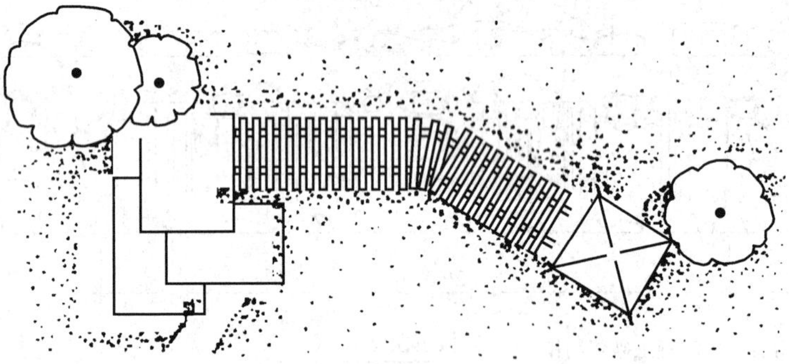

图 5-46　组合式花架平面图

图 5-47 所示的是亭、廊、花架的组合。在立面图中，地面线用特粗线，外轮廓线用粗实线，装饰线用细实线。在平面图中被剖到的断面用粗实线，未剖到的轮廓线用中粗实线。由于结构较复杂，可加画透视图增加说明性。

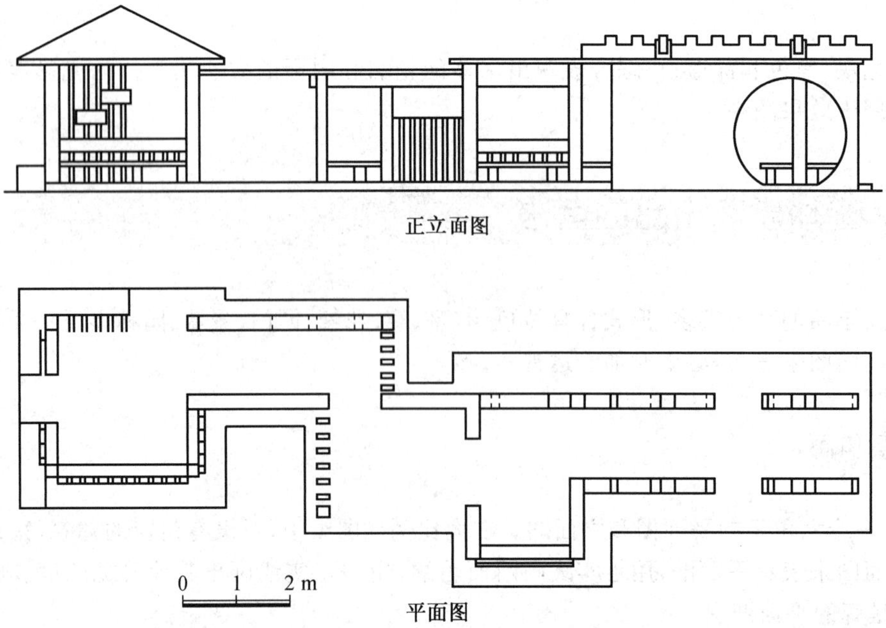

图 5-47　亭、廊、花架的组合

5.6.3　园门

园门的画法如图 5-48 所示，与亭的画法相同，但在平面图中，将假想剖掉部分的轮廓线用细虚线表示出来，增加了说明性。一般原形轮廓线用双点长画线表示，图形较小时才用细虚线表示。

5.6.4　园桥

园桥是园路的特殊形式，图 5-49 所示是一平桥的平面图、立面图和透视图。

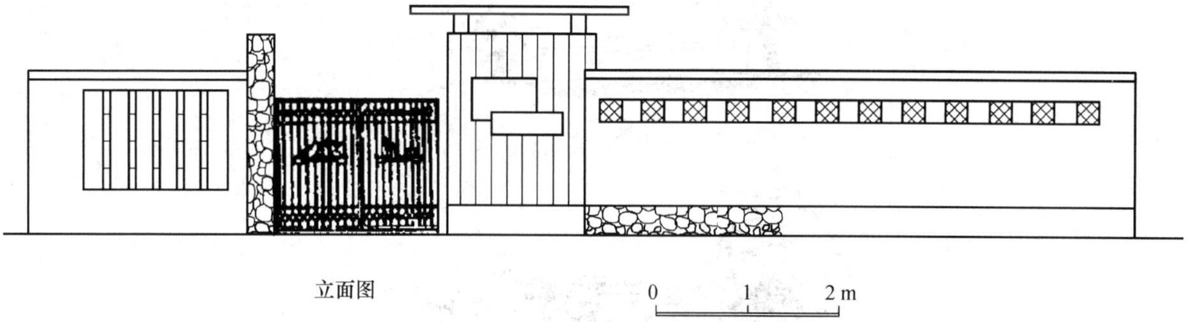

立面图

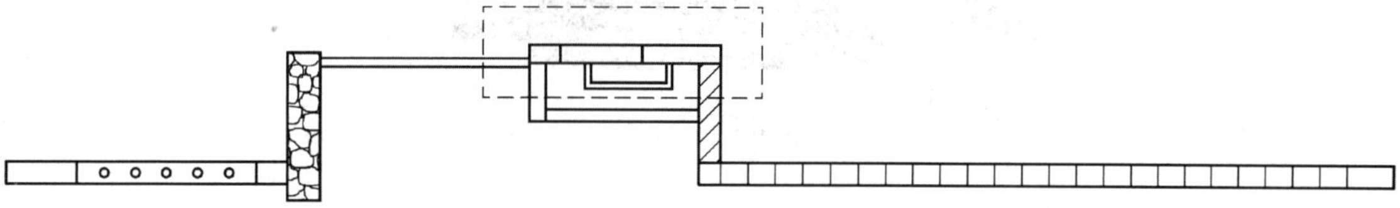

平面图

透视图

图 5-48　公园大门的画法

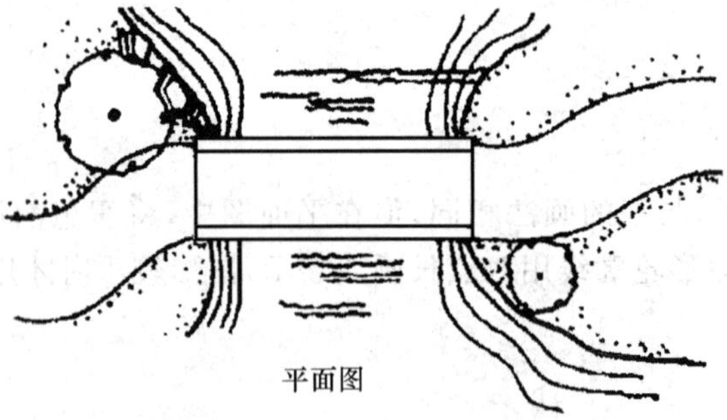

平面图

立面图

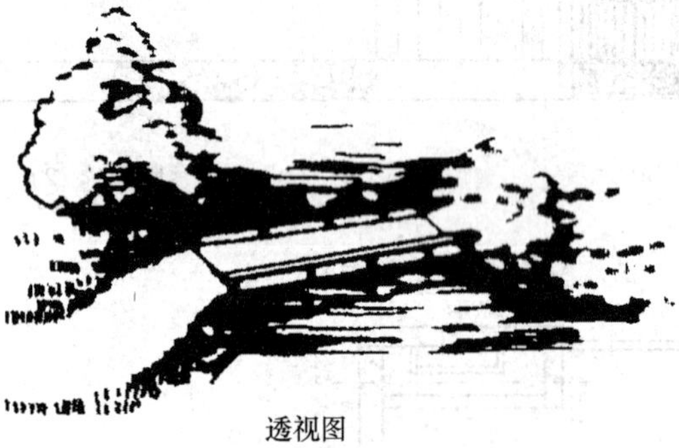

透视图

图 5-49　平桥的画法

5.7　技能训练

1. 绘制枝干型树例(图 5-50)。

提示:使用 2H、H 或 HB 铅笔。用 2B 铅笔在树例的中心再次描绘细部,不仅会提高线条等级,还会使树例具有高度感。

2. 绘制枝叶型树例(图 5-51)。

提示:先画辅助线,由中心点向外绘制 3～5 个枝条,延伸至辅助线,在主枝上向外绘制小的侧枝,侧枝上再绘制侧枝,并将它们延至树例辅助线附近。完成大部分的枝叶绘制后,再将主枝加粗。确保绘制线条随意、自然,使分枝看似如同自然形态。向轮廓线延伸的主枝逐渐变细。完成分枝绘制后,在分枝末端围绕树例添加线圈形叶片,正是它们使树例得到很好的加强。

3. 绘制图 5-2、图 5-3、图 5-6、图 5-7 所表示的植物平面树例。

4. 绘制图 5-16、图 5-17、图 5-18、图 5-19、图 5-20 所表示的植物立面树例。

5. 绘制以下植物树例、植物和山石组合(图 5-52、图 5-53)。

6. 绘制山石、山石组和假山(图 5-54、图 5-55 和附Ⅱ园林制图案例中园林特置石和园林假山设计图)。

提示:山石轮廓线线条较深,常用 H 或 HB 铅笔绘制。山石细部需要使用 H 或 2H 铅笔绘制,硬铅笔绘制的线条较轻,能够增加山石的质感。

7. 园路和植物配置平面图绘制练习(图 5-56)。

8. 小游园绘制练习(图 5-57、图 5-58)。

提示:建议园路用中实线,建筑轮廓用粗实线,树例、种植图案用细实线,边界用点划线。

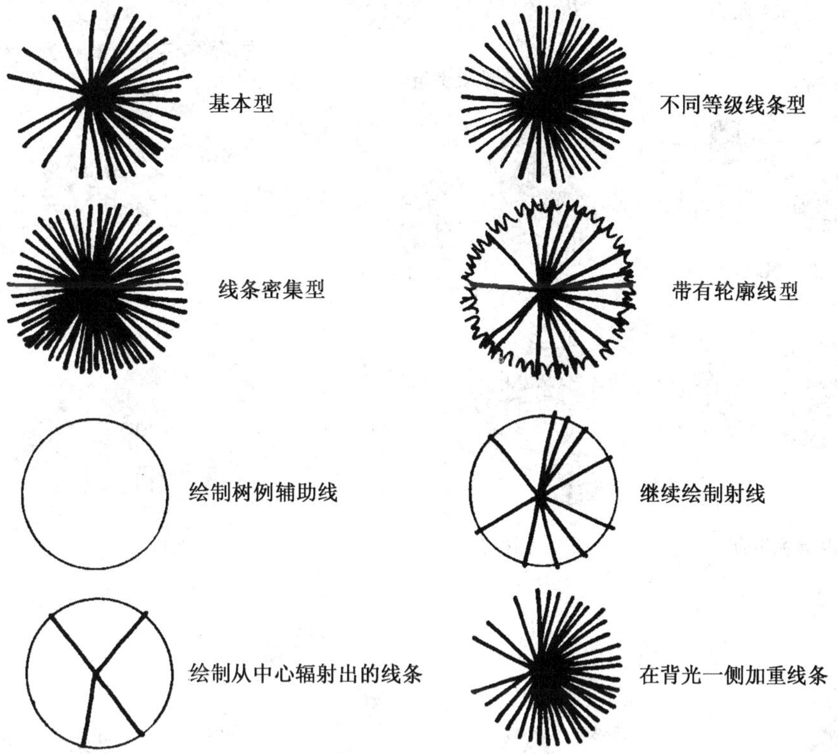

图 5-50　枝干型树例

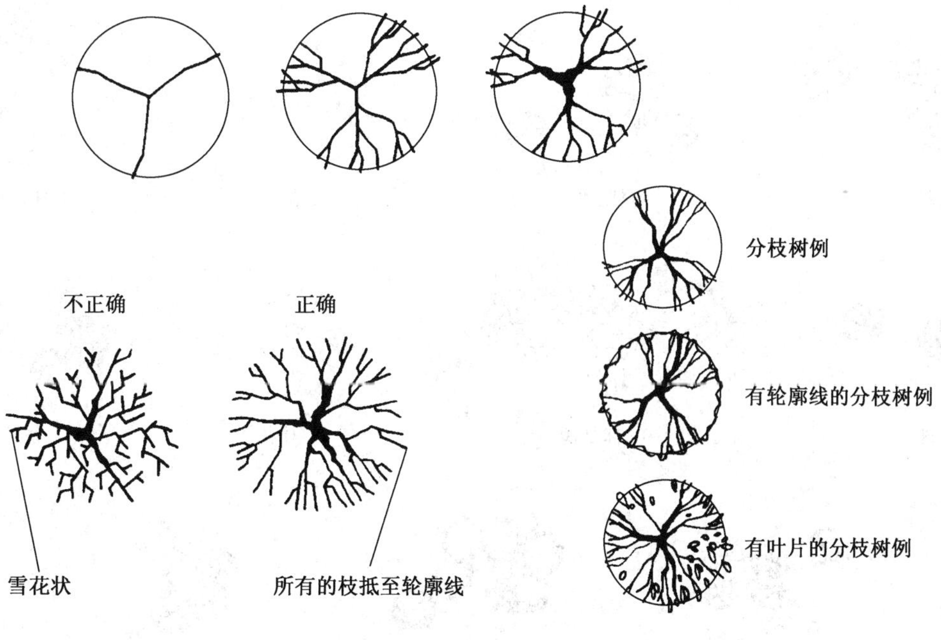

图 5-51　枝叶型树例

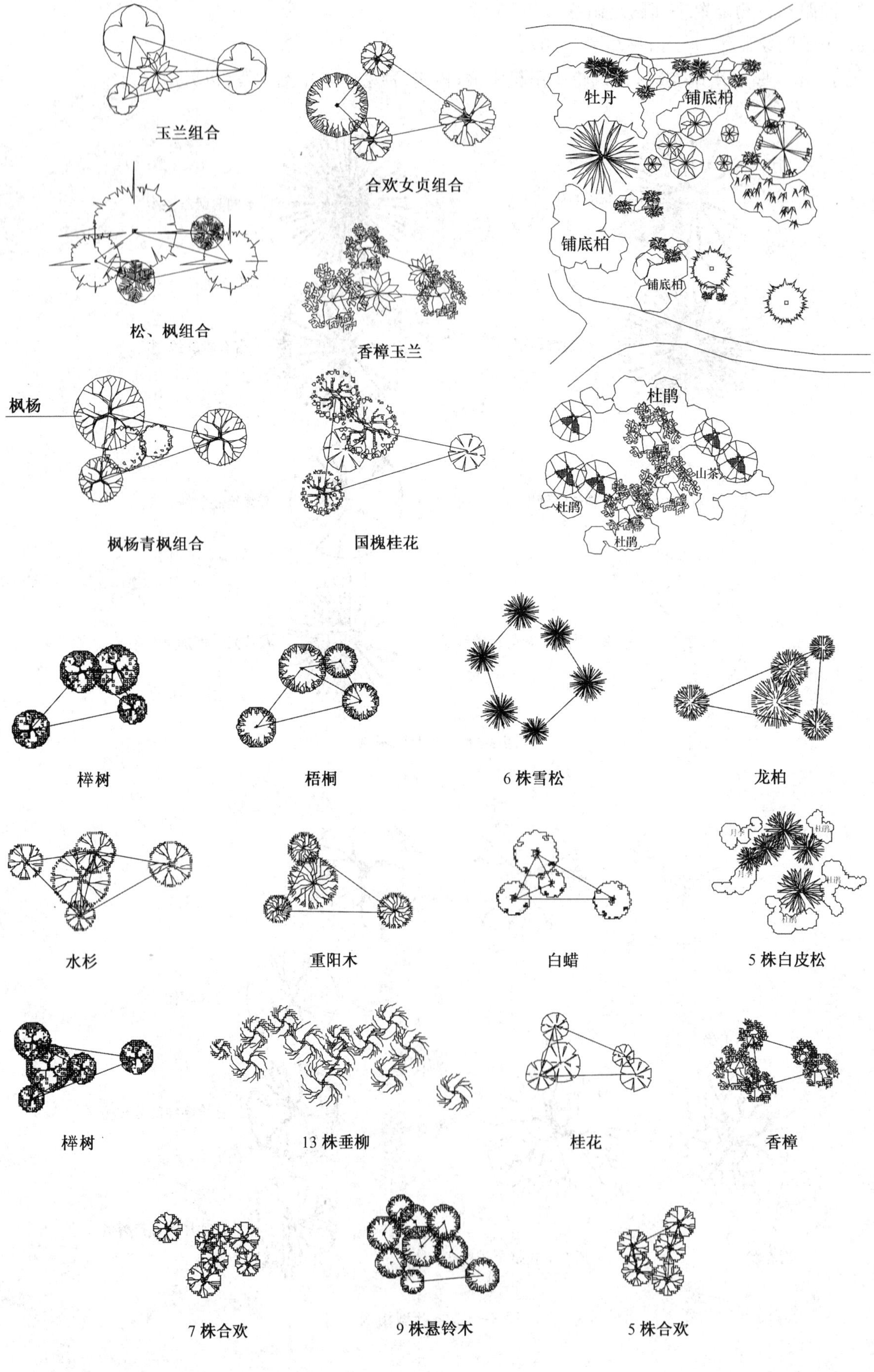
玉兰组合
合欢女贞组合
牡丹
铺底柏
铺底柏
铺底柏
松、枫组合
香樟玉兰
枫杨
杜鹃
山茶
杜鹃
杜鹃
枫杨青枫组合
国槐桂花
榉树
梧桐
6 株雪松
龙柏
水杉
重阳木
白蜡
5 株白皮松
榉树
13 株垂柳
桂花
香樟
7 株合欢
9 株悬铃木
5 株合欢

图 5-52 植物组合

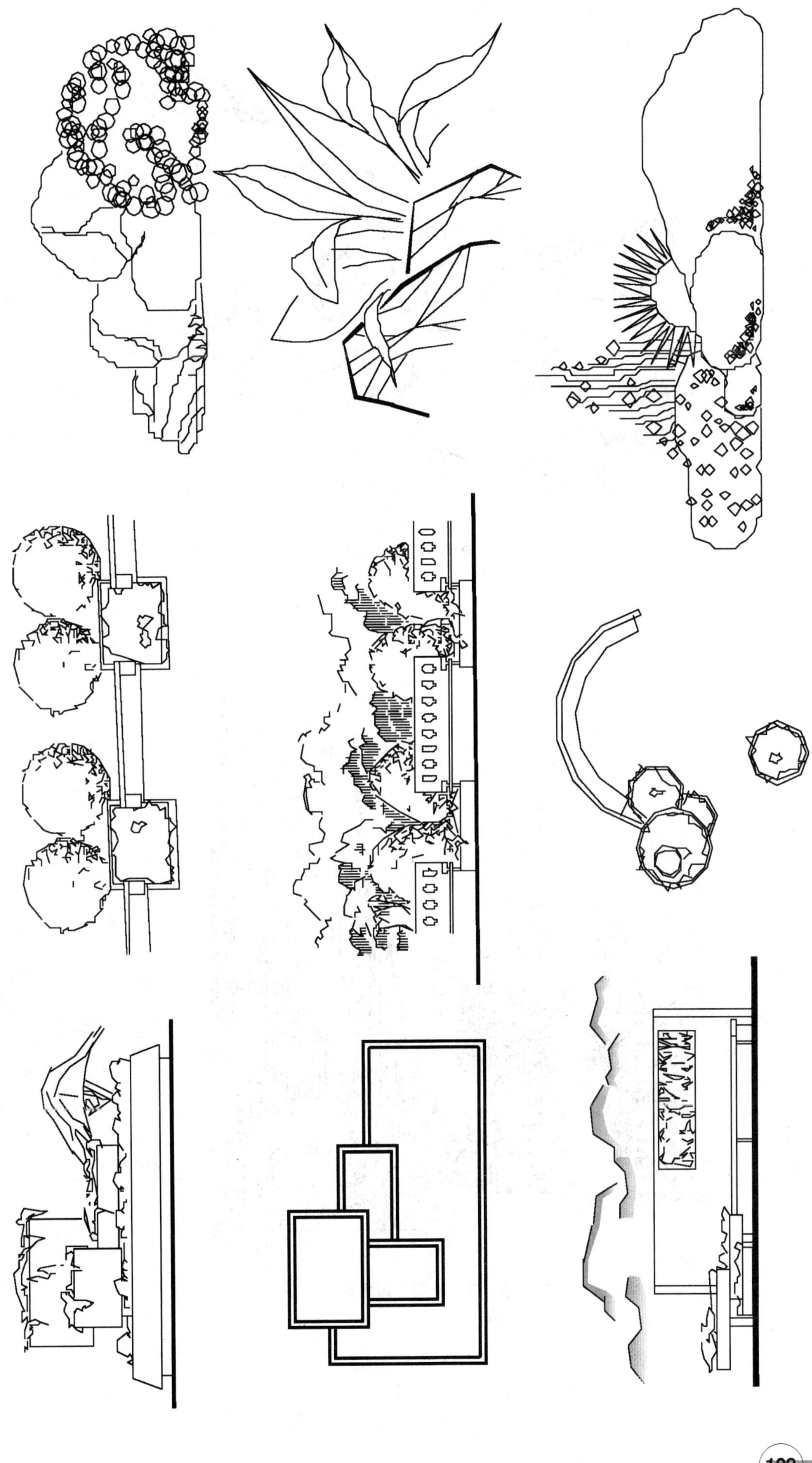

图 5－53 植物与山石组合

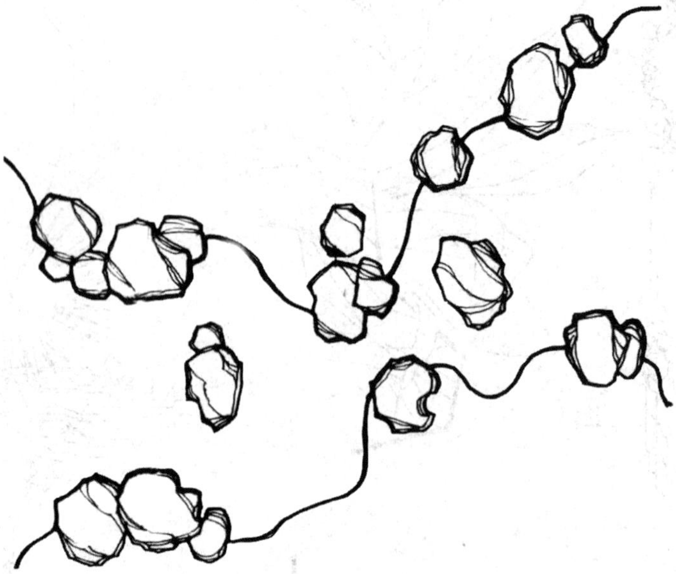

图 5-54　园林置石平面表现

图 5-55　园林置石立面表现

图 5－56　绘制园路和植物配置平面图

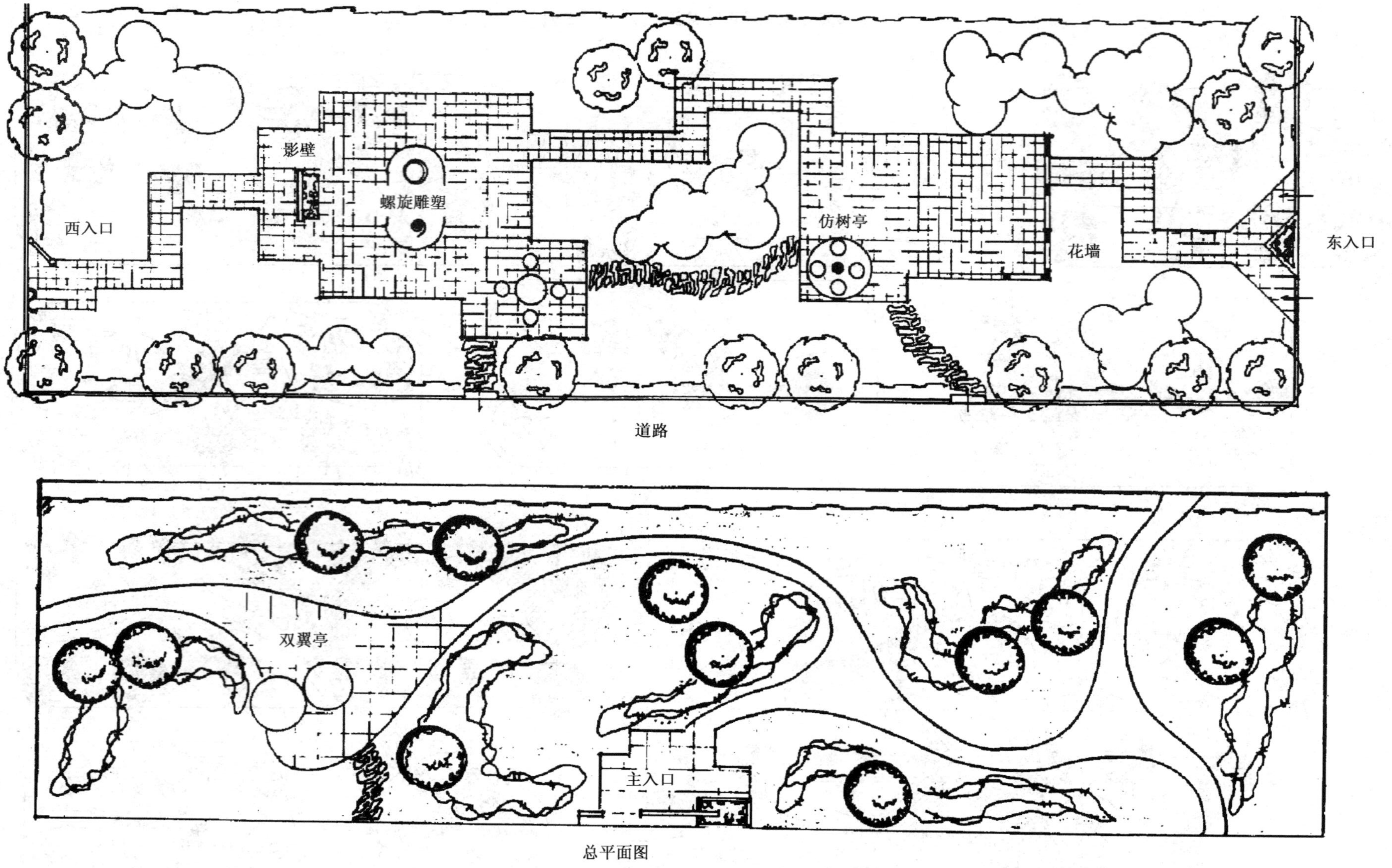

图 5 – 57　小游园示例

立面图

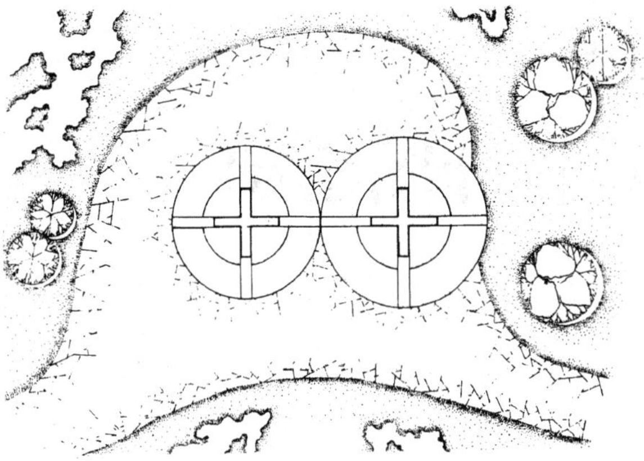
平面图

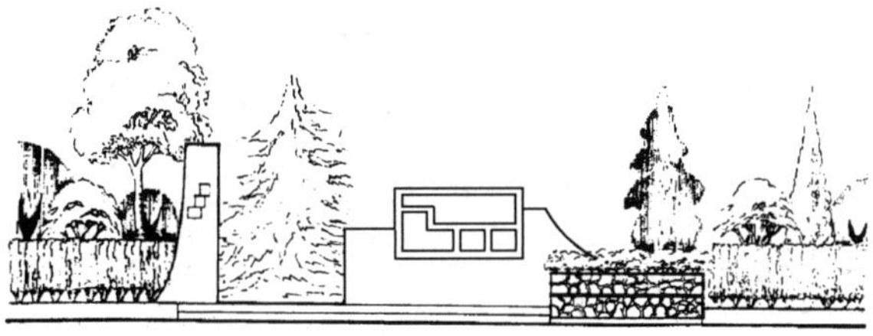
立面图

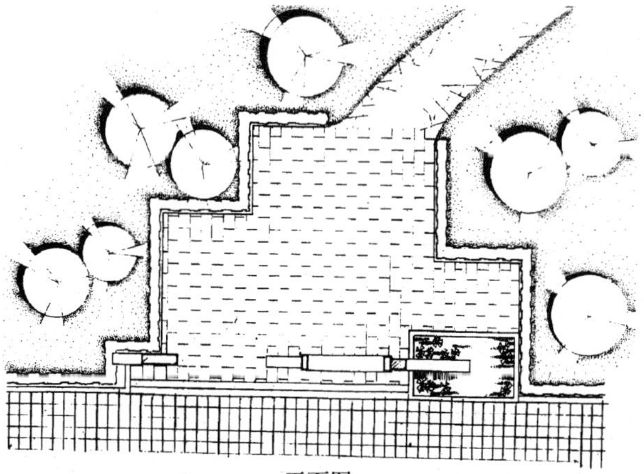
平面图

图 5-58　小游园局部示例

Chapter 6

第 6 章

园林设计图绘制

学习目标

掌握识图方法和步骤；

能绘制园林规划设计总平面图；

能绘制园林种植设计图；

能绘制园林建筑设计平面图、立面图及剖面图。

园林设计图的内容较多，本章根据园林设计各阶段的图纸要求不同，介绍较常用的几种设计图的绘制与识读，如园林设计现状图、平面图、功能分析图、园林设计总平面图、植物种植设计图和园林建筑平、立面图等。

6.1 园林设计各阶段图纸绘制

园林设计过程可划分为任务书、基地调查和分析、方案设计、详细设计和施工图5个阶段。

6.1.1 任务书阶段

设计人员应该充分了解设计委托方的具体要求，如设计所要求的造价和时间期限等内容。这些内容往往是整个设计的根本依据，在任务书阶段常用文字加以说明。

6.1.2 基地调查和分析阶段——现状分析图

1. 内容与用途

设计人员进行基地调查，收集与基地有关的资料，补充并完善不完整的内容，对整个基地及环境状况进行综合分析。收集的资料和分析的结果用图纸、表格或图解的方式表示，用基地分析图（或现状分析图）表示分析的结果。现状分析图是进行方案设计的依据。

2. 绘制步骤与要求

现状分析图常用徒手线条勾绘，图面应简洁、醒目、说明问题。设计场地的用地范围用双点划线绘制，基地分析得到的各种结果如光照、风向、道路交通、基地内外的景观要素和周围环境对基地的影响等常用各种标记符号，并配以简单的文字说明或解释，为下一步的方案设计做好准备并提供依据，如图6-1所示。

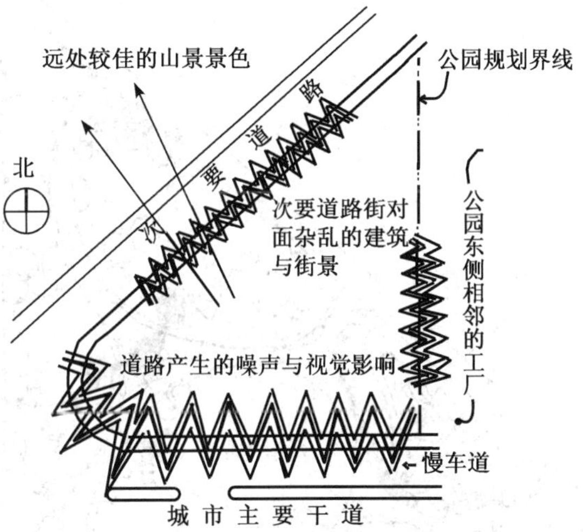

图6-1 某游园场地现状分析图

6.1.3 方案设计阶段——功能分析图、方案构思图

1. 内容与用途

方案设计阶段的内容主要包括进行功能分区，结合基地条件、空间及视觉构图确定各种使用区的平面位置（包括交通的分布和分级、广场和停车场地的安排、建筑位置及入口的确定等内容）。常用的图纸

有功能分析图、方案构思图。

2. 绘制步骤与要求

方案构思图的绘制一般采用手绘草图的表现形式，只需把设计风格、主体景观、道路交通、地形设计、植物栽植以及水体表现明白即可。可以配以简单的文字加以解释说明，为设计方案的分析和选择基础材料提供依据，如图 6-2 至图 6-4 所示。

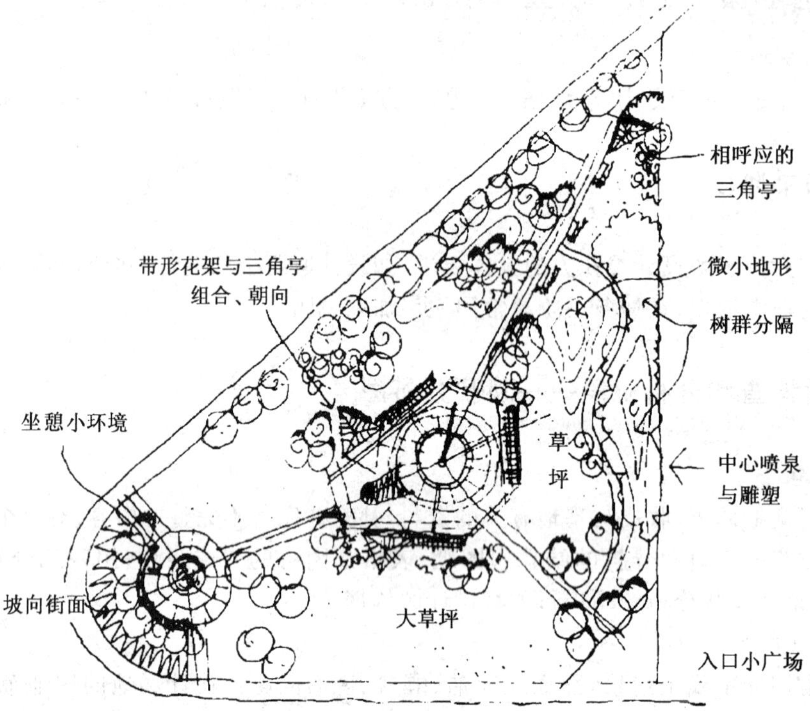

图 6-2　某游园方案设计 1

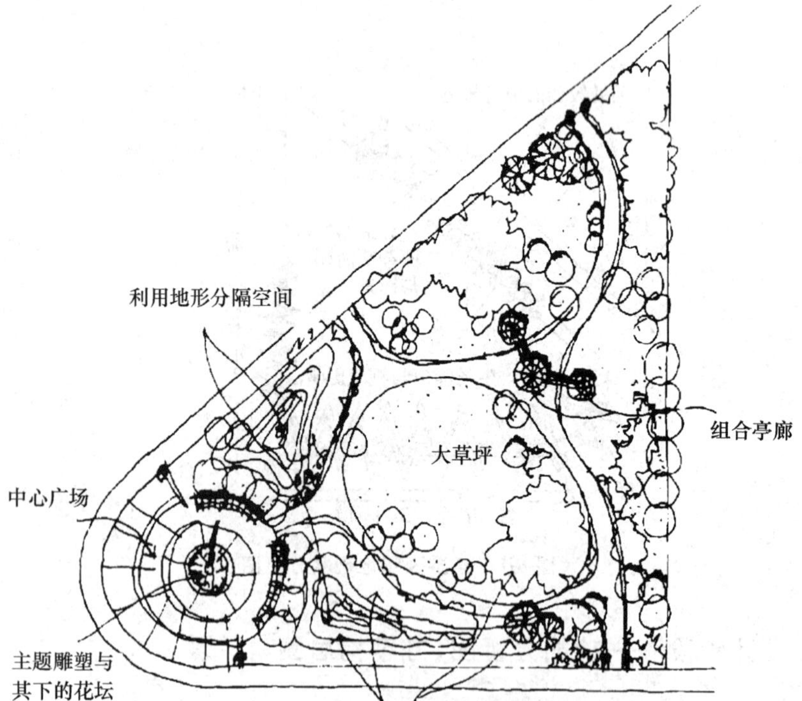

图 6-3　某游园方案设计 2

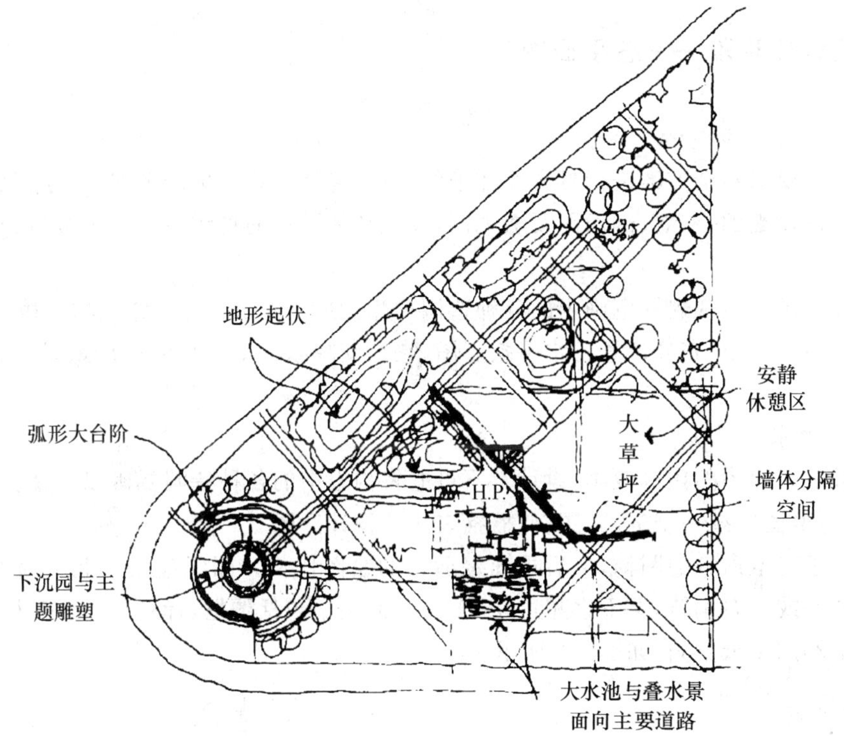

图 6-4　某游园方案设计 3

功能分析图一般用泡泡图的形式表现,即用线宽不同或类型不同的线圈画出方案设计中的各个功能分区,并标绘出各个功能区之间的交通联系或视线关系,加以简单的文字说明。功能分析图可以为多方案的比较分析和选择以及深化设计提供依据,如图 6-5 所示。

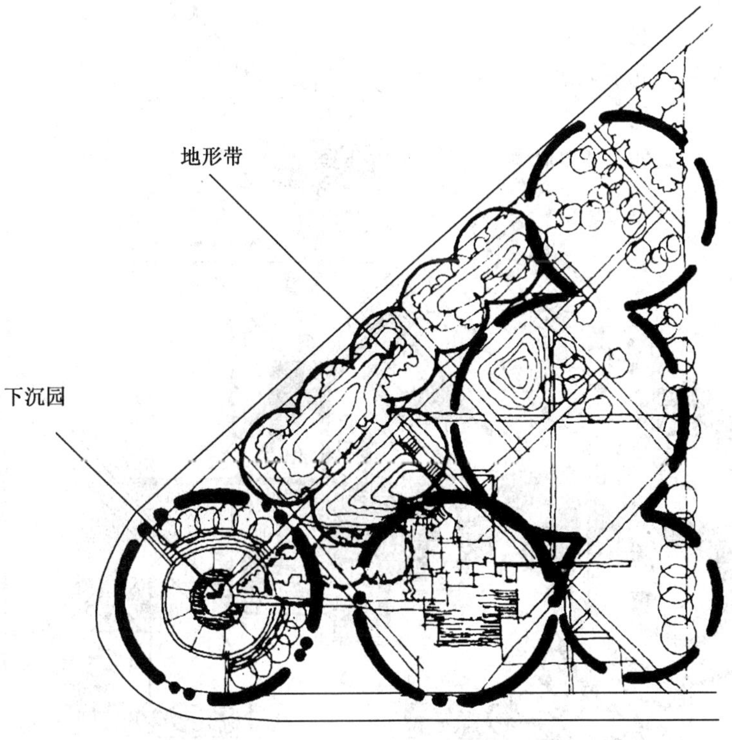

图 6-5　某游园方案设计 3 功能分析图

6.1.4 详细设计阶段——总平面图

1. 内容与用途

方案设计完成后要对整个方案进行各方面详细的设计，包括确定准确的形状、尺寸、色彩和材料。完成总平面图及各局部详细的平、立、剖面图及透视图，表现整体设计的鸟瞰图等。本节只介绍总平面图的绘制。

园林设计总平面图是表现规划范围内的各种造园要素，如地形、山石、水体、建筑、植物及园路等(表现方法已在相关章节中介绍)布局位置的水平投影图，它是反映园林工程总体设计意图的主要图纸，也是绘制其他图纸的依据。

2. 绘制步骤与要求

由于园林设计总平面图的比例较小，设计者不可能将构思中的各种造园要素以其真实形状表达于图纸上，而是采用一些经国家统一制定的"图例"概括表达其设计意图。

根据出图的要求确定适宜的图幅，然后再确定适宜的绘图比例。图纸应按上北下南方向绘制，据场地形状或布局可向左或向右偏转，但不宜超过45°。总平面图中包括图框、标题栏、文字、标题、表格等，在绘制中充分合理地利用图纸空间，如图6-6所示。

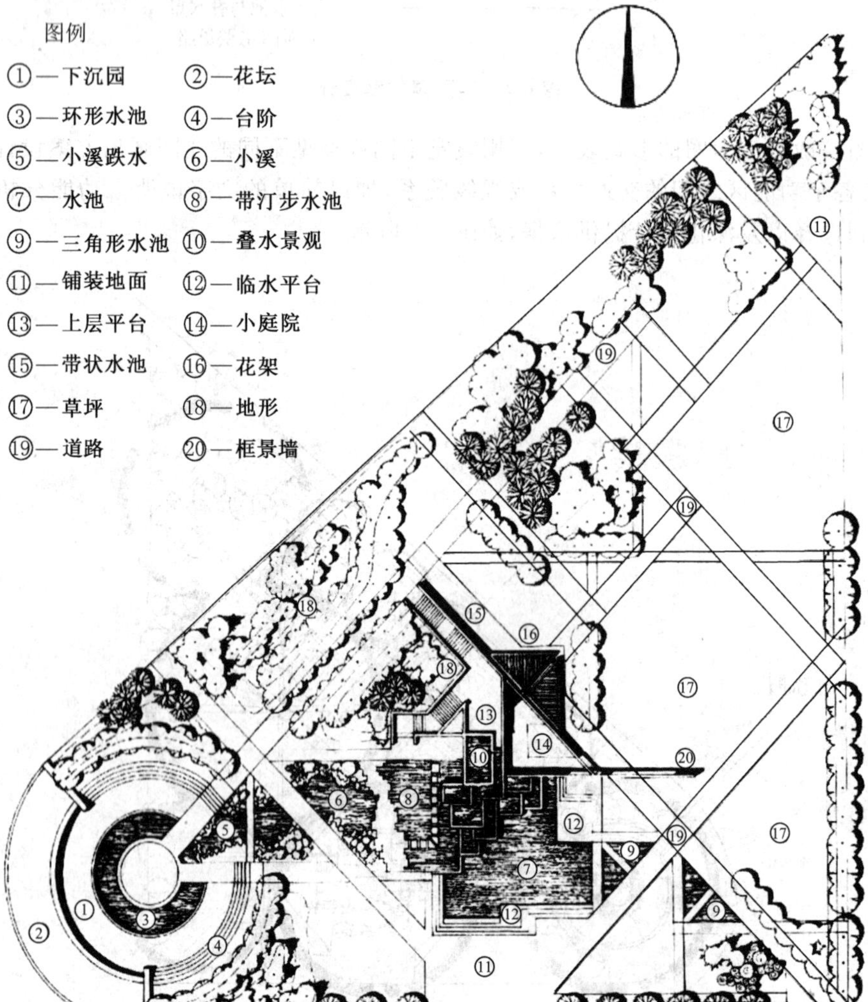

图6-6 某游园总平面图

(1)编制图例说明　在图纸中适当位置画出并注明各图例含义。为了使图面清晰，便于阅读，对图中的建筑应予以编号，然后再注明相应的名称，如图 6-6 所示。

(2)绘制比例、风向玫瑰图或指北针，注写标题栏　园林设计平面图中宜采用线段比例尺。风玫瑰图是根据当地多年统计的各个方向、吹风次数的平均百分数值，再按一定比例绘制而成的，图例中粗实线表示全年风频情况，虚线表示夏季风频情况，最长线段为当地主导风向。

(3)书写设计说明　为了更形象地表达设计意图，必要时总平面图上可书写说明性文字，如设计依据、工程位置、工程概况等。但在书写的时候应该注意可识别性和整体性，就是指人们很容易就可以识别文字的内容并了解其中的含义，书写不可过于潦草和抽象，内容也不可过于含糊。为了增强图面的观赏效果，所以通常采用美术字。

(4)其他　往往在设计平面图的基础上，根据设计者的构思再绘制出立面图、剖面图或效果图，见本书相关章节。

3. 园林设计总平面图的阅读

(1)看图名、比例、设计说明及风向玫瑰图或指北针　了解设计意图和工程性质，设计范围和朝向等。图 6-1 所示是一个东西长 80 m 左右，南北宽 100 m 左右，面积约 4 000 m^2 的三角形小游园，主入口位于南侧。

(2)看等高线和水位线　了解游园的地形和布局情况，着重注意用地开放为内地形最低点、最高点、水底等特征地形的标高，从而大致了解地行走势、特征。从图 6-4 可见，该园水池设在游园中南部，西北侧地势较高，形成西北高东侧、南侧较低的地形变化。

(3)看图例和文字说明　明确新建景物的平面位置，了解总体布局情况。由图 6-6 可见，平面设计以几何构图为主，空间划分较细致；南半部面向交通量较大的城市主干道处设置了一组跌水的景观，道路的交叉口处设一下沉广场，南半部的水体较多形状各异，彼此相互分割从构图上又彼此相互呼应；北半部为休憩区，以道路划分出多个相互独立的使用空间；游园空间由墙面、地形及植物划分与围合。

(4)看坐标或尺寸　根据坐标或尺寸查找施工放线的依据。

6.1.5　施工图阶段——地形设计图、种植平面图、园林建筑设计图

施工图阶段是将设计与施工连接起来的环节。根据所设计的方案，结合各工种的要求分别绘制出能具体、准确地指导施工的各种图面，常用的图面有施工平面图、地形设计图、种植平面图和园林建筑施工图等，以上图纸的绘制将在后续章节中讲解。

6.2　园林植物种植设计图

6.2.1　内容与用途

园林植物种植设计图是表示植物位置、种类、数量、规格及种植类型的平面图，是组织种植施工和养护管理、编制预算的重要依据。植物种植设计图应包含图名、比例、指北针、苗木表及文字说明。

6.2.2 绘制要求

1. 设计平面图

在设计平面图上，绘出建筑、水体、道路及地下管线等位置，其中水体边线用粗实线，水体边界线内侧用细实线表示出水面，建筑用中实线，道路用细实线，地下管道或构筑物用中虚线。

2. 种植设计图

自然式种植设计图，宜将各种植物按平面图中的图例或用单一圆圈加引出线的形式，绘制在所设计的种植位置上，并应以圆点示出树干位置。规则式种植的设计图，对单株或丛植的植物宜以圆点表示种植位置，对蔓生和成片种植的植物，用细实线绘出种植范围。树冠大小按成龄后冠幅绘制。草坪用小圆点表示，小圆点应绘得有疏有密，凡在道路、建筑物、山石、水体等边缘处应密，然后逐渐变疏。

为了便于区别树种，计算株数，应将不同树种统一编号，标注在树冠图例内或用折曲线将相同树种的种植点连起加引出线表明树木编号，如图 6-7 所示。

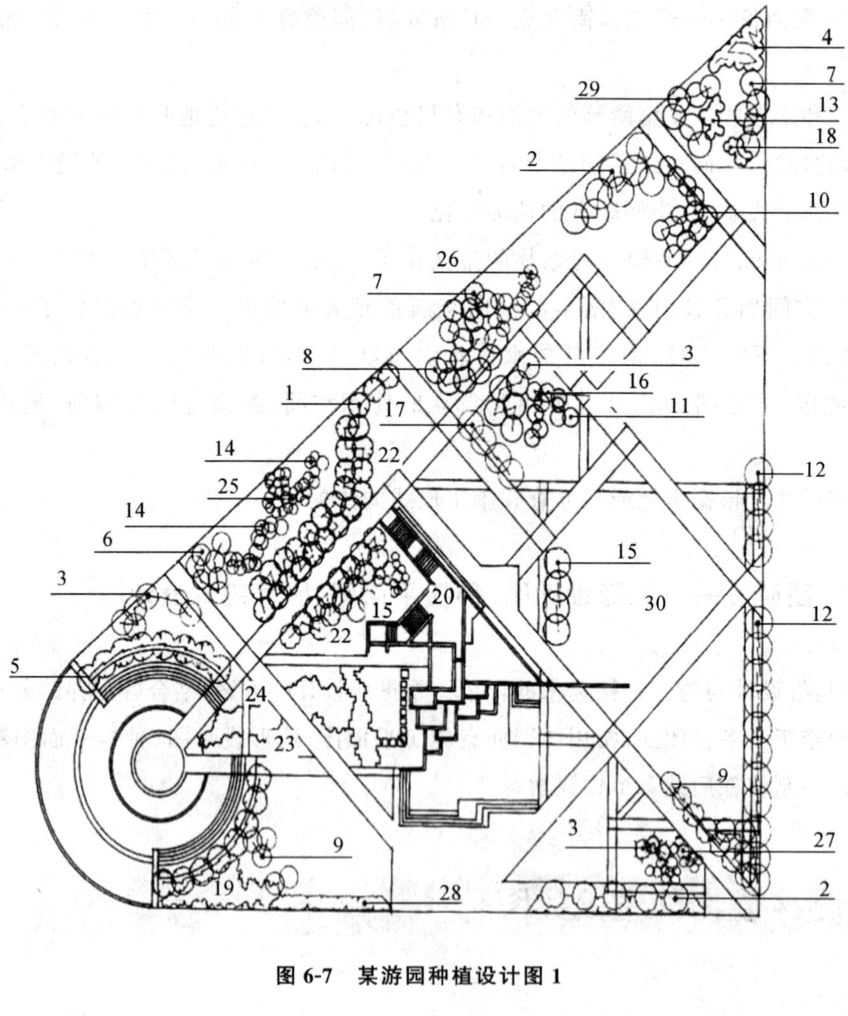

图 6-7　某游园种植设计图 1

3. 编制苗木统计表

在图中适当位置，列表说明所设计的植物编号、树种名称、拉丁文名称、单位、数量、规格、出圃年龄等。如表 6-1 所示为图 6-7 所附苗木统计表，表 6-2 所示为图 6-8 所附苗木统计表。

表 6-1　某游园种植设计苗木统计表

编号	植物名称	规格	数量	编号	植物名称	规格	数量
1	樱花	2.5 m 高	31 株	16	圆柏	3.1 m 高	11 株
2	香樟	干径约 100 cm	26 株	17	七叶树	3.5 m 高	7 株
3	雪松	4.0 m 高	27 株	18	含笑	1.0 m 高大苗	4 株
4	水杉	2.5 m 高	58 株	19	铺地柏		41 株
5	广玉兰	3.0 m 高	26 株	20	凤尾兰		50 株
6	晚樱	2.5 m 高	11 株	21	毛鹃	30 cm 高	250 株
7	柳杉	2.5 m 高	12 株	22	杜鹃		130 株
8	榉树	3.9 m 高	12 株	23	迎春		85 株
9	白玉兰	2.0 m 高	5 株	24	金丝桃		80 株
10	银杏	干径＞80 cm	10 株	25	腊梅		8 株
11	红枫	2.0 m 高	7 株	26	金钟花		20 株
12	鹅掌楸	3.5 m 高	31 株	27	麻叶绣球		30 株
13	桂花	2.0 m 高	15 株	28	大叶黄杨	60 cm 高	120 株
14	鸡爪槭	2.5 m 高	6 株	29	龙柏	3 m 以上	16 株
15	国槐	3.0 m 高	10 株	30	草坪		2 514 m^2

表 6-2　某游园种植设计苗木统计表

编号	树　　种	单位	数量	规　　格		出圃年龄	备注
				干径/cm	高度/m		
1	雪柳(*Fontanesia fortunei*)	株	1 000		1	1	
2	华山松(*Pinus armandii*)	株	3	6		6	
3	桧柏(*Juniperus chinensis*)	株	13	4		4	
4	山桃(*Prunus davidiana*)	株	9	5		5	
5	元宝枫(*Acer truncatum*)	株	1	4		4	
6	文冠果(*Xanthoceras sorbifolia*)	株	4	4		4	
7	连翘(*Forsythia suspensa*)	株	5		1	3	每丛 5 株
8	棉带花(*Weigela ftorida*)	株	35		1	2	每丛 7 株
9	榆叶梅(*Prunus triloba*)	株	7		1	3	每丛 7 株
10	紫丁香(*Syringa oblata*)	株	48		1	3	每丛 8 株
11	五叶地锦(*Parthenocissus quinquefolia*)	株	13		3	2	
12	结缕草(*Zoysia japonica steud*)	m^3	600			1	
13	花卉	株	410			1	

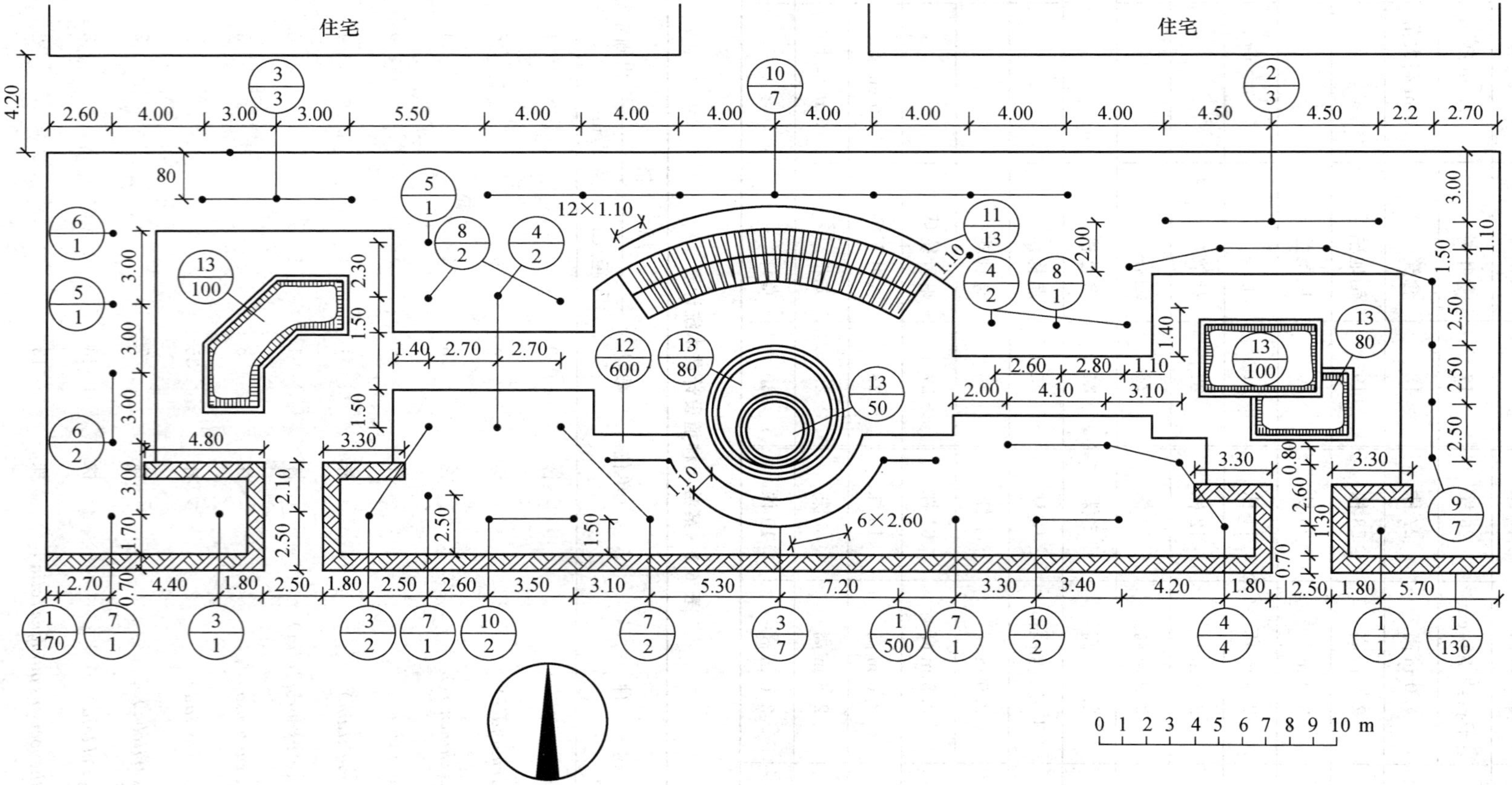

图6-8　某游园种植设计图2

4. 标注定位尺寸

自然式植物种植设计图，宜用坐标网确定种植位置，规则式植物种植设计图，宜相对某一原有地上物，用标注株行距的方法，确定种植位置，如图 6-8 所示。

5. 绘制种植详图

必要时按苗木统计表中编号（即图号）绘制种植详图，说明种植某一种植物时挖坑、覆土、施肥、支撑等种植施工要求。

6. 其他

绘制比例、风玫瑰图或指北针，主要技术要求及标题栏。

6.2.3 植物种植设计图的阅读

阅读植物种植设计图用以了解工程设计意图、绿化目的及其所达效果，明确种植要求，以便组织施工和作出工程预算，阅读步骤如下。

1. 看标题栏、比例、风玫瑰图或方位标

明确工程名称、所处方位和当地主导风向。

2. 看图中索引编号和苗木统计表

根据图示各植物编号，对照苗木统计表及技术说明，了解植物种植的种类、数量、苗木规格和配置方式。如图 6-7 所示，游园北部以樱花、雪松、晚樱、鸡爪槭、香樟、柳杉等针叶、阔叶乔木为主配以金钟花、龙柏等灌木结合地形的变化采用自然式种植。南部规则式栽植了鹅掌楸、香樟、广玉兰等乔木配合栽植铺地柏、迎春等灌木，绿地地被为草坪覆盖。

3. 看植物种植定位尺寸

明确植物种植的位置及定点放线的基准。

4. 看种植详图

明确具体种植要求，组织种植施工。

6.3 园林建筑设计图

园林建筑设计一般要经过初步设计、技术设计和施工设计三个阶段。园林建筑初步设计图包括建筑总平面图、建筑平面图、建筑立面图、建筑剖面图和效果图。

6.3.1 建筑总平面图

1. 建筑总平面图绘制

建筑总平面图是表示建筑物所在基地内有关范围的总体布置情况的水平投影图，用以表明新建房屋、构筑物的位置、朝向、占地范围，室外场地、道路、绿化等的布置、地形、标高等以及与原有建筑群周围环境之间的关系等。是新建房屋施工定位、土方施工以及绘制水、电、暖等管线总平面图和施工总平面图的依据。建筑总平面图中建筑的表现手法有下述方法。

（1）抽象轮廓法　抽象轮廓法适用于小比例总体规划图，主要是将建筑按比例缩小后，绘制其轮廓，或者以统一的抽象符号表现出建筑的位置，其优点在于能够很清晰地反映出建筑的布局及其相互之间的关系，常用于导游示意图，如图 6-9 所示。

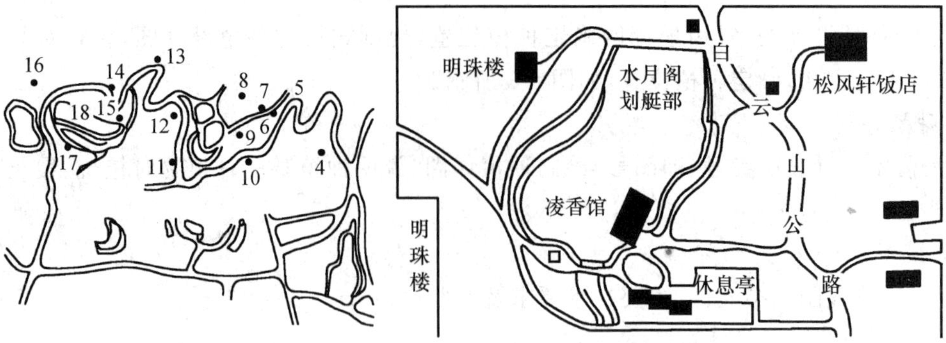

(a) 建筑布点　　(b) 山麓明珠楼建筑群

图 6-9　广州白云山风景区建筑布点

(2)涂实法　涂实法表现建筑主要是将规划用地中的建筑物涂黑,涂实法的特点是能够清晰地反映出建筑的形状、所在位置以及建筑物之间的相对位置关系,并可用来分析建筑空间的组织情况,但对个体建筑的结构反映不清楚,适用于功能分析图,如图 6-10 所示。

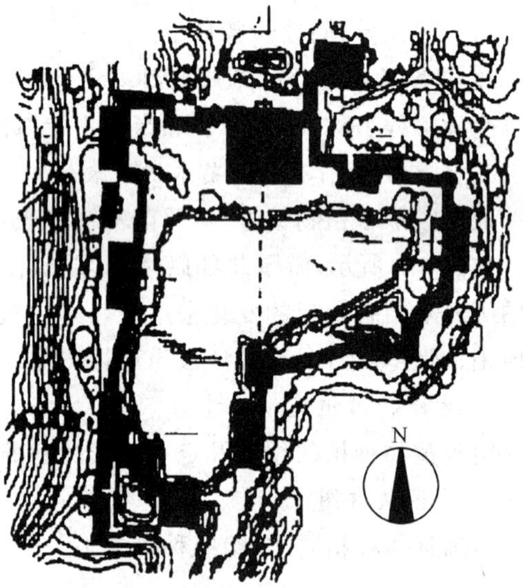

图 6-10　北京颐和园谐趣园平面功能图

(3)平顶法　平顶法表现建筑的特点在于能够清楚地表现出建筑的屋顶形式以及坡向等,而且具有较强的装饰效果,特别适合表现古建筑较多的建筑总平面图,如图 6-11 所示。

(4)剖平法　剖平法比较适合于表现个体建筑,它不仅能表现出建筑的形状、位置、周围环境,还能表现出建筑内部的简单结构,常用于建筑单体设计,如图 6-12 所示。

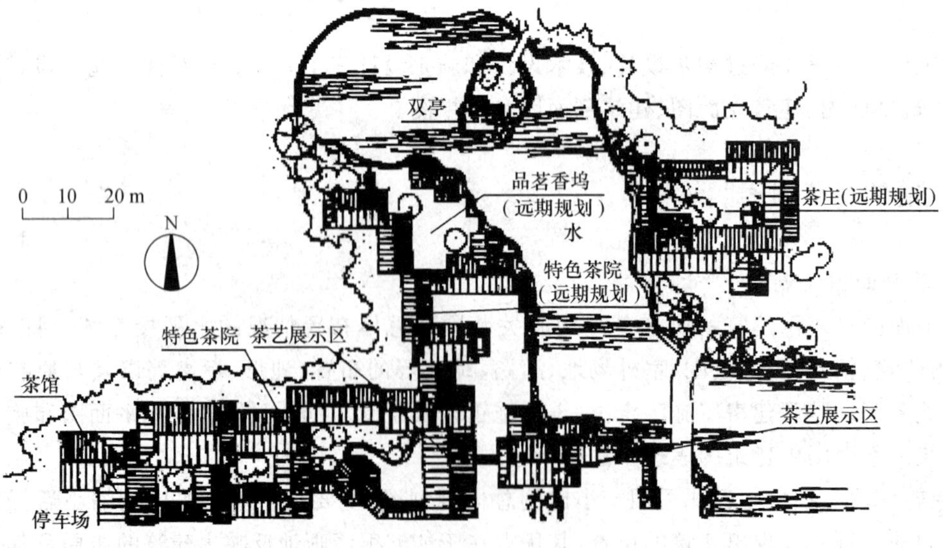

图 6-11　用平顶法绘制的总平面图

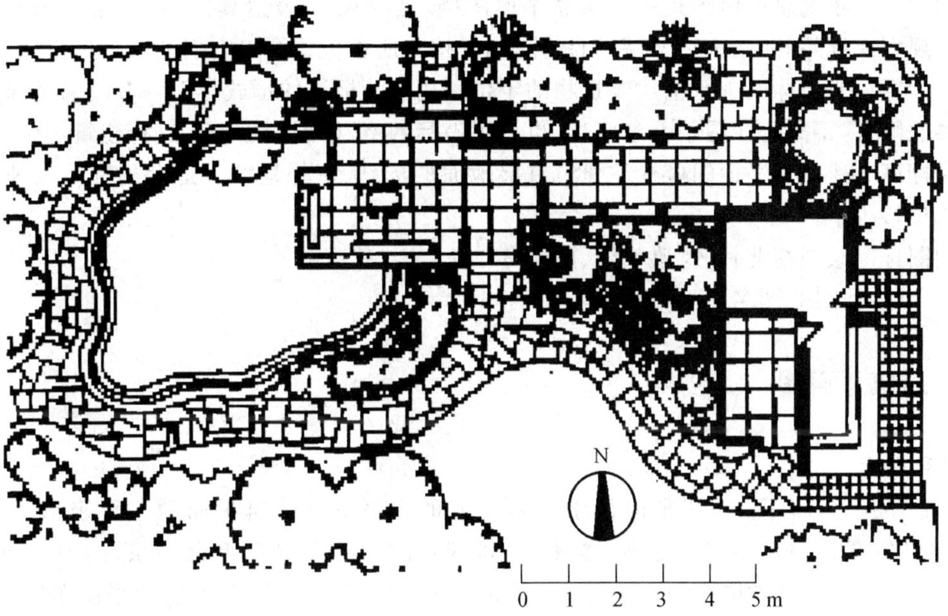

图 6-12　用剖平法绘制的建筑平面图

2. 图示要求

(1)选择合适的比例　建筑总平面图要求表明拟建建筑与周围环境的关系,所以涉及的区域一般都比较大,因此常选用较小的比例绘制,如 1∶300、1∶500、1∶1 000 等,如图 6-13 所示。

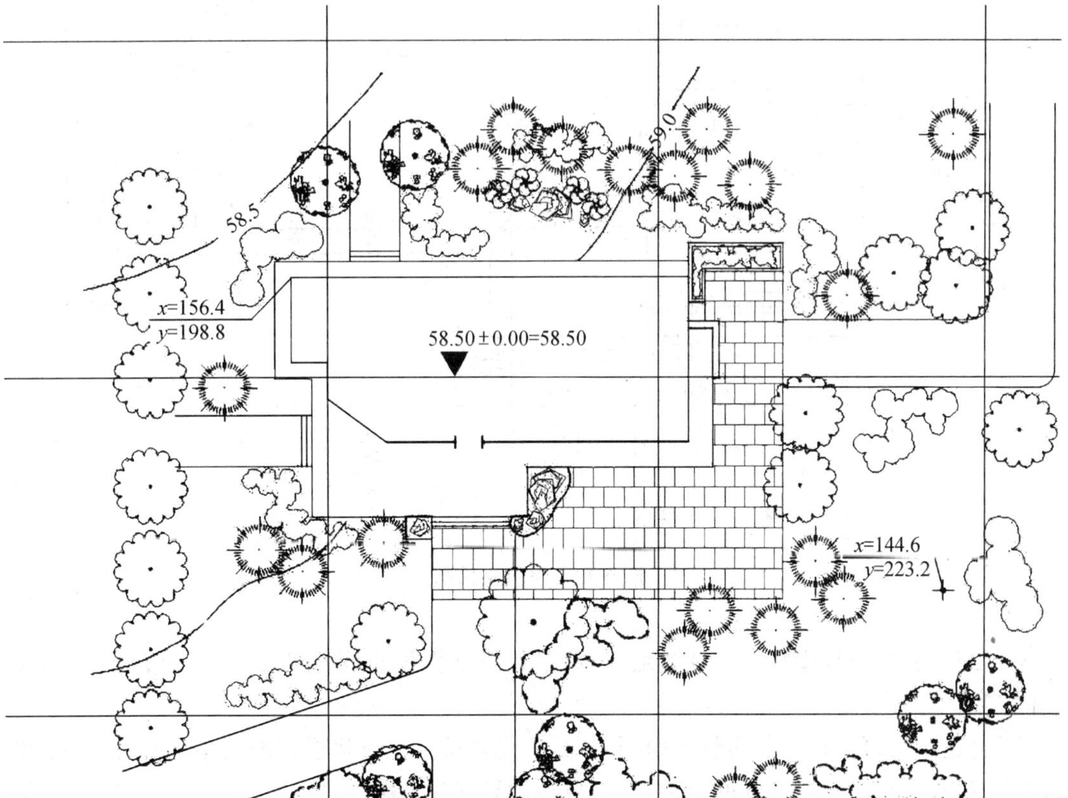

图 6-13　建筑总平面图

(2)绘制图例　建筑总平面图是用建筑总平面图例，见附录 2，表达其内容，包括地形现状。建筑物(原有、新建、规划或拆除)和构筑物、道路和绿化等，并按其所在位置画出它们的水平投影图。

(3)用尺寸标注或坐标网进行拟建建筑物的定位　用尺寸标注的形式标明与其相邻的原有建筑或道路中心线(参照物)的距离。如图中无参照物，也可用坐标网格，根据测量坐标进行建筑定位。

(4)标注标高　建筑总平面图应标注建筑首层地面的标高、室外地坪及道路的标高及地形等高线的高程数字，单位均为米。

(5)绘制图标　绘制指北针、风玫瑰图、图例等。

(6)注写　注写比例、图名、标题栏。

6.3.2　建筑平面图

1. 内容和用途

建筑平面图是全剖面图，剖切平面位于窗台上方的水平面。建筑平面图主要表示建筑物的平面形状、水平方向各部分(如出入口、走廊、楼梯、房间、阳台等)的布置和组合关系、门窗位置、墙和柱的布置以及其他建筑构配件的位置和大小等，如图 6-14 所示。多层建筑若各层的平面布置不同，应画出各层平面图。

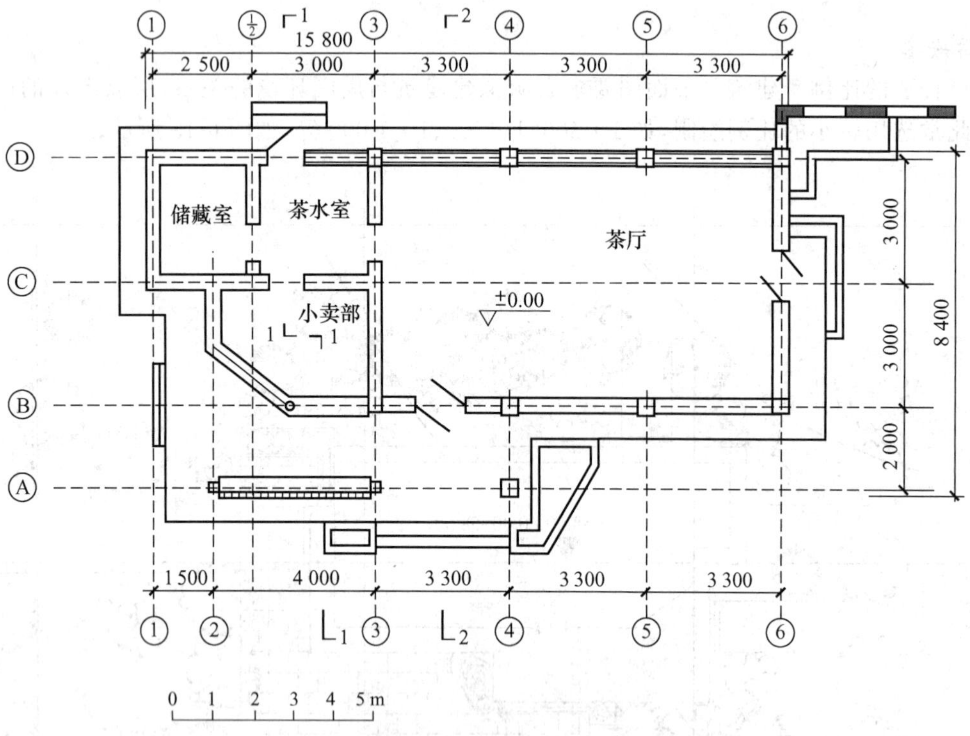

图 6-14　建筑平面图

建筑平面图是建筑设计中最基本的图纸，常用于表现建筑方案，并为以后的详细设计提供依据。

2. 图示要求

(1)选择合适的比例　在绘制建筑平面图之前，首先要根据建筑物形体的大小选择合适的绘制比例，通常可选用 1∶50、1∶100、1∶200 的比例，如果要绘制局部放大图样，可选用1∶20，1∶50 的比例。

(2)定位轴线及编号　定位轴线是用来确定建筑基础、墙、柱和梁等承重构件的相对位置，并带有编号的基准线，是设计和施工的定位线，画法见第 1 章。对于那些非承重构件，可画附加轴线，附加轴线的编号，应以分数表示，分母表示前一轴线的编号，分子表示附加轴线的编号。

(3)线型要求　在建筑平面图中凡是被剖切到的主要构造(如墙、柱等)断面轮廓线均用粗实线绘制，墙柱轮廓都不包括粉刷层厚度，粉刷层在 1∶100 的平面图中不必画出。在 1∶50 或更大比例的平面图中用粗实线画出粉刷层厚度。

被剖切到的次要构造的轮廓线及未被剖切平面剖切的可见轮廓线用中粗实线绘制(如窗台、台阶、楼梯、阳台等)。尺寸线、图例线、索引符号等用细实线绘制。

(4)尺寸标注　建筑平面图应标出外部的轴线尺寸及总尺寸，细部分段尺寸及内部尺寸可不标注。平面图上，所有外墙一般要标注三道尺寸。靠外墙轮廓线最近的一道尺寸为洞口(门、窗洞)尺寸及洞间墙尺寸，其中，洞间墙尺寸以定位轴线为尺寸界线。第二道尺寸为定位轴线之间的尺寸，用来表示开间和进深。第三道尺寸为外包尺寸，郎房屋两端门外墙面之间的尺寸。此外，还须注出某些局部尺寸、底层楼梯起步尺寸等。

平面图还应注明室内外地面、楼台阶顶面的标高，均为相对标高，一般底层室内地面为标高零点，标注为 ±0.000。

(5)其他　绘制指北针、剖切符号，注写图名、比例等，编制设计说明。

总之，建筑平面图是建筑设计中最基本的图纸，应准确、细致地绘制出其平面图，为表现建筑构造和以后细部设计提供依据。

3. 绘制步骤

现以某公园茶室平面图为例，说明建筑平面图绘制步骤。

①画定位轴线，如图 6-15 所示。

②画内外墙厚度，如图 6-16 所示。

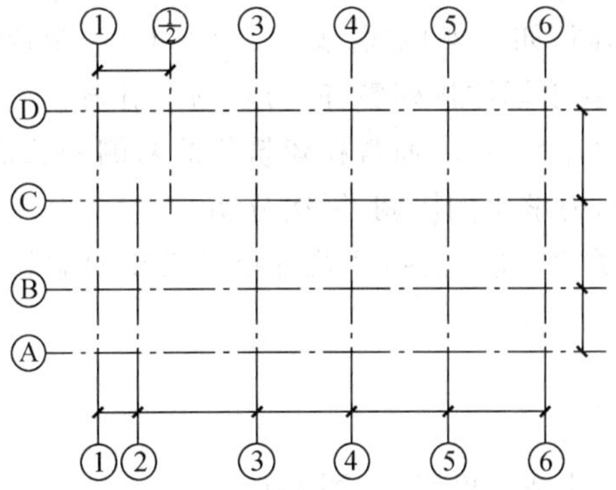

图 6-15　画定位轴线

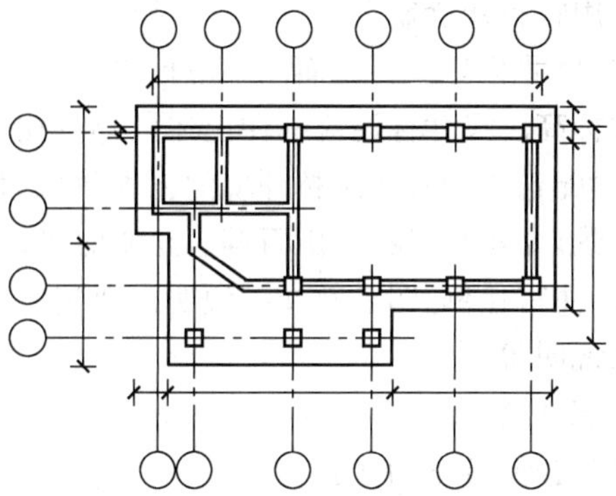

图 6-16　画内外墙厚度

③画出门窗位置及宽度(当比例尺较大时，应绘出门、窗框示意图)，加深墙的剖断线，按线条等级依次加深其他各线，如图 6-17 所示。

④绘制配景及地面材料用细线。

⑤尺寸标注、注写说明、绘剖切符号。

6.3.3　建筑立面图

1. 内容与用途

建筑立面图是在与建筑立面平行的投影面上所作的正投影图。主要反映建筑物的外形及主要部位的标高。从正面看，可以了解到整幢房屋的外貌特征和主要出入口等的位置和形状。同时，一般用文字注写外墙的装饰做法、分层做法、具体材料，如花岗石墙面或碎拼花岗石墙面等。

建筑立面图能够充分表现出建筑物的外观造型效果，可以用于进一步推敲方案，并作为进一步设计和施工的依据。

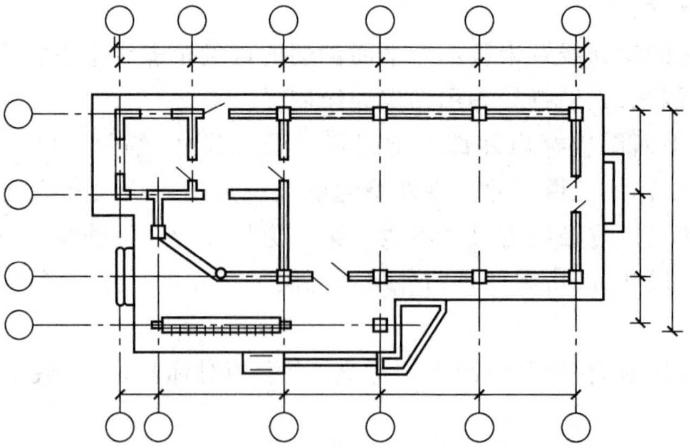

图 6-17　画门窗

2. 图示要求

(1)比例选择　在绘制建筑立面图之前，首先要根据建筑物形体的大小选择合适的绘制比例，通常情况下建筑立面图所采用的比例应与平面图相同。

(2)线型要求　建筑立面图的外轮廓线应用粗实线绘制。主要部位轮廓线，如门窗洞口、台阶、花台、阳台、雨篷等用中粗实线绘制；次要部位的轮廓线，如门窗的分格线，栏杆、墙面分格线等用细实线绘制；地坪线用特粗线绘制。

(3)尺寸标注　在立面图中应标出外墙各主要部位的标高，如室外地面、窗台、门窗上口、阳台、檐口等处的标高。尺寸标注应标注上述各部位相互之间的尺寸，要求标注排列整齐，力求图面清晰。

(4)配景　为衬托园林环境的艺术效果，根据总平面图的环境条件，通常在建筑物的两侧和后部绘出一些配景，如花草、树木、山石等。绘制时可以采用概括画法，力求比例协调、层次分明。

(5)注写比例、图名及文字说明　建筑立面图上的文字说明一般包括：建筑外墙的装饰材料说明、构造做法说明等。

3. 绘制步骤

以某公园茶室为例：

①画出室内外地坪线、墙体的结构中心线，内外墙及屋面构造厚度线，见图 6-18。

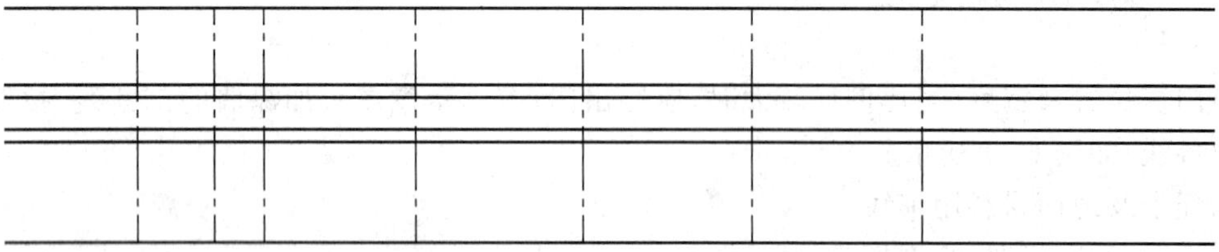

图 6-18　绘制地坪线及各轴线

②画出门、窗洞高度，出檐宽度及厚度，画出台阶、景墙、花坛等及其他构筑物轮廓，见图 6-19。

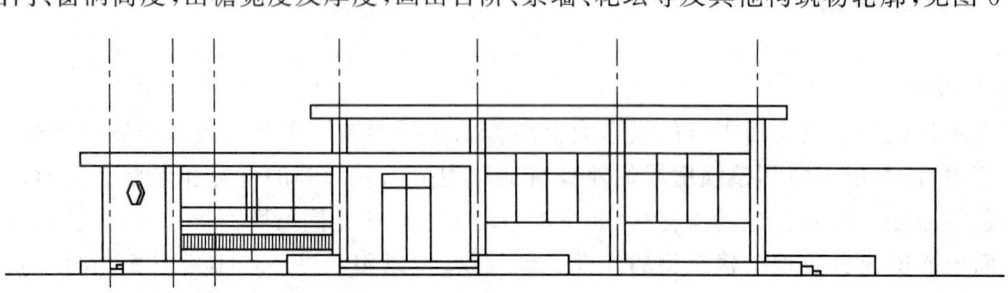

图 6-19　绘制建筑细部轮廓线

③加粗外轮廓线,然后按线条等级依次加深各线,如图 6-20 所示。

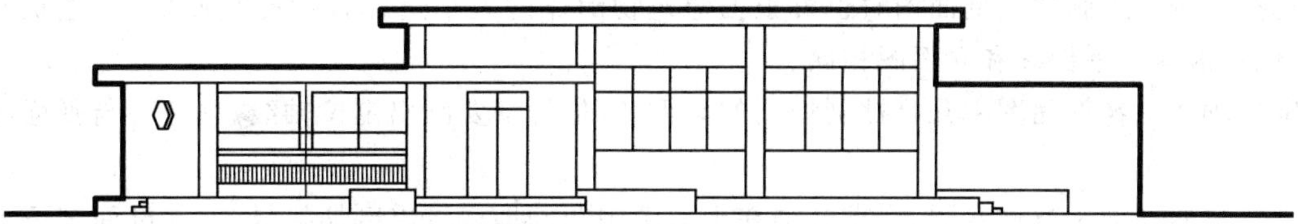

图 6-20　加粗轮廓线

④绘制配景,成图,如图 6-21 所示。

图 6-21　添加配景(茶室南立面图)

立面图一般按建筑物的朝向命名,如南立面图、北立面图、东立面图及西立面图,也可根据建筑两端的定位轴线编号命名。例如,图 6-21 是某公园茶室的南立面图,为了全面反映茶室的立面特征,还应绘制北立面图、西立面图等,如图 6-22 和图 6-23 所示。

图 6-22　茶室北立面图

图 6-23　茶室西立面图

6.3.4　建筑剖面图

1. 内容和用途

建筑剖面图是表示园林建筑内部结构及各部位标高的图纸,是假想在建筑适当的部位作垂直剖切后得到的垂直剖面图。它与平面图、立面图相配合,可以完整地表达建筑,是建筑施工图中不可缺少的一部分。

2. 图示要求

(1)选择比例　绘制建筑剖面图时也可根据建筑物形体的大小选择合适的绘制比例，建筑剖面图所选用的比例一般应与平面图和立面图相同。

(2)定位轴线　在剖面图中凡是被剖切到的承重墙、柱等都要画出定位轴线，并注写与平面图相同的编号。

(3)剖切符号　为了方便看图，要求必须在平面图中明确地表示出剖切符号，并在剖面图下方标注与其相应的图名。在绘制过程中，剖切位置的选择非常关键，一般选在建筑内部构造有代表性和空间变化较复杂的部位，同时结合所要表达的内容确定，一般应通过门、窗等有代表性的典型部位，如图 6-14 建筑平面图所示。

(4)线型要求　被剖切到的地面线用特粗实线绘制，其他被剖切到的主要可见轮廓线用粗实线绘制(如墙身、楼地面、圈梁、过梁、阳台、雨篷等)，未被剖切到的主要可见轮廓线的投影用中粗实线绘制，其他次要部位的投影用细实线绘制(如栏杆、门窗分格线、图例线等)。

(5)尺寸标注　水平方向上剖面图应标注承重墙或柱的定位轴线间的距离尺寸，垂直方向应标注外墙身各部位的分段尺寸(如门窗洞口、勒脚、檐口高度等)。

(6)标高标注　应标注室内外地面、各层楼面、阳台、檐口、顶棚、门窗、台阶等主要部位的标高。

(7)注写文字　注写图名、比例及有关说明等。

3. 绘制步骤

①画出室内外地坪线、墙体的结构中心线、剖切到的内外墙及屋面构造厚度。

②画出剖切到的门、窗洞高度，出檐宽度及厚度，室内墙面上门的投影轮廓。

③画出门、窗、墙面、踏步等细部的投影线。加深剖切到的形体轮廓线，然后按线条等级依次加深各线，如图 6-24 和图 6-25 所示。

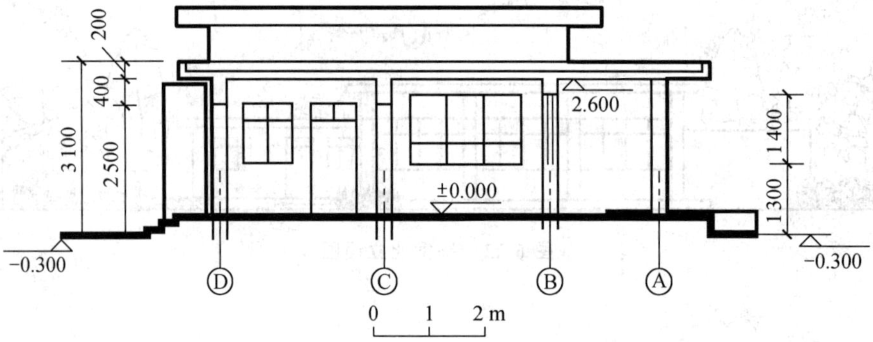

图 6-24　图 6-14 的 1-1 剖面图

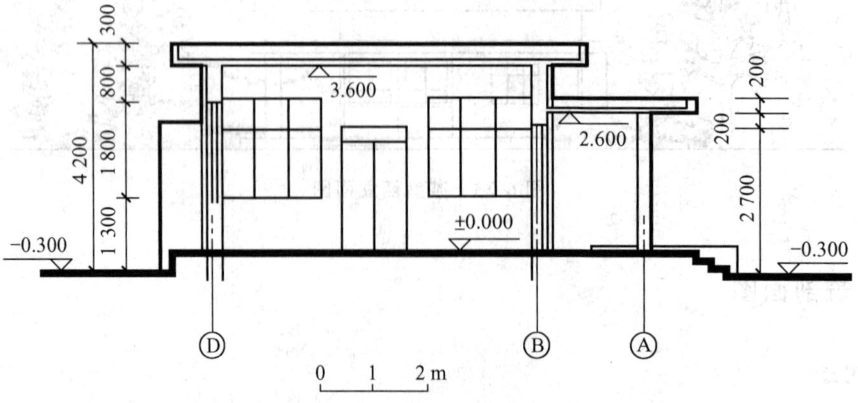

图 6-25　图 6-14 的 2-2 剖面图

6.3.5 建筑透视图

建筑透视图主要表现的是建筑与配景之间的空间透视，能更充分地表达设计方案的意图，是设计方案的有力补充。

建筑透视图应以建筑为主，配景为辅，为了避免遮挡建筑物，配景应有取舍，如图 6-26 所示。透视图绘制方法见本书相关内容。

图 6-26　建筑透视图

6.4 技能训练

1. 参考附录Ⅱ园林制图案例中环境设计总平面图、种植设计图，进行自己所在校园或居住区的环境设计，绘制出总平面图和种植设计图。

2. 在自己校园或附近公园选择一处园林建筑（或学校门卫），现场测量尺寸，然后在室内进行建筑的平、立、剖面图的绘制。

Chapter 7

第7章

园林工程施工图的识读

学习目标

掌握园林竖向设计图、园路和假山施工图的绘制和识读方法；

能正确阅读园林水景和驳岸施工图；

会阅读园林建筑施工图。

7.1 竖向设计图

7.1.1 内容与用途

竖向设计图是根据设计平面图及原地形图绘制的地形详图,借助绘制等高线和标注高程的方法,表示地形在竖直方向上的变化情况,它是造园时地形处理的依据。

7.1.2 绘制要求

1. 绘制绿地等高线

根据地形设计,选定等高距,用细实线绘出绿地地形等高线。等高线上标注高程数字处等高线应断开,高程数字的字头应朝向山头,数字要排列整齐。周围平整地面高程为±0.00,高于地面为正,数字前“+”号可省略;低于地面为负,数字前应注写“-”号。高程单位为m,要求保留两位小数,如图7-1所示。

对于水体,用特粗实线表示水体边界线(即驳岸线)。当湖底为缓坡时,用细实线绘出湖底等高线,同时均需标注高程。当湖底为平面时,用标高符号标注湖底高程,标高符号下面应加画短横线和45°斜线表示湖底。

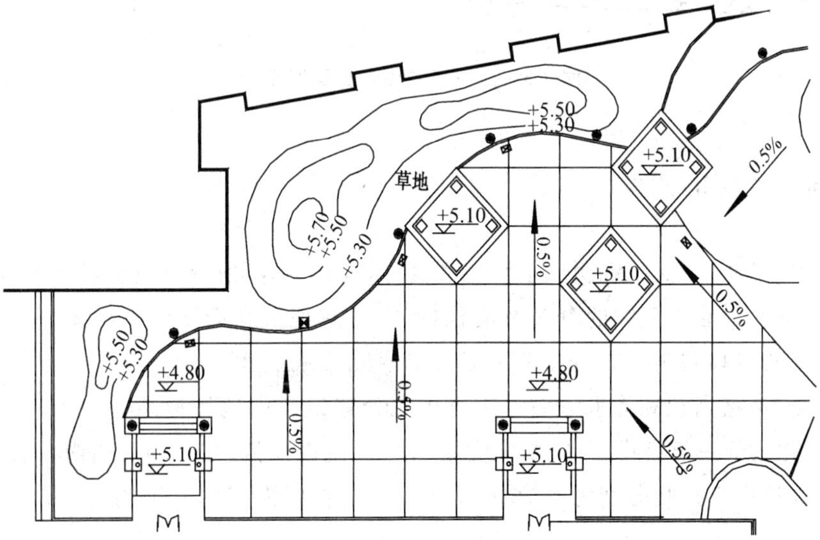

图7-1 绿地、广场、建筑竖向设计方法示例

2. 标注建筑、道路高程

将总平面图中的建筑、道路、广场等位置按外形水平投影轮廓绘制到竖向设计图中,其中建筑用粗实线,广场、道路用中实线,建筑应标注室内地坪标高,以箭头指向所在位置,如图7-1所示。道路高程一般标注在交汇、转向、变坡处,标注位置以圆点表示,圆点上方标注高程数字,如图7-2所示。

3. 标注排水方向

根据坡度,用单箭头标注雨水排除方向,如图7-1和图7-2所示。

4. 绘制方格网

为了便于施工放线,竖向设计图中应设置方格网。尽可能使方格某一边落在某一固定建筑设施边线上(便于将方格网测设到施工现场),每一网格边长可为5 m、10 m、20 m等,按需而定,其比例与图中一

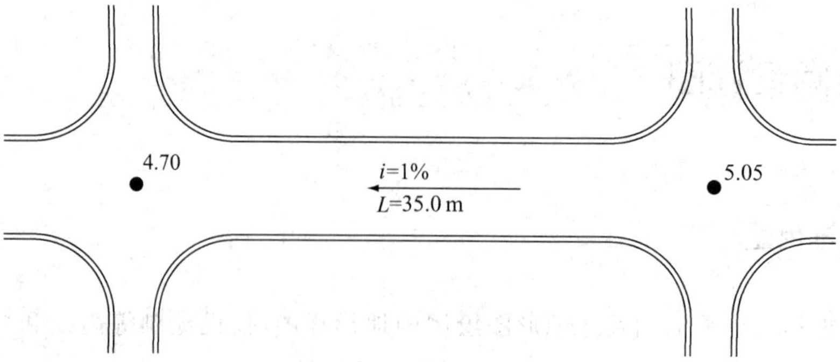

图 7-2 道路竖向设计方法示例

致。方格网应按顺序编号，规定横向从左向右，用阿拉伯数字编号；纵向自下而上，用拉丁字母编号，并按测量基准点的坐标，标注出纵横第一网格坐标。

5. 其他

绘制比例、指北针，注写标题栏、技术要求等。

6. 局部断面图

必要时，可绘制出某一剖面的断面图，以便直观地表达该剖面上竖向变化情况，如图7-3所示。

图 7-3 园林竖向设计剖面图示例

7.1.3 竖向设计图的阅读

①看图名、比例、指北针、文字说明。了解工程名称，设计内容、所处方位和设计范围。

②看等高线的含义。看等高线的分布及高程标注，了解地形高低变化。从图 7-1 可见，广场北（上）侧的草地地形起伏，相对高差为 0.20 m，高度在 5.30～5.70 m 之间。

③看建筑、广场、道路高程和排水方向。广场中几处建筑室内地坪标高为 5.10 m；该广场有两处标注标高为 4.80 m，并位于一条直线上；广场坡度为 0.5%，南高北低；在广场北边缘处有排水口。从图 7-2 可见，道路两个交叉口中心标高分别为 4.70 m 和 5.05 m，坡度为 1%，长度为 35 m，东（右）高西（左）低。

7.2 园路工程图

7.2.1 内容与任务

园路在园林中起着组织交通、引导游览、组织景观、划分空间、构成园景的作用。园路施工图主要包括路线平面设计图、路线纵断面图、平面铺装详图和路基横断面图。园路工程施工图具体内容包括：

①指北针（或风玫瑰图），绘图比例（比例尺），文字说明。

②道路、铺装的位置、尺度，主要点的坐标，标高以及定位尺寸。

③小品主要控制点坐标及小品的定位尺寸。

④地形、水体的主要控制点坐标、标高及控制尺寸。

⑤植物种植区域轮廓。

⑥对无法用标注尺寸准确定位的自由曲线园路、广场、水体等，应给出该部分局部放线详图，用放线网表示，并标注控制点坐标。

7.2.2 绘制方法和要求

1. 路线平面设计图

路线平面设计图主要表示各级园路的平面布置情况。园路线形应流畅、优美、舒展。内容包括园路的线形及与周围的广场和绿地的关系、与地形起伏的协调变化及与建筑设施的位置关系。园路的线形设计直接影响园林的整体设计构思及艺术效果。

为了便于施工，园路平面图采用坐标方格网控制园路的平面形状，其轴线编号应与总平面图相符，以表示它在总平面图中的位置，如图 7-4、图 7-5 所示。另外，也可用园路定位图控制园路的平面位置，如图 7-6 所示。

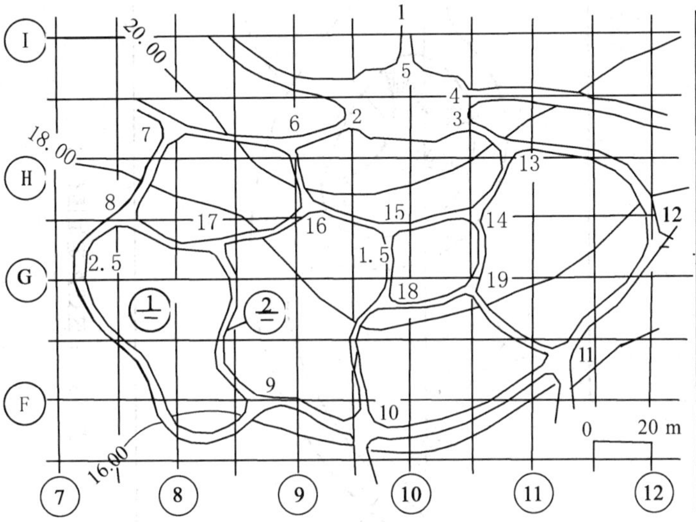

编号	高程/m
1	21.00
2	21.00
3	21.00
4	21.00
5	21.00
6	20.00
7	18.00
8	17.60
9	16.00
10	16.20
11	16.20
12	17.00
13	19.90
14	18.50
15	18.50
16	19.20
17	17.50
18	18.00
19	18.00

图 7-4 公园路线平面设计图示例

2. 铺装详图

(1)平面铺装详图　施工设计阶段绘制的平面铺装详图用比例尺量取数值已不够准确，因此，必须标注尺寸数据，如图 7-7 所示。

平面铺装详图还要表现路面铺装材料的材质和颜色，道路边石的材料和颜色，铺装图案放样。对于不再进行铺装详图设计的铺装部分，应标明铺装风格、材料规格、铺装方式，并应对材料进行编号。

(2)路基横断面图　路基横断面图是假设用垂直于设计路线的铅垂剖切平面进行剖切所得到的断面图，是计算土石方和路基的依据。

用路基横断面图表达园路的面层结构以及绿化带的布局形式，也可以与局部平面图配合，表示园路的断面形状、尺寸、各层材料、做法、施工要求，如图 7-8 所示。

对于结构不同的路段，应在平面图上以细虚线分界，虚线应垂直于园路的纵向轴线，并在各段标注横断面详图索引符号。

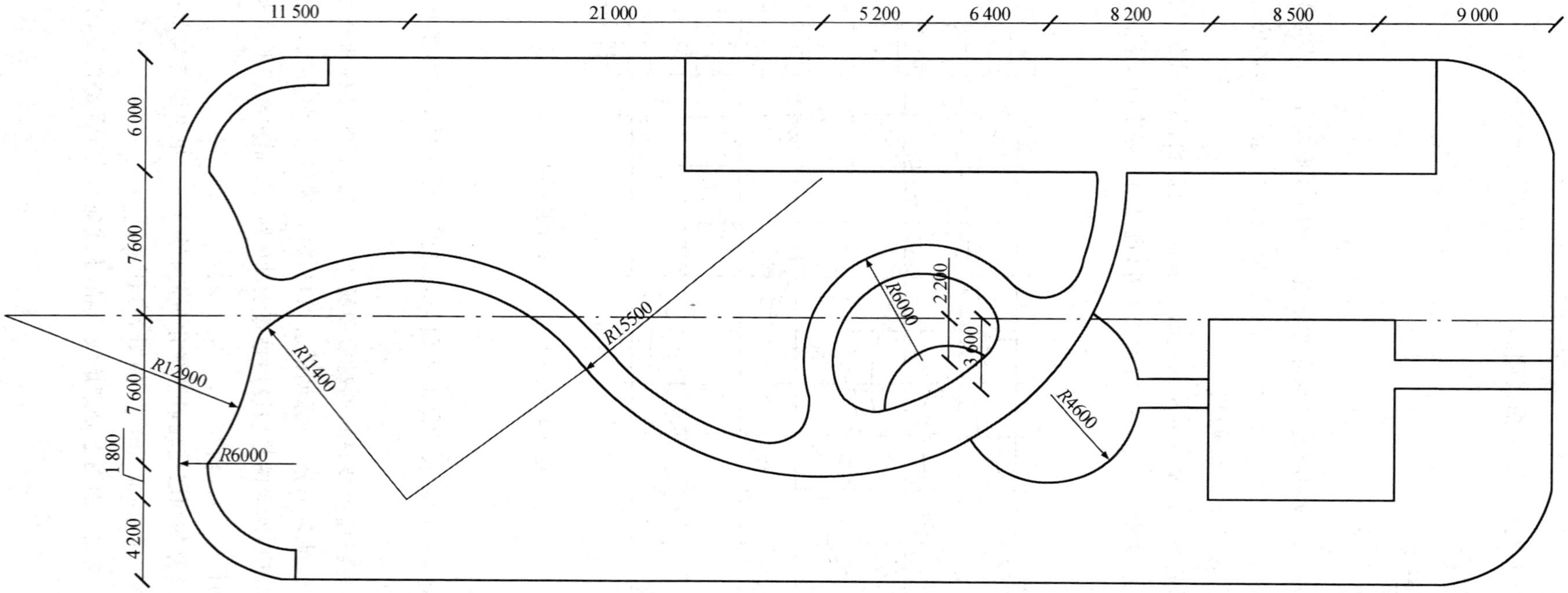

图 7-5　小区园路定位图(一)

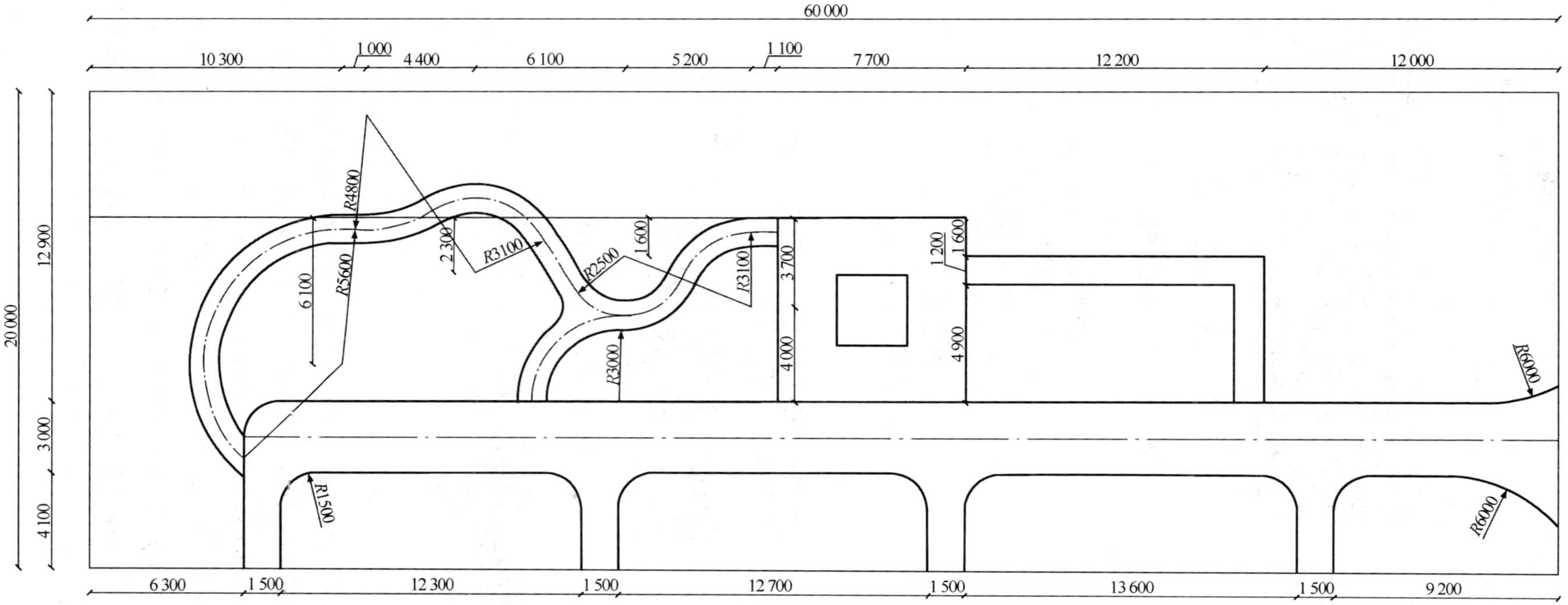

图 7-6　小区园路定位图(二)

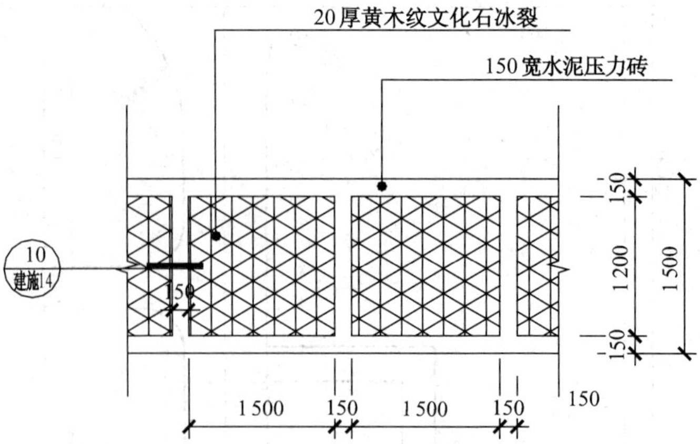

图 7-7　道路平面铺装详图

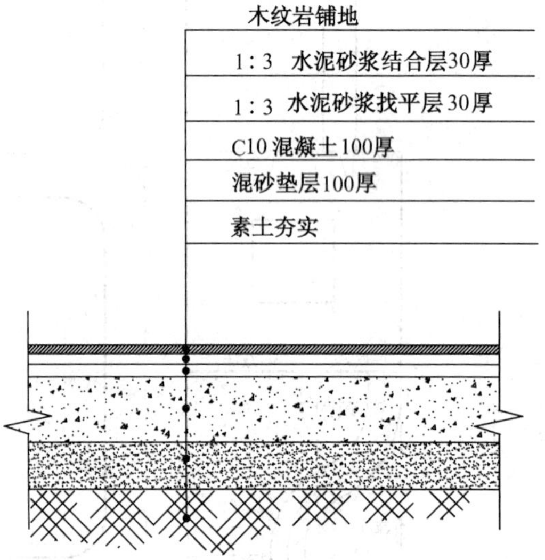

图 7-8　路基横断面图示例

7.3　假山工程图

7.3.1　内容与任务

假山是以自然、人工山石等为材料，以自然山水为蓝本并加以艺术提炼与夸张，用人工再造的山水景物。假山工程施工图是指导假山工程施工的技术性文件。假山工程施工图主要包括平面图、立面图、剖(断)面图、基础平面图等，对于要求较高的细部，还应绘制详图说明。

①平面图表示假山的平面布置、各部的平面形状、周围地形，如图 7-9 所示。

②立面图表现山体的立面造型及主要部位高度。立面图与平面图配合，可反映出峰、峦、洞、壑的相对位置。为了完整地表现山体各面形态，便于施工，一般应绘出前、后、左、右四个方向立面图，如图 7-10 所示。

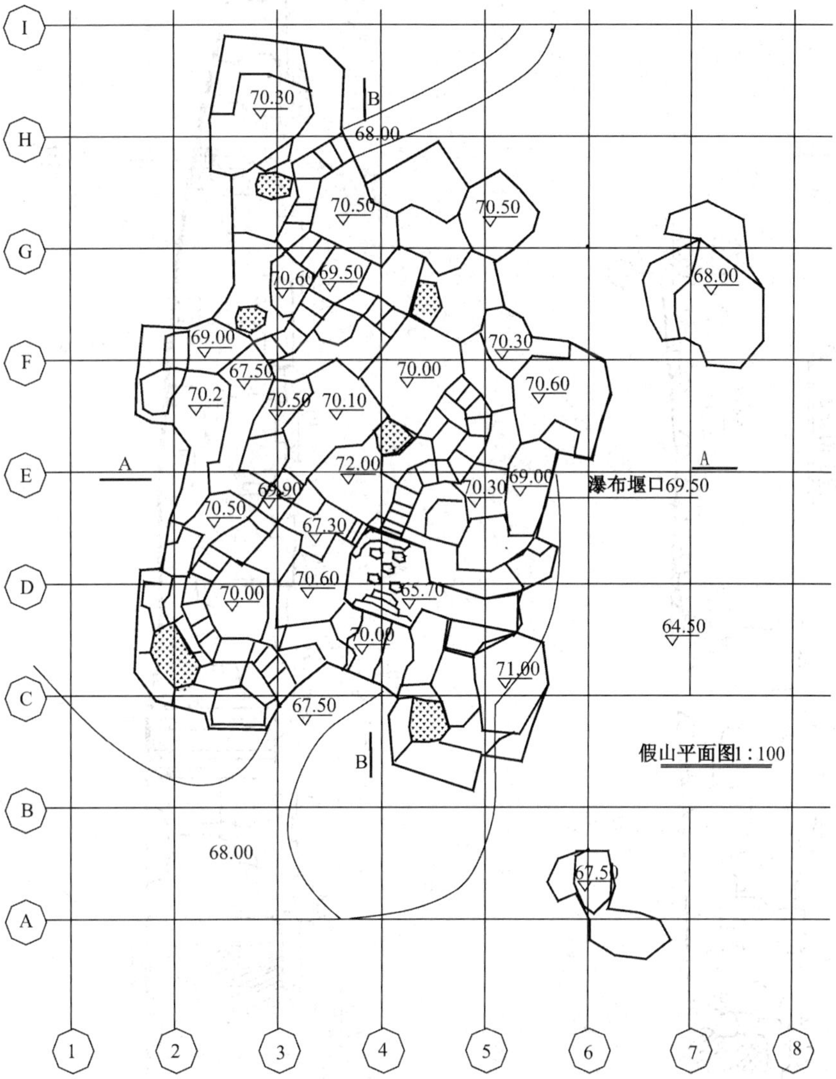

图 7-9　假山平面图

③剖面图表示假山某处内部构造及结构形式、断面形状、材料、做法和施工要求，如图 7-11 所示。

④基础平面图表示基础的平面位置及形状，如图 7-12 所示。基础剖面图表示基础的构造和做法，当基础结构简单时，可同假山剖面图绘制在一起或用文字说明。

假山施工图中，由于山石素材形态奇特，施工中难以符合设计尺寸要求。因此，没有必要也不可能将各部尺寸一一标注，一般采用坐标方格网法控制。方格网的绘制，平面图以长度为横坐标，宽度为纵坐标；立面图以长度为横坐标，高度为纵坐标；剖面图以宽度为横坐标，高度为纵坐标。

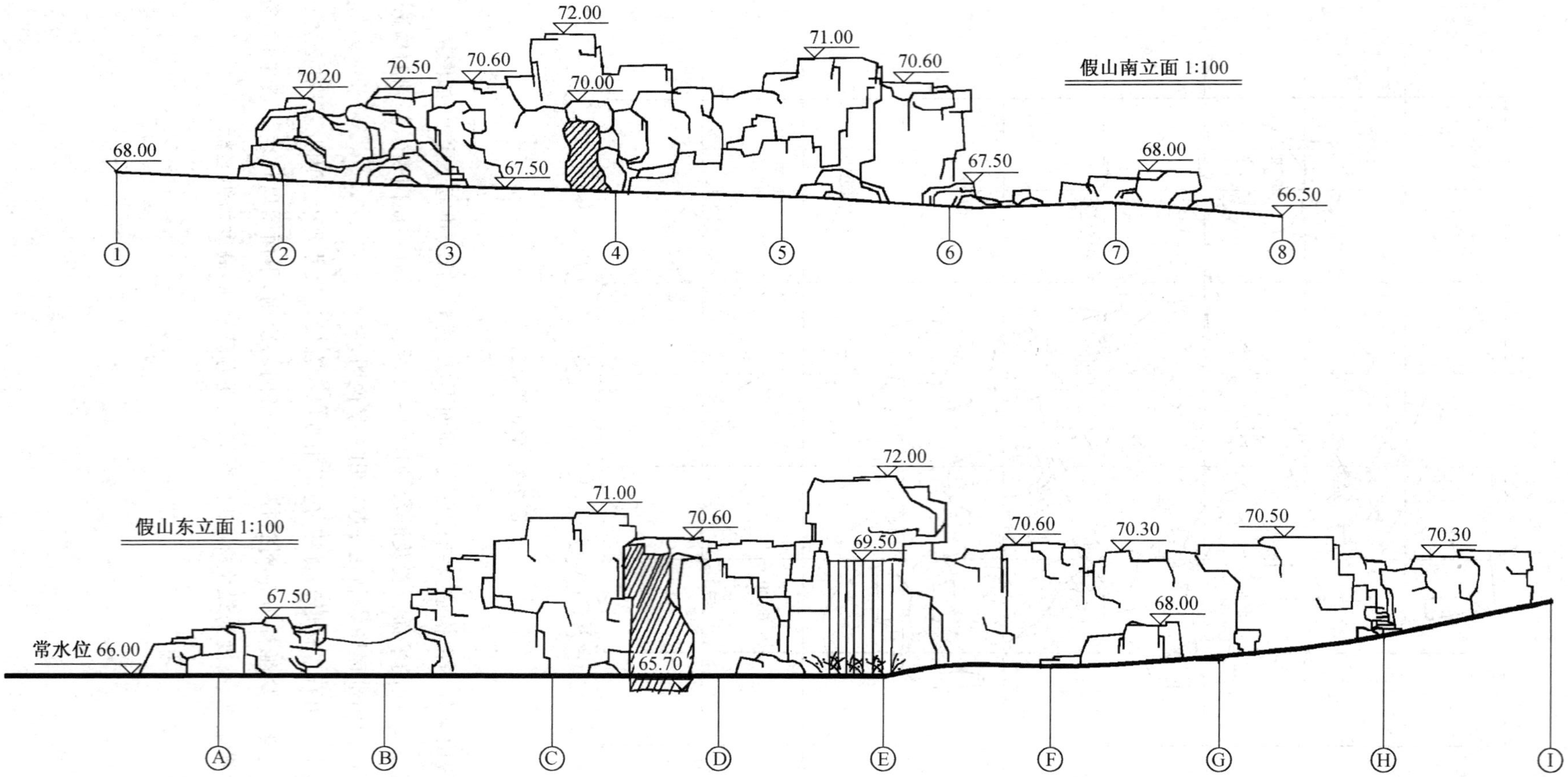
假山南立面 1:100
72.00
70.20
70.50
70.60
70.00
71.00
70.60
68.00
67.50
67.50
68.00
66.50
1
2
3
4
5
6
7
8
假山东立面 1:100
常水位 66.00
67.50
71.00
70.60
65.70
72.00
69.50
70.60
70.30
68.00
70.50
70.30
A
B
C
D
E
F
G
H
I

图 7-10　假山立面图

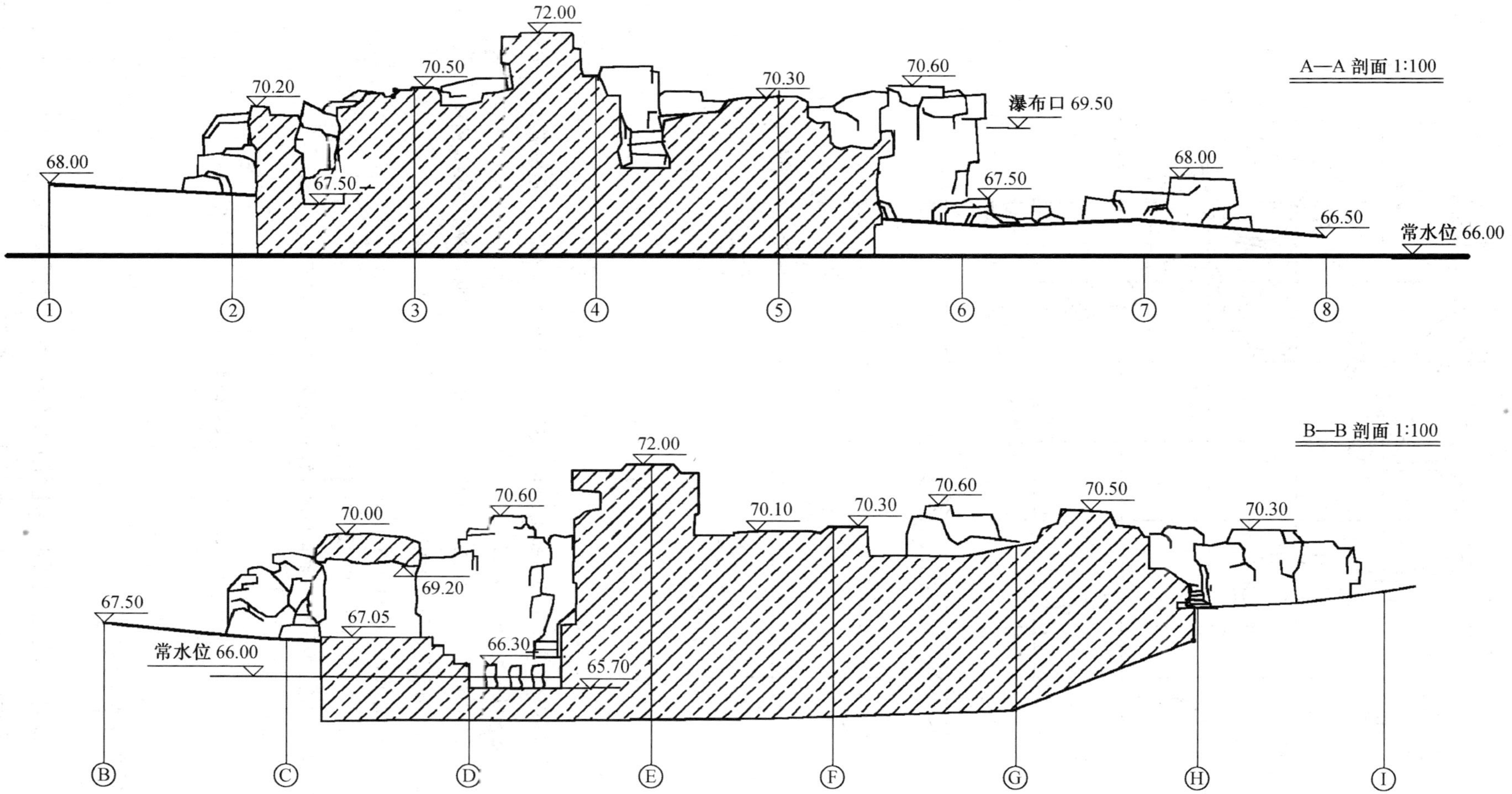

A—A 剖面 1:100
68.00
70.20
67.50
70.50
72.00
70.30
70.60
瀑布口 69.50
67.50
68.00
66.50
常水位 66.00
①
②
③
④
⑤
⑥
⑦
⑧
B—B 剖面 1:100
67.50
常水位 66.00
70.00
69.20
67.05
70.60
66.30
72.00
65.70
70.10
70.30
70.60
70.50
70.30
B
C
D
E
F
G
H
I

图 7-11　假山剖面图

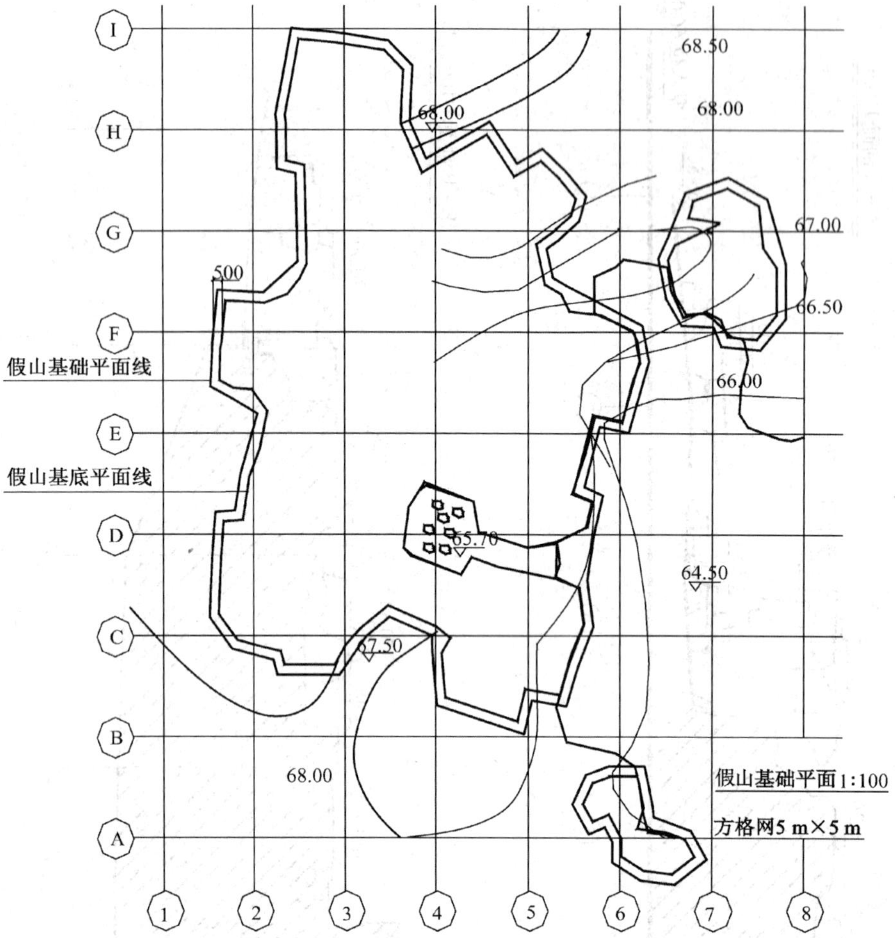

假山设计说明

1. 假山石采用黄石。

2. 假山基础采用 M10 浆砌块石，石料强度≥Mu20，尺寸不小于0.4 m，基础宽出假山基石 0.5 m。

3. 假山基石从地面以下 0.3 m 开始砌筑。

4. 假山山体部分采用黄石，1∶2 水泥砂浆砌筑，并适当留出凹穴、孔洞，以减轻假山重量和便于假山绿化。

5. 假山采用 1∶1 水泥砂浆加适量铁黄粉勾平缝，形成假山自然纹理。

6. 零星山石布置做法同假山，基础埋深 0.5 m。

7. 假山占地 461 m^2，石材 7 468 t(其中普通石材、黄石各一半)。

8. 假山、水池基础应挖至原状土，基底标高现为暂定，视现场开挖情况调整。

9. 方格网 5 m×5 m。

图 7-12　假山基础平面图

7.3.2　绘制方法和要求

①绘制标题栏及说明。标题栏及说明中注写工程名称、材料和技术要求。

②绘制平面图。平面图中注写和绘制了比例尺、方位、轴线编号、假山在总平面图中的位置、平面形状和大小及其周围地形等。

③绘制立面图。立面图绘制了山体各部的立面形状及其高度。

④绘制剖面图。根据平面图的剖切位置、轴线编号,阅读和绘制断面形状、结构形式、材料、做法及各部高度。

⑤绘制基础平面图和基础剖面图。阅读和绘制基础平面形状、大小、结构、材料、做法等。

7.4 园林水景工程图

园林中的水景工程,一类是利用天然水源(河流、湖泊)和现状地形修建的较大型水面工程,如驳岸、码头等;更多的是在街头游园内人工修建的小型水面工程,如喷水池、种植池、盆景池等。

7.4.1 喷水池工程施工图

喷水池工程施工图通常包括:表达喷泉造型的外观立面图,如图 7-13 所示;表达喷水池各组成部分的位置、形状、大小尺寸和周围环境的平面图,如图 7-14 所示。

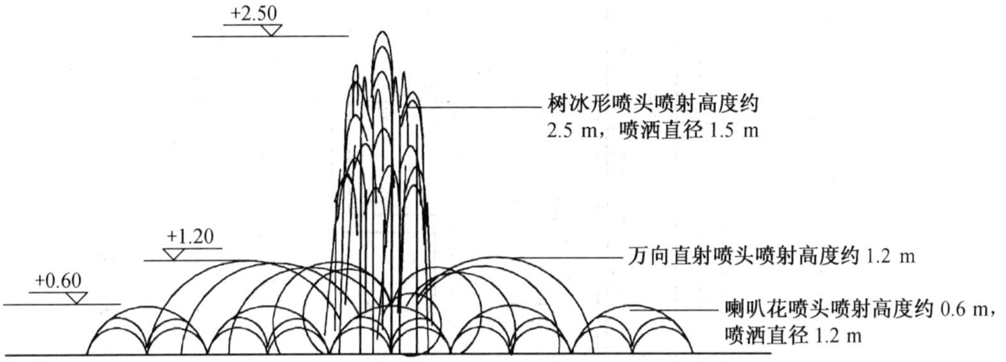

图 7-13 喷泉立面图示例

剖面图表达了池底或池壁的结构布置、各层材料、配筋情况、各部分尺寸和施工要求,如图 7-15 所示。

7.4.2 驳岸工程施工图

驳岸工程施工图包括驳岸平面图和断面详图。驳岸平面图表示驳岸线(即水体边界线)的位置和形状。对构造不同的驳岸应进行分段(分段线为细实线,应与驳岸垂直),并逐段标注详图索引符号。

由于驳岸线平面形状多为自然曲线,无法标注各部尺寸,为了便于施工,一般采用方格网控制。方格网的轴线编号应与总平面图相符。

详图表示某一区段驳岸的构造、尺寸、材料、做法要求及主要部位标高(岸顶、常水位、最高水位、最低水位、基础底面)。

由图 7-16 可见,该水池驳岸自然曲折(方格网:5 m×5 m),驳岸工程共划分 5 个区段,分为五种构造类型。通过详图索引符号,进一步见断面详图,如图 7-17 至图 7-20 所示。其中①号和②号详图为卵石驳岸,③号和④号详图为自然石驳岸。详图分别表达了组成该水池驳岸的构造、尺寸、材料、做法要求及主要部位标高等。

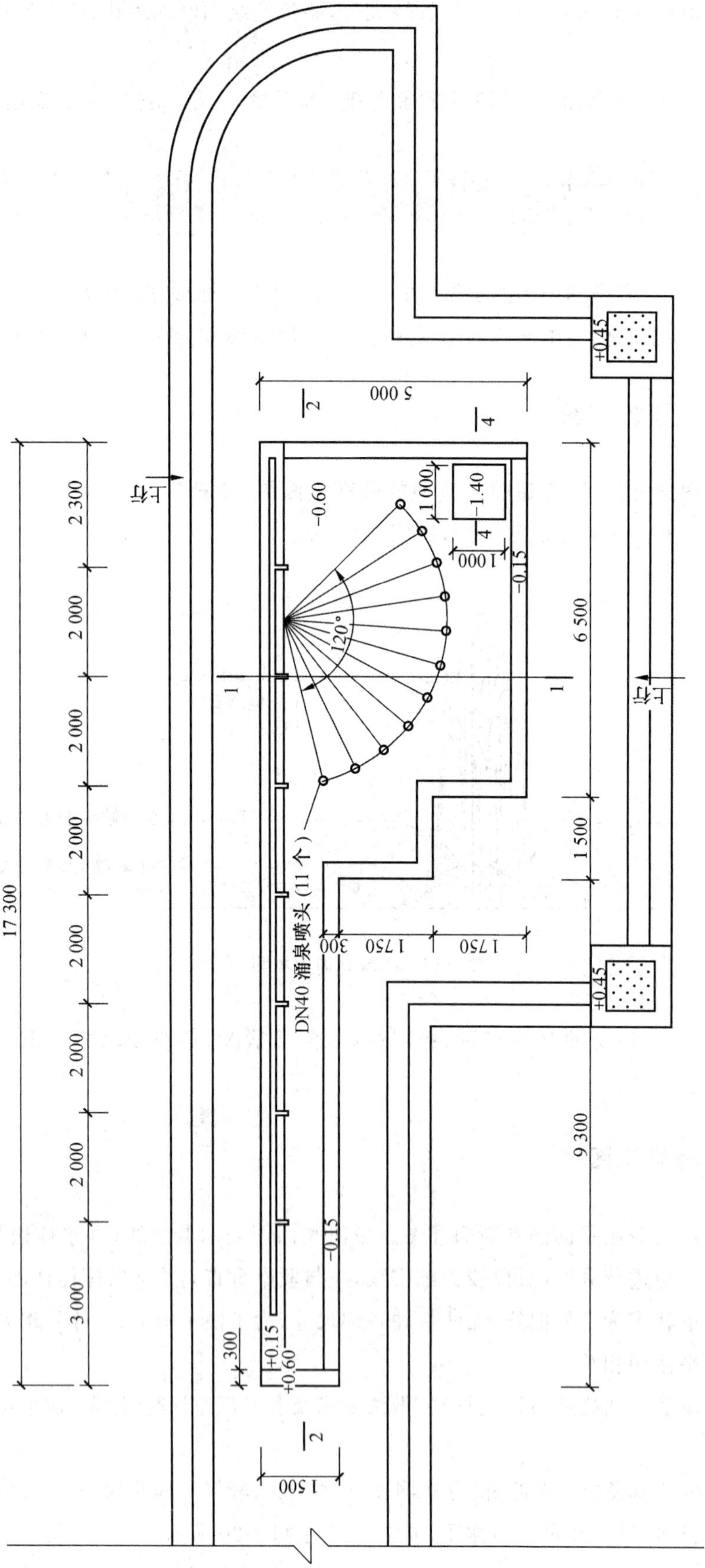

图 7-14　跌水喷泉平面大样图

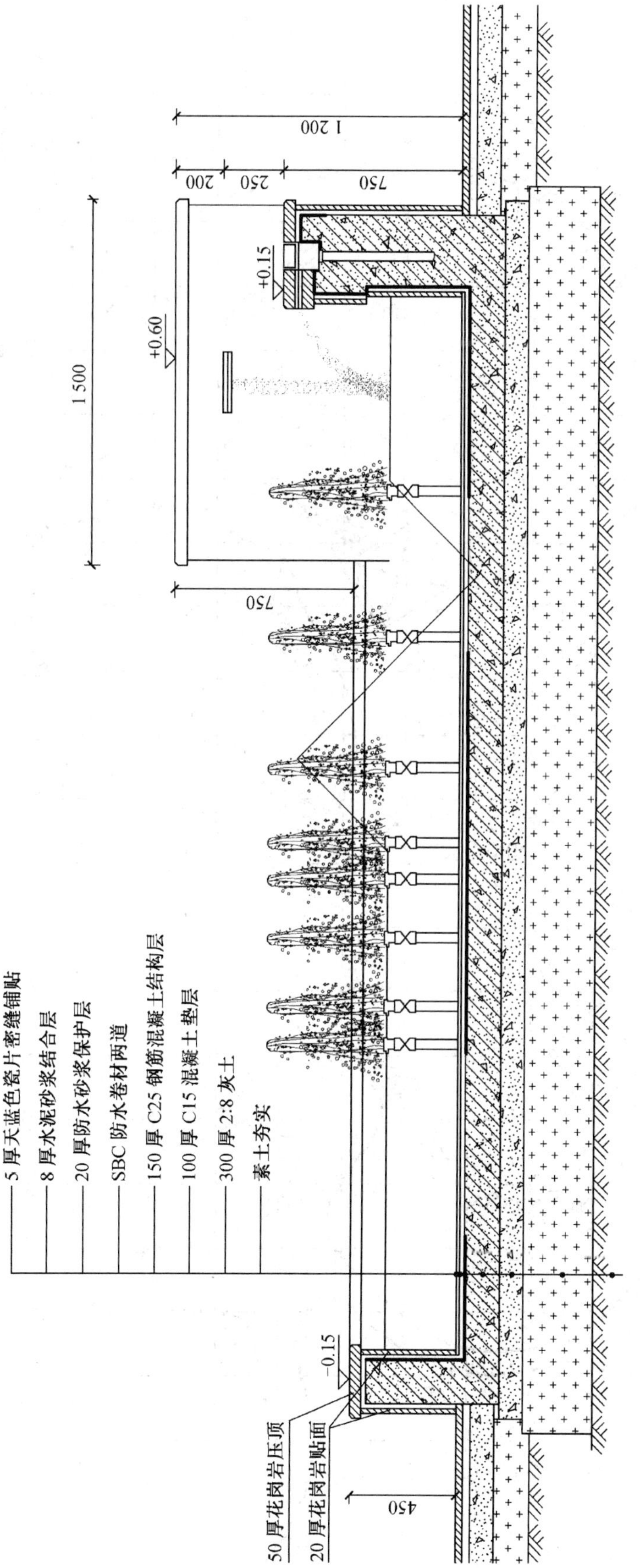

图 7-15　跌水喷泉 1-1 剖面结构图

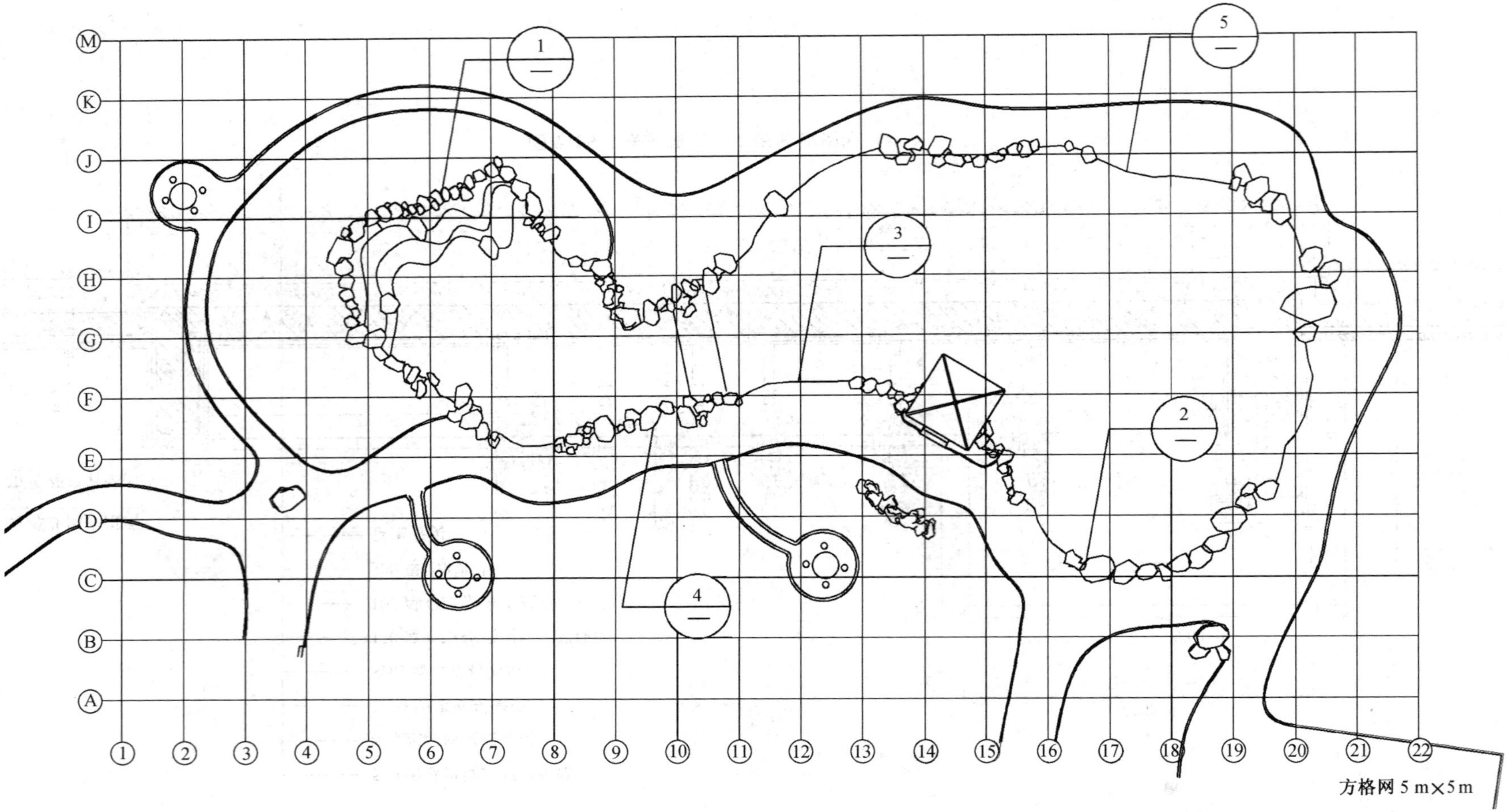

图 7-16　水池驳岸平面图示例

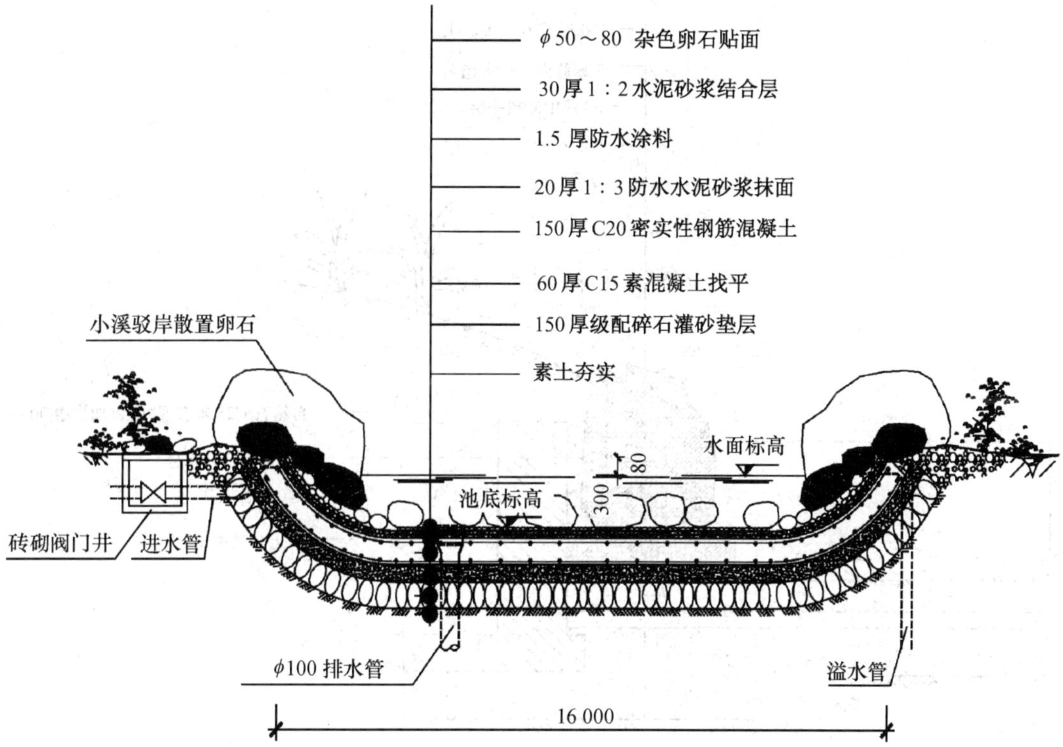

图 7-17 ①卵石驳岸断面详图示例

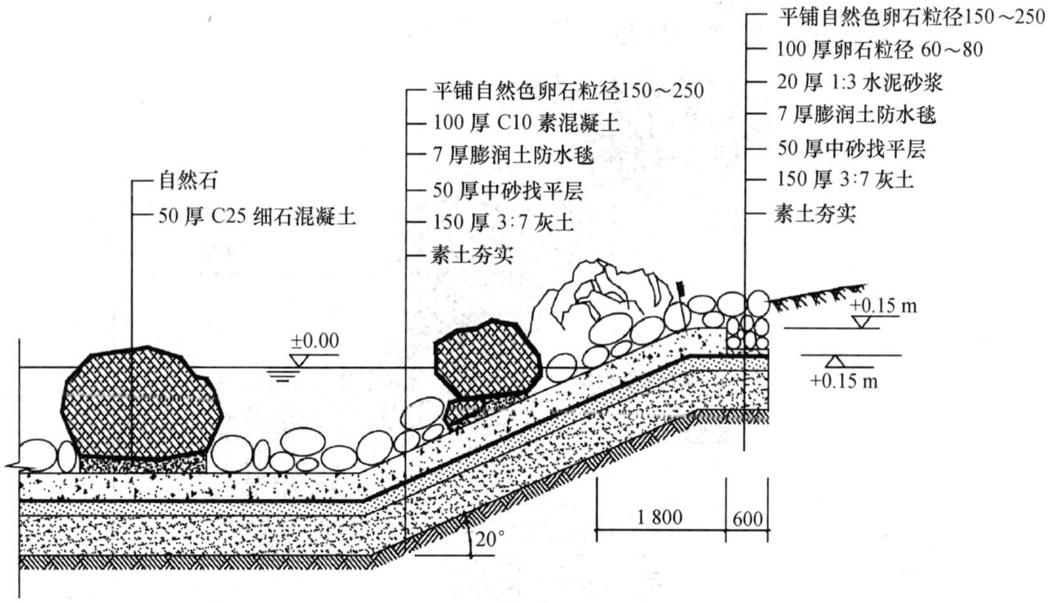

图 7-18 ②卵石驳岸断面详图示例

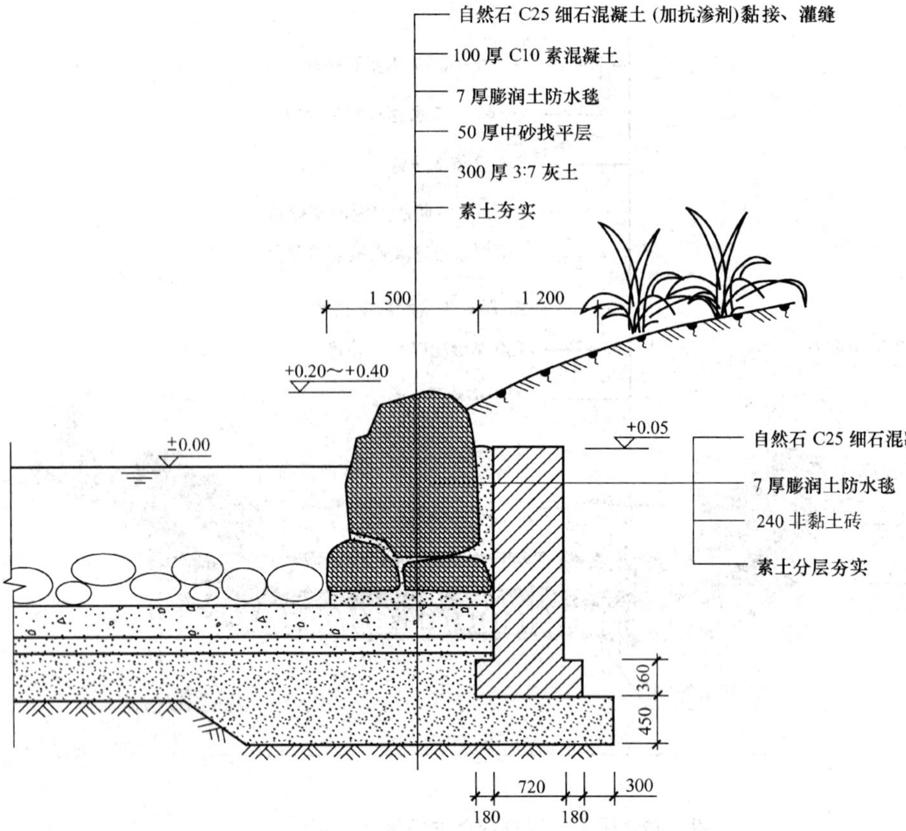

图 7-19 ③自然石驳岸断面详图示例

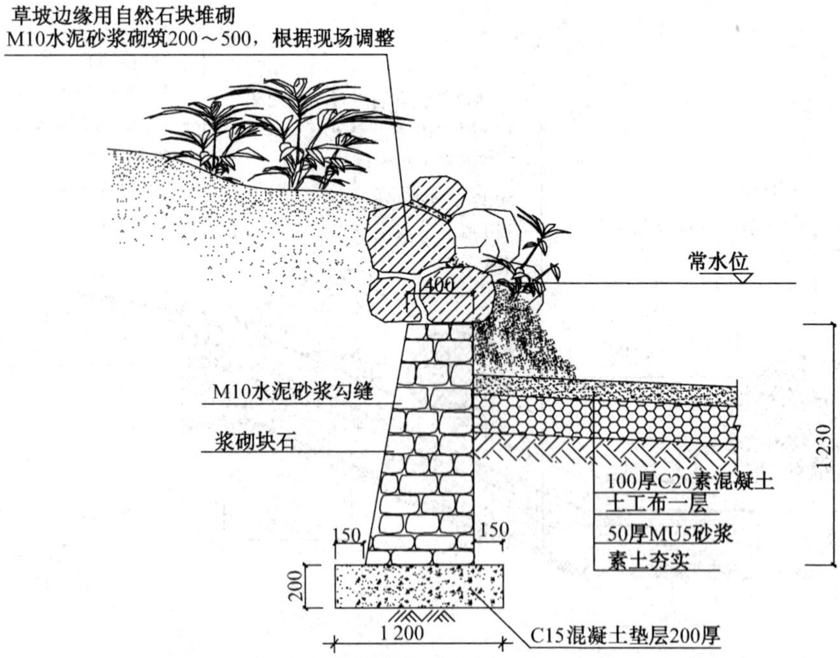

图 7-20 ④自然石驳岸断面详图示例

7.5 园林建筑工程施工图

园林建筑设计一般要经过初步设计、技术设计和施工设计三个阶段。施工设计阶段的建筑施工图包括建筑平面图、建筑立面图、建筑剖面图及建筑详图。建筑施工图应反映出建筑物各部形状、构造、大小及做法，它是建筑施工的重要依据。因此，只有读懂建筑施工图，才能正确地指导施工。

下面以花架为例，说明建筑施工图的阅读方法(图 7-21 至图 7-24)。

这种花架是先立柱，再沿柱子排列的方向布置梁，在两排梁上垂直于柱的方向设间距较小的枋，一端向外挑出悬臂。从平面图中了解平面形状和大小，轴间尺寸，柱的布置及断面形状。由立面图和侧立面详图可以明确花架的外貌形状、构造情况、施工方法及主要部位标高。由节点详图可见柱、梁、枋之间的连接方法(基础详图见第 8 章内容)。

7.6 技能训练

1. 竖向设计图绘制。参考附录Ⅱ园林制图案例中竖向设计图，进行自己所在校园或居住区环境的竖向设计。

2. 铺装设计图绘制。参考附录Ⅱ园林制图案例中铺装设计图，进行自己所在校园或居住区道路或广场的铺装设计。

3. 假山水景工程施工图绘制。临摹附录Ⅱ园林制图案例中置石、假山和水景工程施工图并用文字描述。

4. 绘制花架施工图，参见图 7-21 至图 7-24。

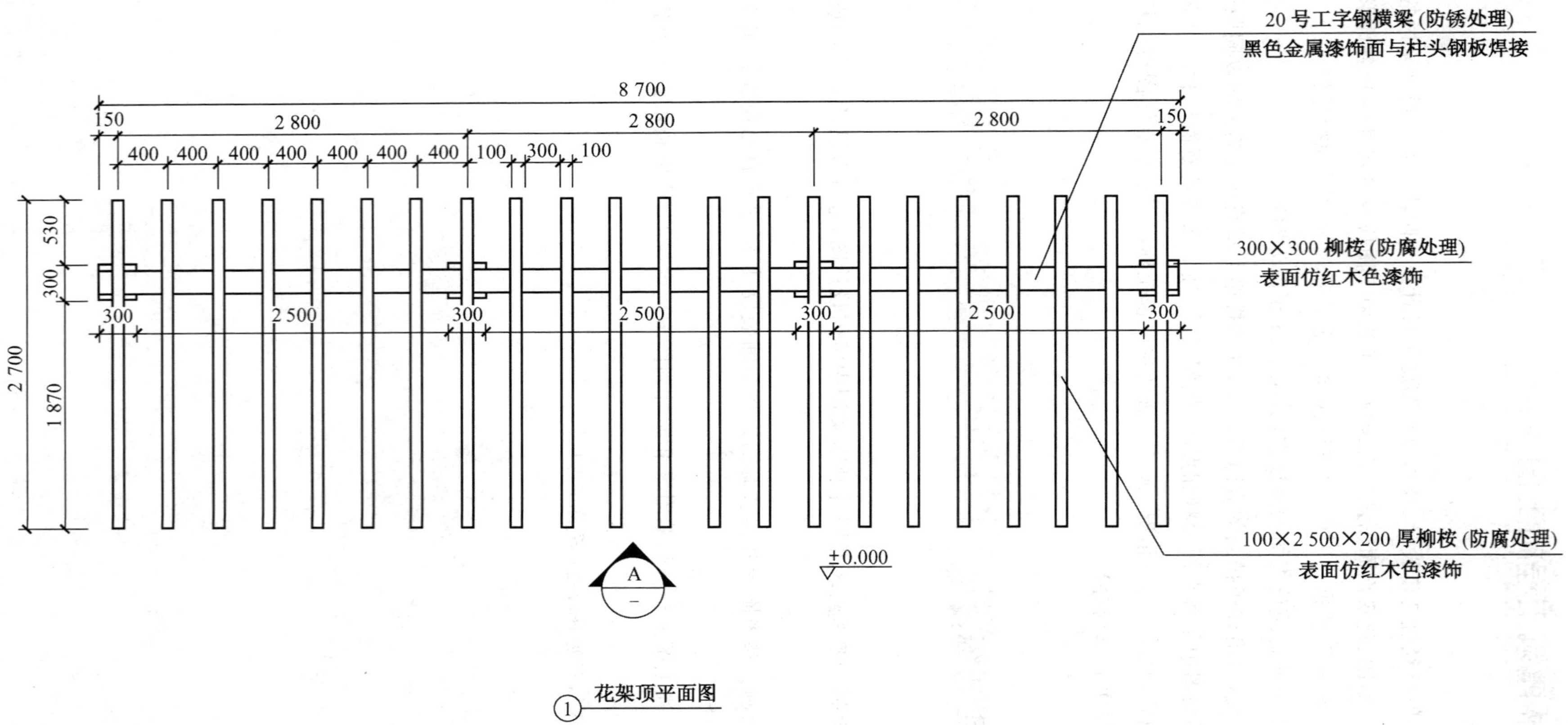
20 号工字钢横梁 (防锈处理)
黑色金属漆饰面与柱头钢板焊接
8 700
150
2 800
2 800
2 800
150
400
400
400
400
400
400
400
100
300
100
530
300
2 700
1 870
300
2 500
300
2 500
300
2 500
300
300×300 柳桉 (防腐处理)
表面仿红木色漆饰
100×2 500×200 厚柳桉 (防腐处理)
表面仿红木色漆饰
A
±0.000
1 花架顶平面图

图 7-21　花架顶平面图

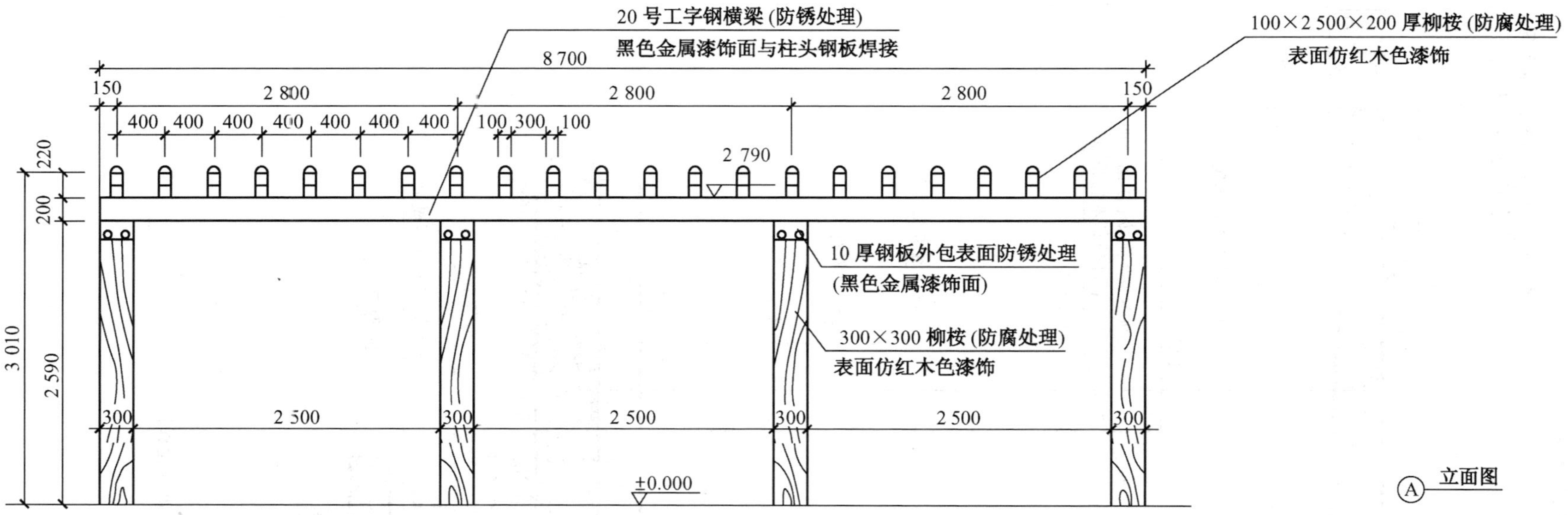

图 7-22　A 立面图

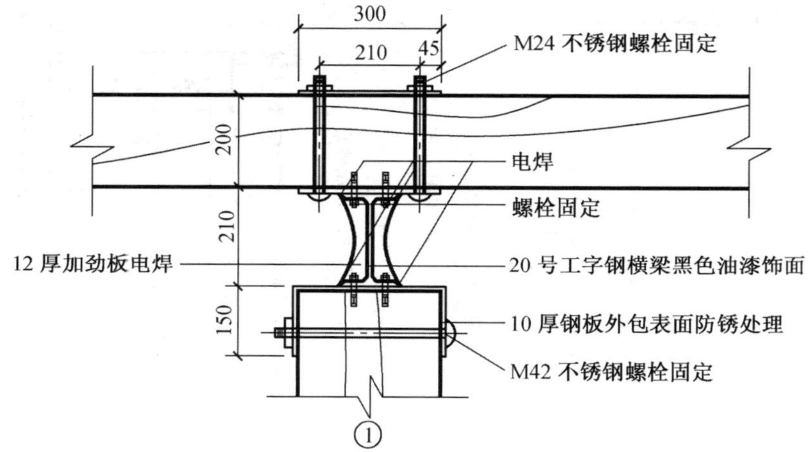

图 7-23　节点详图

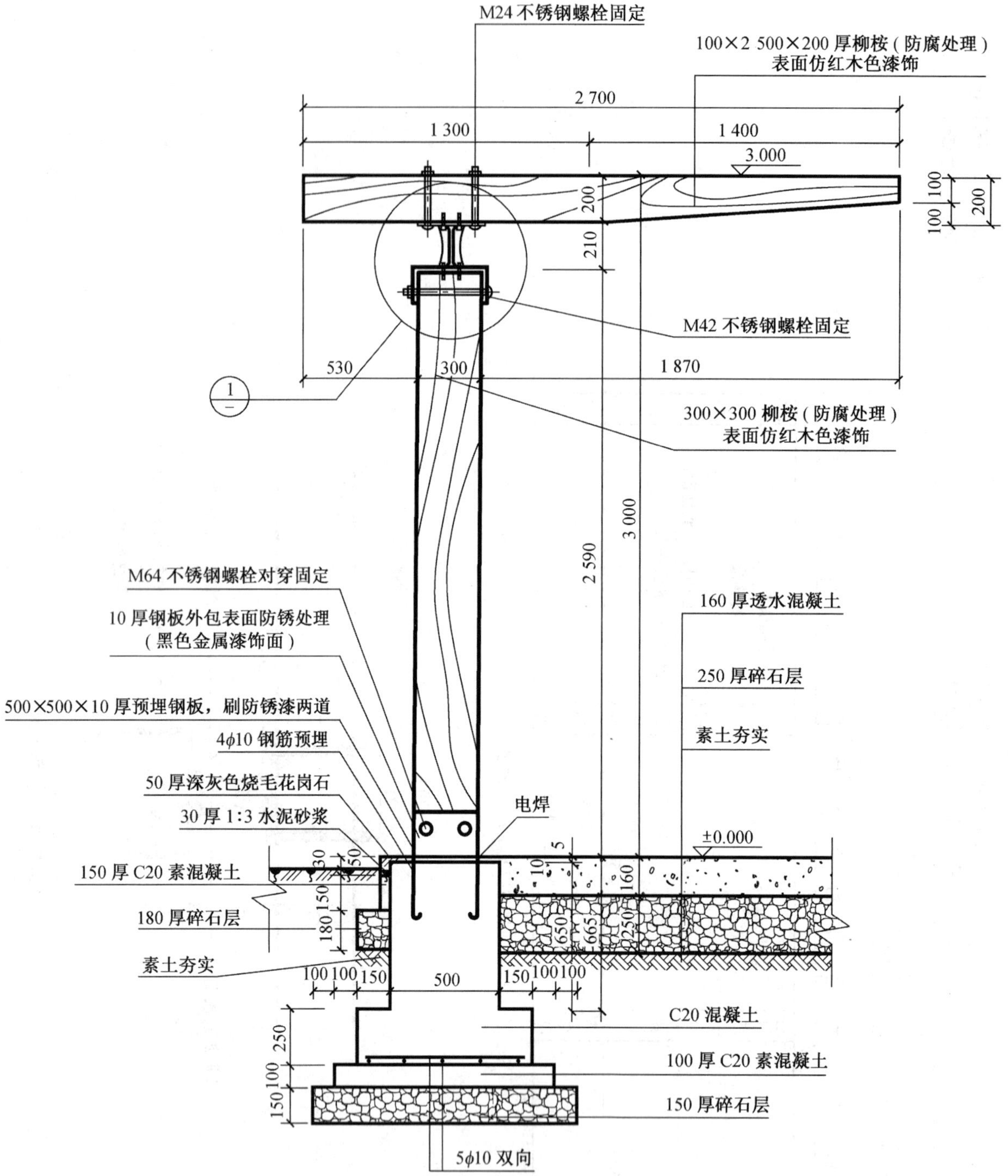

说明：花架基础底面应进入 1 层黏性土不少于 100。如遇软弱土，应将软弱土铲除，用中粗砂换填，分层夯实。

图 7-24　花架立柱侧立面详图

Chapter 8

第8章

结构和设备施工图识读

学习目标

掌握给排水、电气施工图的组成和特点；

能正确识读建筑物基础施工图和给排水工程施工图；

能正确识读电气工程施工图。

8.1 结构施工图

结构施工图是关于承重构件(如基础、墙、柱、梁、板、屋架)的布置，使用的材料、形状、大小及内部构造的工程图样，是承重构件以及其他受力构件施工的依据。结构施工图还必须同时满足建筑、水、暖、电等专业对结构的要求。

8.1.1 结构施工图的基本知识

1. 混凝土、钢筋混凝土、预应力钢筋混凝土

混凝土是由水泥、砂、石子和水按一定比例混合搅拌，经过振捣密实和养护凝固后而成的坚硬如石的人工石材。混凝土的抗压强度较高，但抗拉强度较低，因此混凝土很容易开裂。为了提高混凝土构件的抗拉能力，常在混凝土构件的受拉区内配置一定数量的钢筋。这种由混凝土和钢筋两种材料共同构成整体的构件，叫钢筋混凝土构件。此外，为了提高构件的抗拉和抗裂性能，有的构件通过张拉钢筋对混凝土施加一定的压力，这种构件叫预应力钢筋混凝土构件。

2. 混凝土强度等级

混凝土强度等级分为 C7.5、C10、C15、C20、C25、C30、C35、C40、C45、C50、C55、C60 等 12 级。

3. 钢筋的类型和符号

钢筋按其强度和品种分成不同的类型，并分别用不同的直径符号表示。

Ⅰ级钢筋(3 号光圆钢筋)——Φ

Ⅱ级钢筋(16 锰人字纹钢筋)——Φ

Ⅲ级钢筋(25 锰硅人字纹钢筋)——Φ

Ⅳ级钢筋(44 锰 2 硅圆或螺纹钢筋)——Φ

Ⅴ级钢筋(螺纹钢筋)——Φ^t

Ⅰ级和Ⅱ级钢筋常用于普通混凝土构件。Ⅲ级和Ⅳ级钢筋及高强钢丝用于预应力钢筋混凝土构件。

4. 钢筋的名称和作用

如图 8-1 所示，配置在钢筋混凝土构件中的钢筋，按其作用可分为：

(1)受力筋(主筋)　是构件中主要的受力钢筋，承受拉力的钢筋，叫受拉筋。在梁、柱等构件中有时还需配置承受压力的钢筋，叫受压筋[图 8-1(a)]。

(2)箍筋　一般用于梁、柱中[图 8-1(a)]，是构件中承受剪力和扭力的钢筋，同时用来固定纵向钢筋的位置。

(3)架立筋　用来固定梁内钢筋的位置，与受力筋构成钢筋骨架[图 8-1(a)]。

(4)分布筋　用于板内[图 8-1(b)]，其方向与板内受力筋垂直，与受力筋一起构成钢筋的骨架。

因构件的构造要求和施工安装需要配置的钢筋称为构造筋。如腰筋、拉钩、拉接筋等。架立筋和分布筋也属于构造筋。

5. 钢筋的弯钩及保护层

为了加强钢筋与混凝土的锚固力，防止钢筋在受力时滑动，Ⅰ级钢筋(表面光圆钢筋)两端要做成弯钩。弯钩的形式有半圆形弯钩、直角弯钩等。而采用Ⅱ级或Ⅱ级以上钢筋(表面带突纹的钢筋)，则钢筋的两端不做弯钩。

为了保护钢筋和保证钢筋与混凝土的黏结力，钢筋的外皮至构件表面应保持的距离叫做保护层。按规定钢筋混凝土构件保护层的最小厚度是：梁、柱的受力筋保护层为 25 mm，箍筋和构造筋保护层为 15 mm；墙和板厚度大于 100 mm 时保护层为 15 mm，小于和等于 100 mm 时保护层为 10 mm。基础的

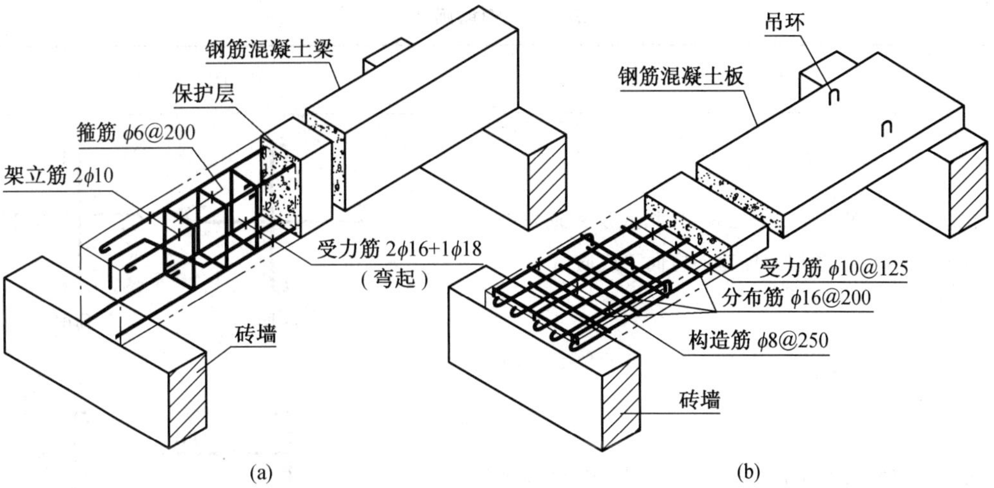

图 8-1　钢筋配置

受力筋保护层厚度有垫层时为 35 mm，无垫层时为70 mm。

6. 常用构件代号

在结构施工图中，为了简明扼要地表示钢筋混凝土构件，需用代号标注。在《建筑结构制图标准》中将各种构件的代号作了具体规定（表 8-1）。

表 8-1　构件代号

名称	代号	名称	代号	名称	代号	名称	代号
板	B	梁	L	屋架	WJ	梯	T
屋面板	WB	屋面梁	WL	支架	ZJ	雨篷	YB
空心板	KB	圈梁	QL	框架	KJ	阳台	YT
槽形板	CB	过梁	GL	钢架	GJ	桩	ZH
楼梯板	TB	联系梁	LL	檩条	LT	预埋件	M
盖板	GB	基础梁	JL	柱	Z	钢筋网	W
檐口板	YB	楼梯梁	TL	基础	JC	天沟板	TGB

注：预应力钢筋混凝土构件代号，应在构件代号前加注“Y—”，如 Y—KB 为预应力空心板。

7. 钢筋混凝土构件图例图示方法

（1）钢筋的表示　在平面图中，钢筋的表示应符合表 8-2 的规定。钢筋的画法应符合表 8-3 规定。

表 8-2　钢筋图例

序号	名　　称	图　　例	说　　明
1	钢筋横断面	●	
2	无弯钩的钢筋端部		下图表示长、短钢筋投影重叠时可在短钢筋的端部用 45°短画线表示
3	带半圆形弯钩的钢筋端部		
4	带直钩的钢筋端部		
5	带丝扣的钢筋端部		
6	无弯钩的钢筋搭接		
7	带半圆形弯钩的钢筋搭接		
8	带直钩的钢筋搭接		
9	套管接头（花兰螺丝）		

表 8-3　钢筋画法

序号	说　明	图　例
1	在结构平面图中配置双层钢筋时，底层钢筋弯钩应向上或向左，顶层钢筋弯钩应向下或向右	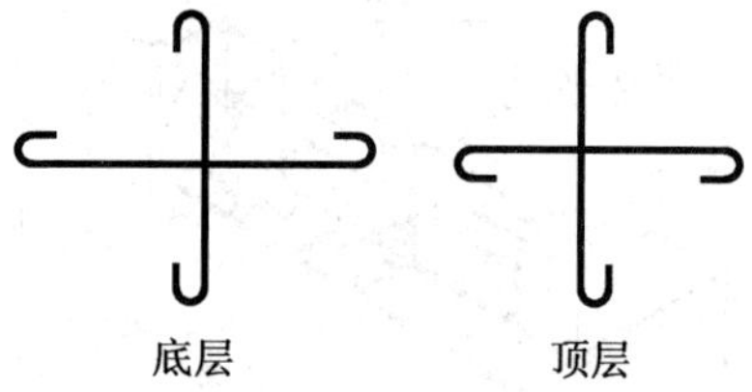
2	配置双层钢筋的墙体，在配筋立面图中，远面钢筋的弯钩应向上或向左，而近面钢筋的弯钩应向下或向右(JM 近面；YM 远面)	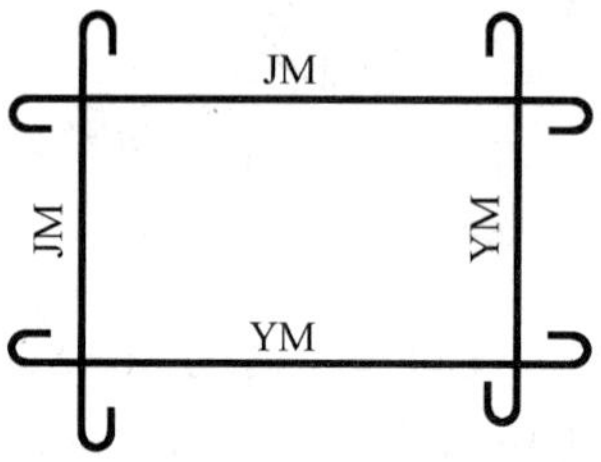
3	若在断面图中不能表示清楚钢筋布置，应在断面图外面增加钢筋大样图	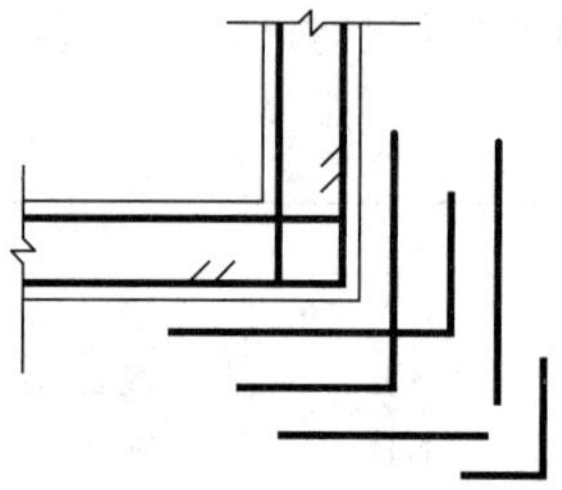
4	图中所表示的钢箍筋、环筋等若布置复杂时，可加画钢筋大样和说明	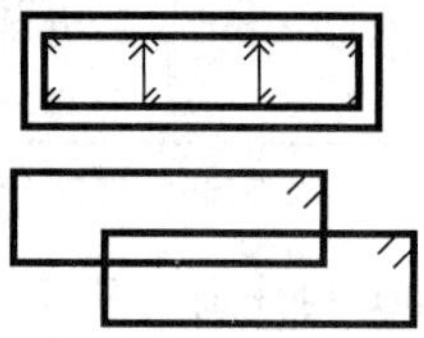

(2)配筋图　为表达钢筋混凝土构件内部钢筋的配置情况，可将混凝土构件假定为透明体。这种主要表示构件内部钢筋布置的图样，叫配筋图。图 8-2 是钢筋混凝土简支梁的配筋图。配筋图通常由立面图(或平面图)和断面图组成。立面图中钢筋用粗实线表示，断面图中剖到的钢筋画成黑圆点，未剖到的钢筋仍用粗实线表示，而构件轮廓线用中粗(或细实)线表示。

钢筋的形状在配筋图中一般已表达清楚。如果在配筋比较复杂、钢筋重叠无法看清时，应在配筋图外另增加钢筋详图(又称钢筋简图)。钢筋详图应按照钢筋在立面中的位置由上而下，用同一比例排列在梁的下方，并与相应的钢筋对齐。为了便于编造施工预算，统计用料，对配筋复杂的梁还要列出钢筋表。钢筋表的内容见表 8-4。

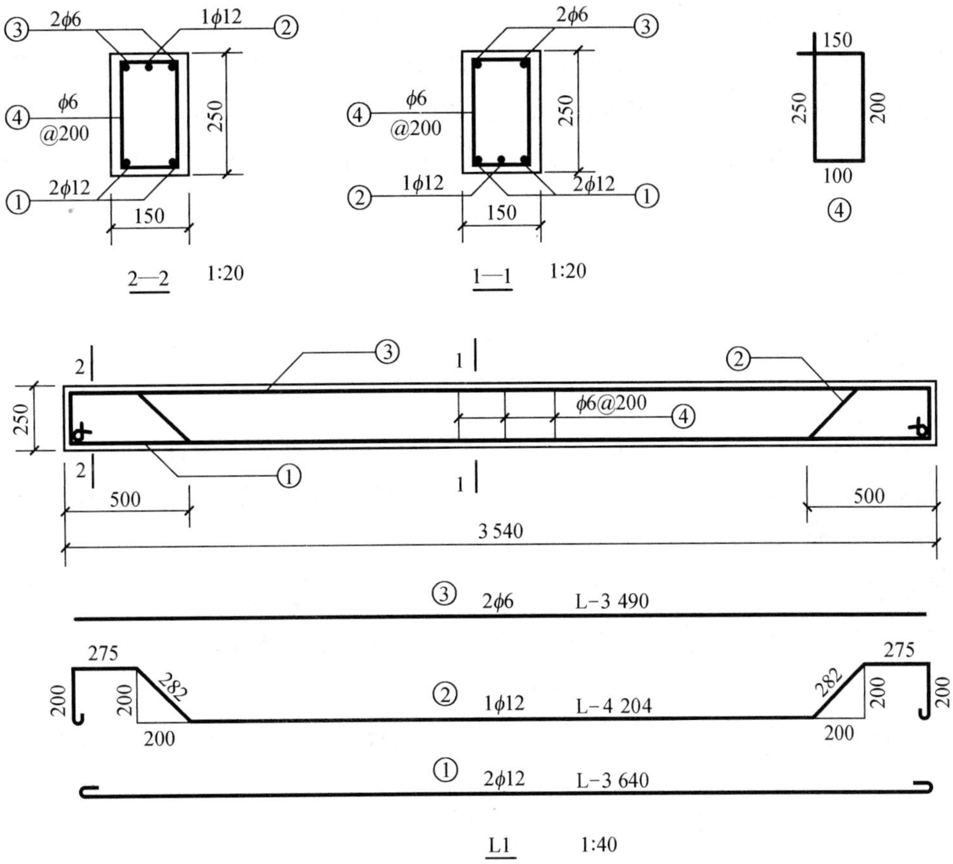

图 8-2 钢筋混凝土简支梁的配筋图

表 8-4 钢筋表

构件名称	构件数	钢筋编号	钢筋规格	简 图	长度/mm	每件支数	总支数	重量累计/kg
L1	1	1	ϕ 12		3 640	2	2	7.41
		2	ϕ 12		4 204	1	1	4.45
		3	ϕ 6		3 490	2	2	1.55
		4	ϕ 6		700	18	18	2.80

(3)钢筋的标注法　在配筋图中要标出钢筋的等级、数量、长度和间距等(图 8-3)。

2 Φ 18
钢筋直径
钢筋等级及直径符号
钢筋根数

2 Φ 18
表示两根，Ⅱ级钢筋，
直径是 18 mm

ϕ 6 @ 200
中心距尺寸
相等中心间距符号
钢筋直径
钢筋等级及直径符号

ϕ 6@200
表示直径为 6 mm 的Ⅰ级钢筋，
其中心间距是 200 mm

图 8-3 钢筋的标注法

钢筋混凝土构件的表示方法是假想混凝土是透明体，浇注在构件内的钢筋就可以清楚的显现它的形状、数量、位置和尺寸大小。配筋图通常由立面图（或平面图）和断面图组成。立面图中钢筋用粗实线表示，断面图中剖到的钢筋画成黑圆点，未剖到的钢筋仍用粗实线表示，而构件轮廓线用中粗（或细实）线表示。在配筋图中要标出钢筋的等级、数量、长度和中心间距等。一般要列出构件的钢筋明细表。

8.1.2 基础图

基础是建筑物或构筑物的地下承重部分，它直接承受建筑物上部传来的各种荷载并把它传给地基。基础图是表示建筑物室内地面以下（相对标高±0.000）基础部分的平面布置、类型和详细构造的图样。它是施工时放线、开挖基坑和进行基础施工的依据。

1. 基础平面图

基础平面图是表示基础施工完成后，基槽未回填土时基础平面布置的图样。它是采用剖切在相对标高±0.000下方的一个水平剖面图来表示的，如图8-4所示。

在基础平面图中，只要画出基础墙、柱及它们基础底面的轮廓线即可，大放脚的轮廓线可以省略不画。

基础墙和柱是剖切到的轮廓线，应画成粗实线。基础底的轮廓线（基底宽度）是投影得到的可见轮廓线，应画成细实线。如有基础梁，则用粗实线表示出它的中心位置。

基础平面图应标出与建筑平面图相一致的定位轴线编号和轴线尺寸。在基础平面图中标注尺寸时，图外要注出定位轴线间尺寸及总尺寸；墙内注出墙厚、基底宽度等尺寸。

不同类型的基础、柱应用代号J1、J2、Z1、Z2……形式表示。

2. 基础详图

基础详图是用较大的比例画出的基础局部构造图，除画出基础的断面图或剖面图外，还要画出基础的平面图或立面图。

图8-5是柱基础的详图。从图中可以看出，该详图由平面图和剖面图组成，它全面反映了柱子基础的具体构造。

3. 花架柱脚连接节点结构详图阅读实例

从图8-6中可以看出，柱地基采用素土夯实，上铺设150厚碎石和150厚C15混凝土垫层。柱基础配筋配八根直径为12 mm的Ⅱ级钢筋，即8 Φ12，箍筋用的是直径8 mm的Ⅰ级钢筋，每隔200 mm设置一箍筋，即ϕ8@200，基础顶部用一块长、宽均为400 mm，厚为14 mm的钢板盖顶，下面以埋弧焊的方式与4根500 mm长直径为16的H型钢焊接，即4ϕ16L500，H型钢筋以直角弯钩的方式与下端钢筋搭接。采用C30混凝土浇灌柱基础主体。

花架柱采用的是防腐木材质，柱子下端用10 mm厚的不锈钢铆包裹并用不锈钢螺栓贯穿木柱固定。

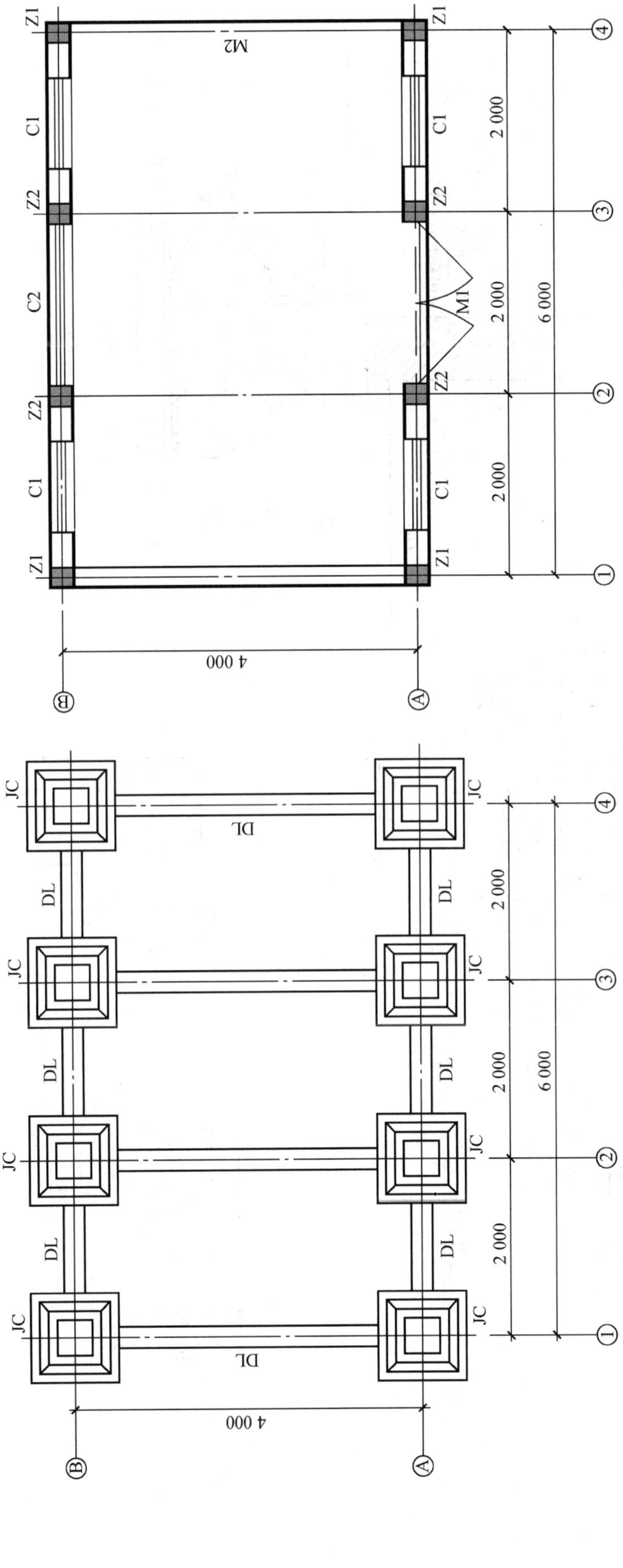

图 8-4　基础和底层平面图

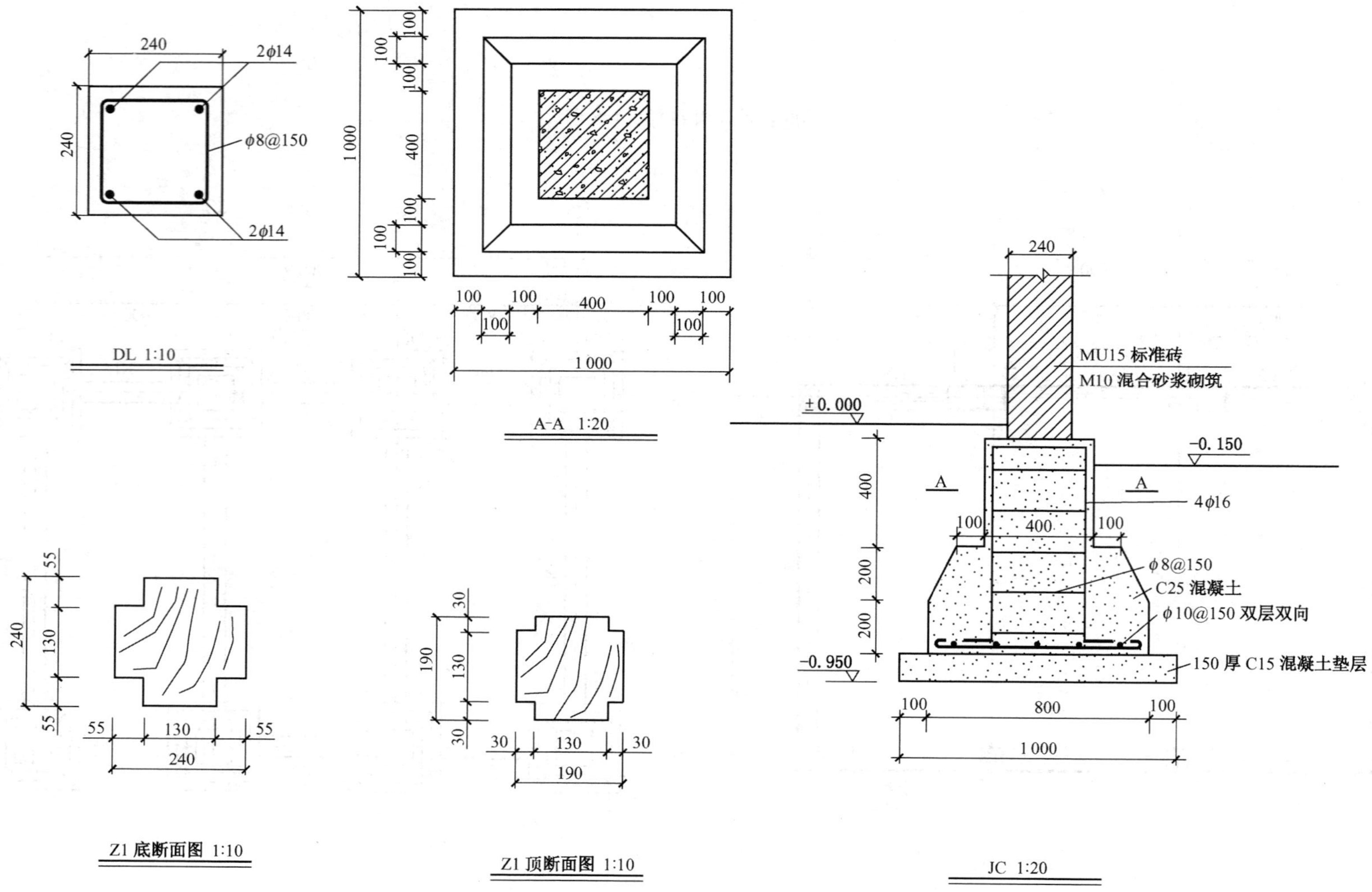
240
2ϕ14
ϕ8@150
2ϕ14
DL 1:10
A-A 1:20
1 000
MU15 标准砖
M10 混合砂浆砌筑
±0.000
-0.150
4ϕ16
ϕ8@150
C25 混凝土
ϕ10@150 双层双向
-0.950
150 厚 C15 混凝土垫层
Z1 底断面图 1:10
Z1 顶断面图 1:10
JC 1:20

图 8-5 基础详图

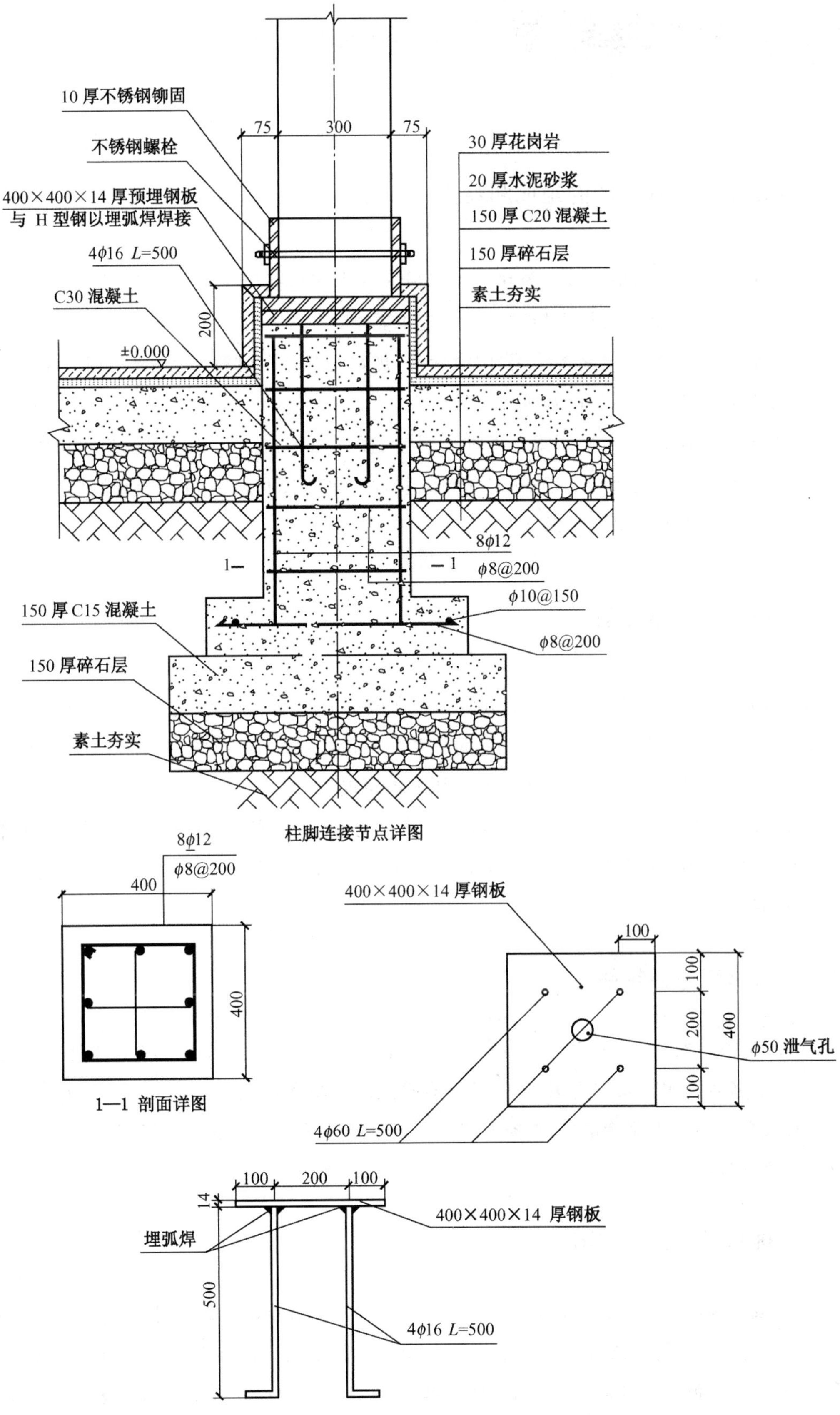

图 8-6　花架柱脚连接节点结构详图

8.2 给排水工程施工图

8.2.1 给排水工程施工图的组成和特点

给排水工程施工图一般都是由基本图和详图组成。基本图包括管道平面布置图、剖面图、系统轴测图、原理图及说明等。详图表示各局部的详细尺寸施工要求。

给排水的设备装置和管道、线路多采用“国家标准”规定的统一图例符号表示。因此，在阅读时，要首先熟悉常用的给排水施工图的图例符号所代表的内容。

给排水管道布置纵横交叉，在平面图上很难表明它们的空间走向，所以常用轴测图投影的方法画出管道系统的立面布置图，用以表明各管道的空间布置状况。这种图称为管道系统轴测图，简称管道系统图。识读时应把系统图和平面图对照识读。

8.2.2 给排水管道平面图

图 8-7 是某环境给排水管道平面图的部分内容。在该平面图中，给水管道的走向是从大管径到小管径(管径计算见园林工程课程)。排水管道的走向则是在各检查井之间沿水流方向从高标到低标高敷设，管径是从小到大(管径、坡降和管底标高计算见园林工程课程)。

图 8-8 是跌水喷泉给排水管道平面图，显示了喷泉水池溢流管、喷泉补水管、排水管、强排管的位置、管径和标高，阀门井、检查井的位置，水池壁、底和地面的标高，还显示了给水主、支管线的标高和连接位置以及喷头布置情况。

8.2.3 给排水管道系统图

系统图是用轴测投影的方法来表示给排水管道系统的上、下层之间，前后、左右之间的空间关系的。在系统图中除注有各管径尺寸及主管编号外，还注有管道的标高和坡度。如图 8-9 所示的跌水喷泉给排水系统图，详细表现了喷泉溢流管道口、排空管道口的标高和管径，潜水泵位置标高，各喷头的标高，主、支管线管径、标高和连接位置。

8.2.4 给排水管道安装详图

给排水管道安装详图，是表明给排水工程中某些设备或管道节点的详细构造与安装要求的大样图。

图 8-10 为该给水引入管穿过基础的施工详图。图样以剖面的方法表明引入管穿越墙基础时，应预留洞口，管道安装好后，洞口空隙内应用油麻、黏土填实，外抹 M5 的水泥砂浆以防止室外雨水渗入。

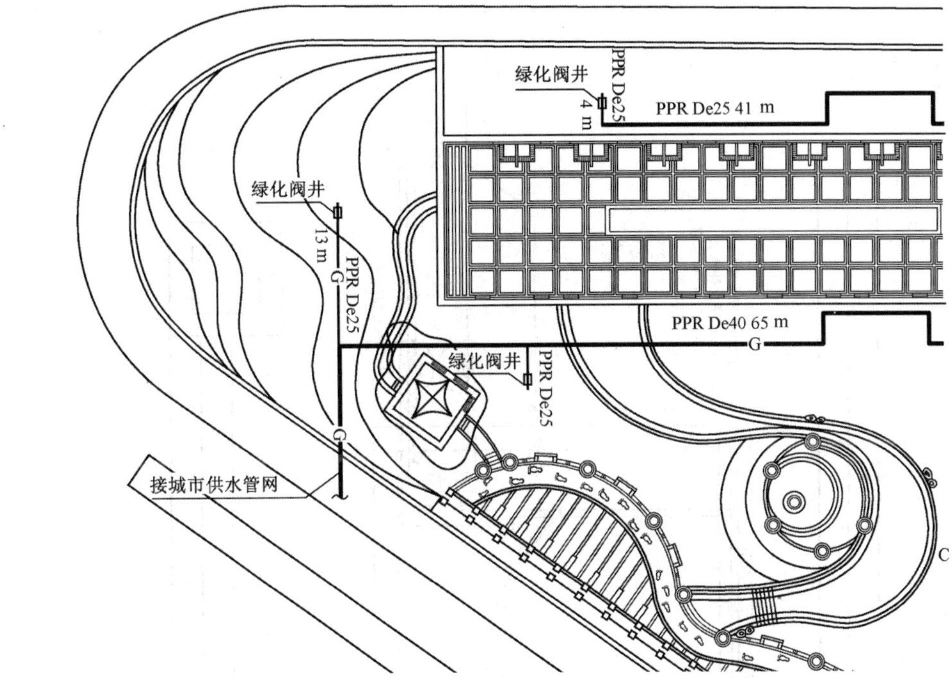

(a)

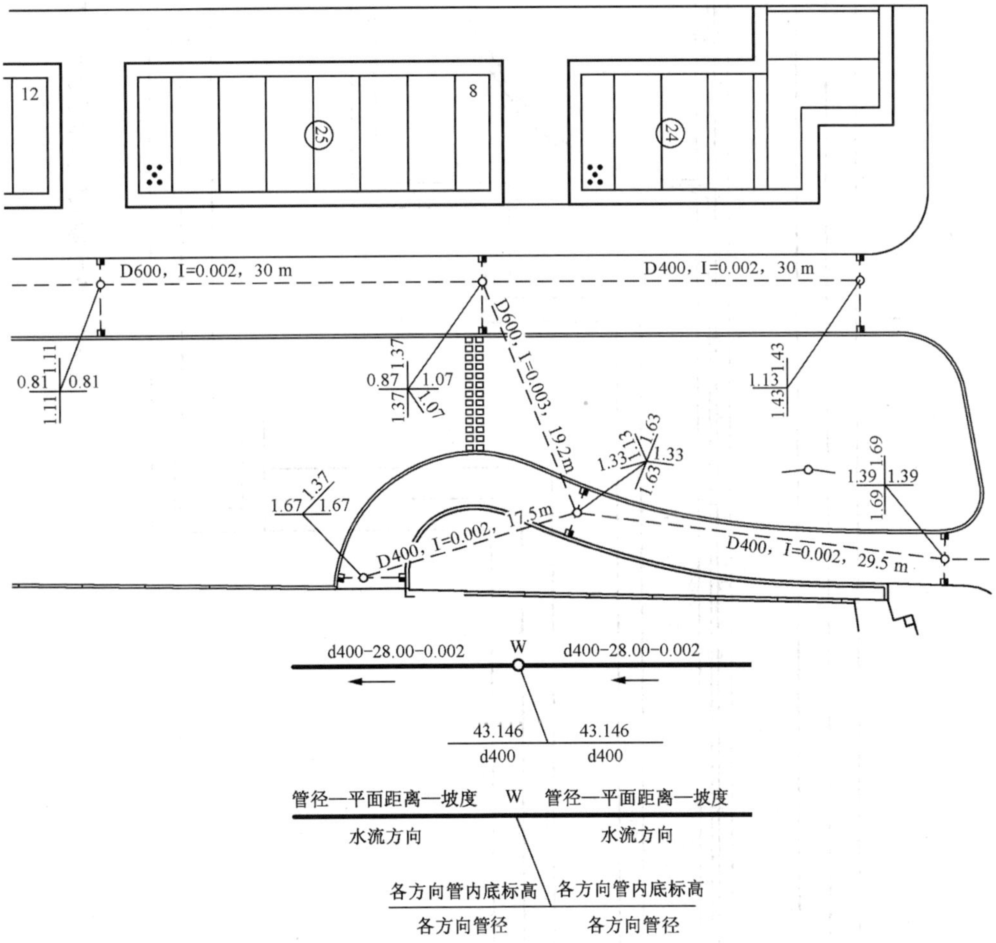

(b)

(a)给水管网；(b)排水管网

图 8-7　给排水管道平面图

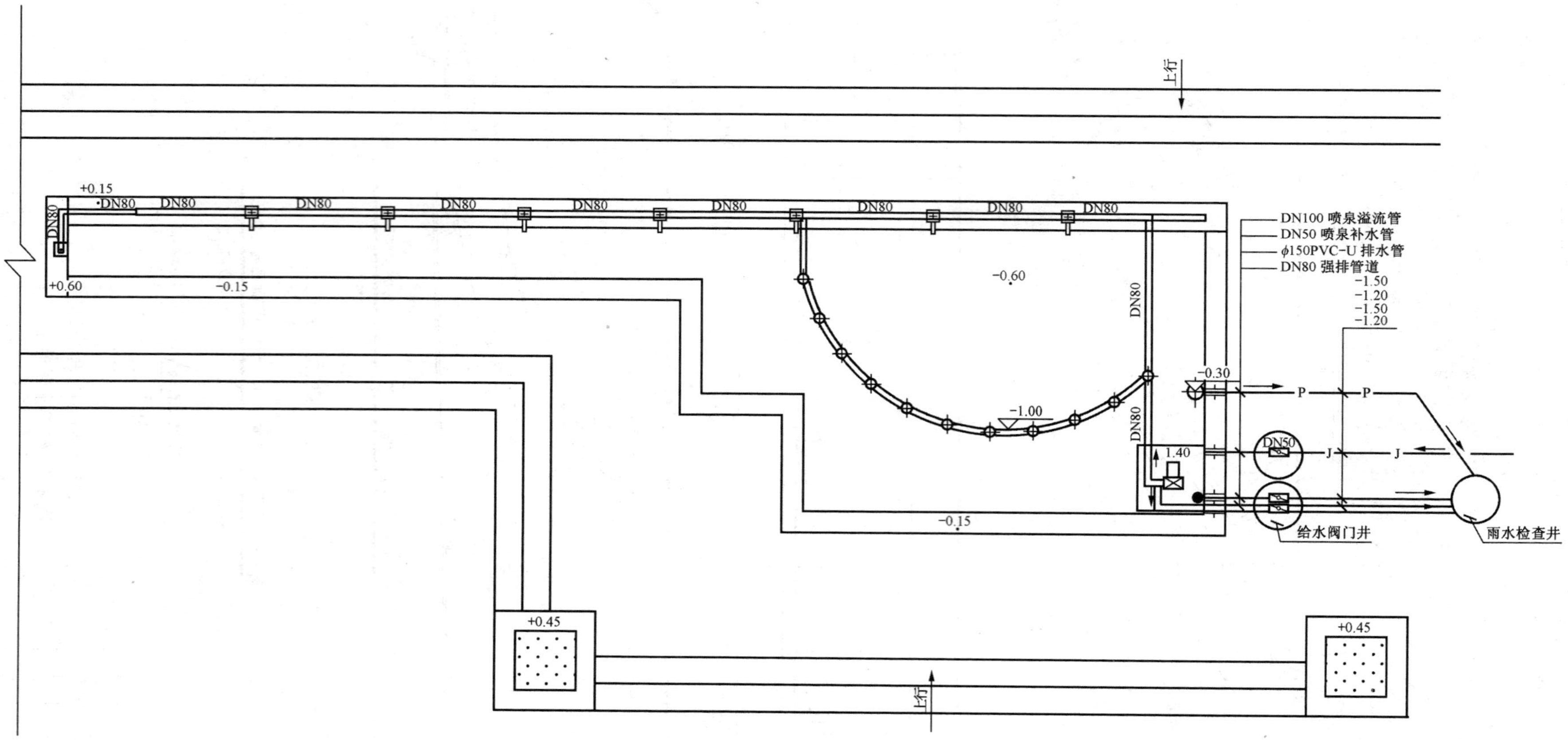

图 8-8　跌水喷泉给排水管道平面图

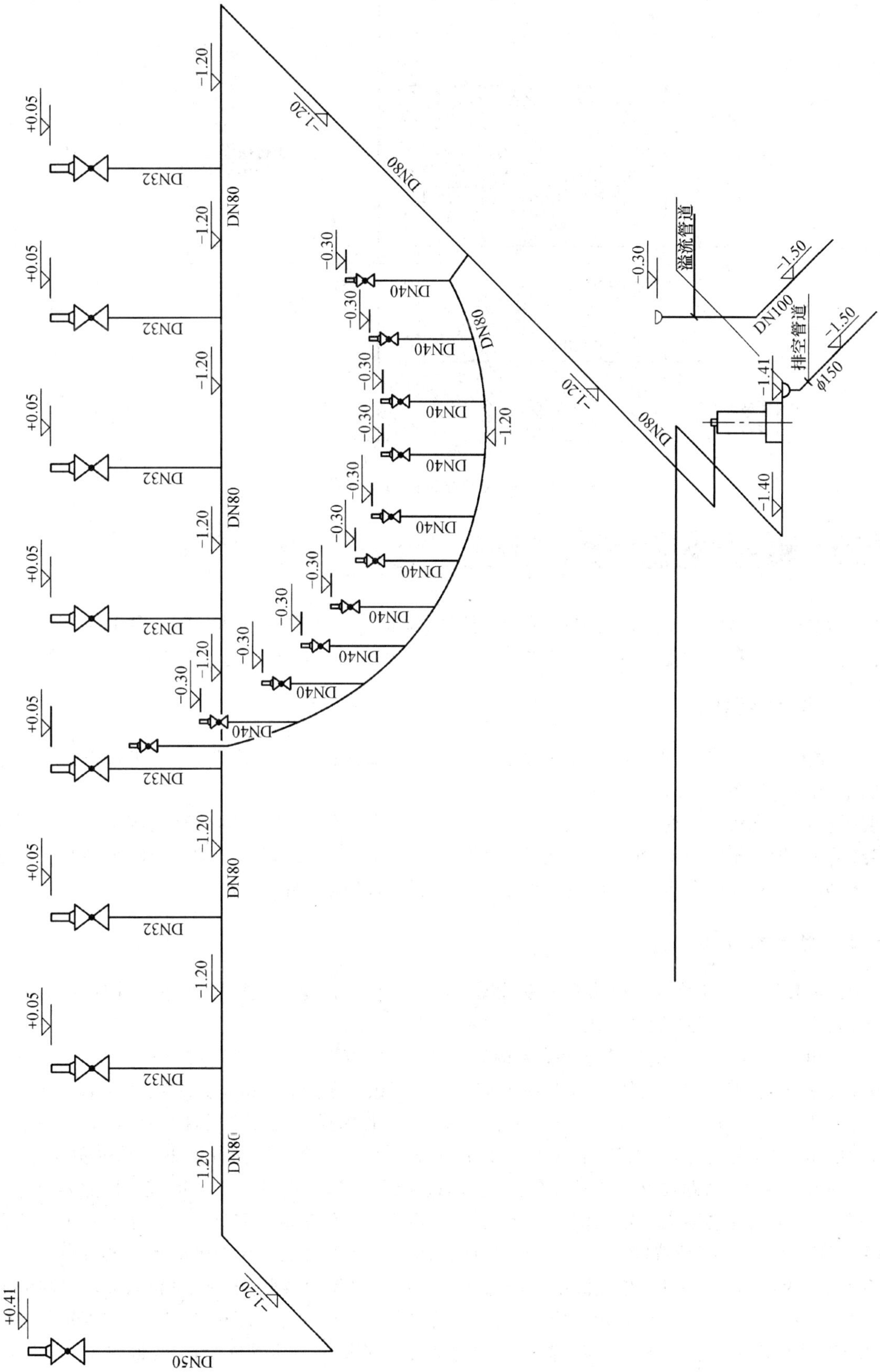

图 8-9 跌水喷泉给排水系统图

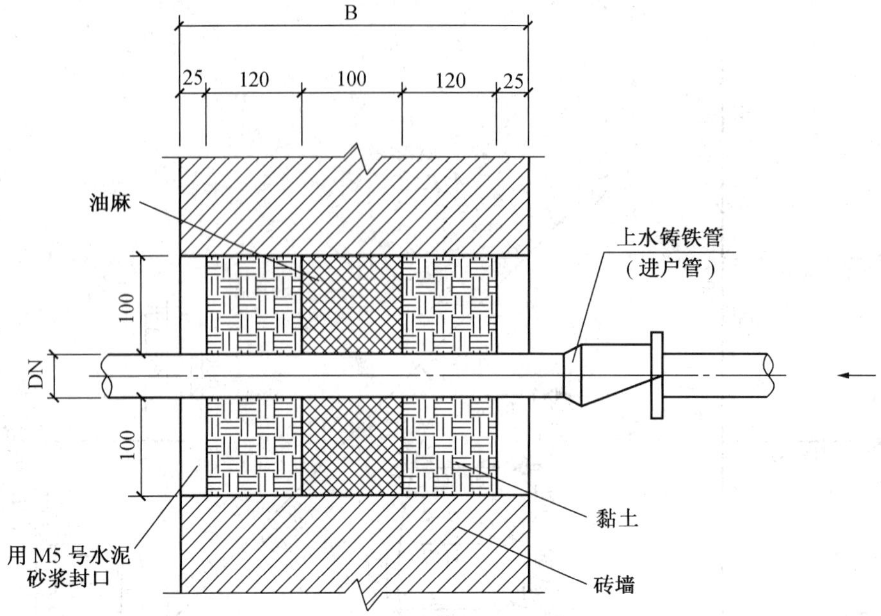

图 8-10　引入管穿过基础安装详图

8.3　电气工程施工图

电气工程施工图是电气施工的主要依据，识别国家颁布的和通用的各种电气元件的图形符号，掌握建筑物内的供电方式和各种配线方式，了解电气工程施工图的组成是进行电气安装施工的前提。

8.3.1　电气平面图

电气平面图是电气安装的重要依据，一般包括变配电平面图、动力平面图、照明平面图、防雷接地平面图及弱电（电话、广播）平面图等。

照明平面图实际就是在建筑施工平面图上绘出的电气照明分布图，图上标有电源实际进线的位置、规格、穿线管径，配电箱的位置，配电线路的走向，干支线的编号、敷设方法，开关、插座、照明器具的种类、型号、规格、安装方式和位置等。如图 8-11 所示，是某居住区环境照明平面图。

8.3.2　电气系统图

图 8-12 是某居住区环境景观照明配电系统图。图中标注了配电系统的主回路和各分支回路的配电装置及用途，开关电器与导线的型号规格、导线的敷设方式、相序等。

在图中，电源进线选用聚氯乙烯绝缘铠装铜芯电缆（型号 VV22-1000 $3\times16\ mm^2+2\times10\ mm^2$），耐压1 000 V，5 芯电缆，长度 70 m，线径：3 芯线为 16 mm^2，其余 2 芯为10 mm^2，其中线径为 16 mm^2 的 3 芯为相线（标注为 L1，L2，L3），其余 1 芯为零线（标注为 N），1 芯为保护线（PE 线，图中的虚线，连接到专用接地线）。配电箱（型号为 E4FC18D）中共安装 1 个总开关和 9 个分支回路断路器。总开关选用 DZX2-60/400 50 三相断路器（断路器又名自动空气开关）作过流保护，额定电流 50 A（60 表示断路器壳架电流，即为该型断路器可选择的最大额定电流，400 代表电压等级，意为三相电路使用）。包括 4 个路灯回路、3 个草坪灯回路和 2 个备用回路等 9 个分支回路均选用 DZX2-60/220（60 表示断路器壳架电流，220 代表电压等级，意为单相电路使用）单相漏电断路器作过流和漏电保护，额定电流（脱扣器电流）见图中的表格（例：脱扣器电流 25 A 30 mA，表示额定电流25 A，漏电保护动作电流 30 mA），各分支回路选用的电缆的型号规格及使用说明同电源进线电缆。需要说明的是，为了保证三相电流平衡，分支回路 1、4、7 接在电源 L1 相，分支回路 2、5、8 接在电源 L2 相，分支回路 3、6、9 接在电源 L3 相。表 1 为图 2 配电系统使用的部分电器设备，其中接地极（镀锌钢管）、接地线（镀锌扁钢）用于制作安装接地装置，导线（BV-500 2.5 mm^2）用作电气设备接地用导线。

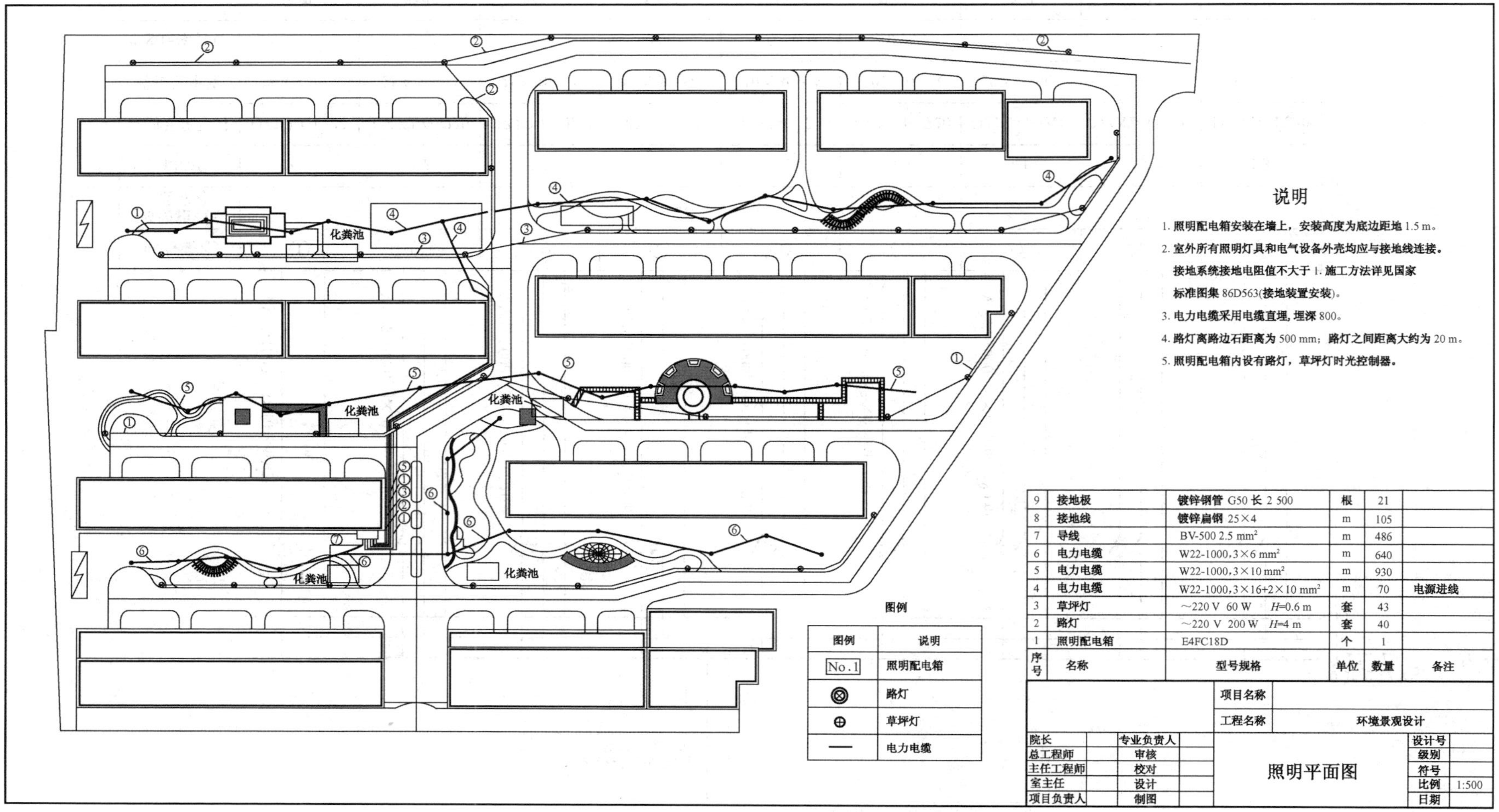

序号	名称	型号规格	单位	数量	备注
9	接地极	镀锌钢管 G50 长 2 500	根	21	
8	接地线	镀锌扁钢 25×4	m	105	
7	导线	BV-500 2.5 mm²	m	486	
6	电力电缆	W22-1000,3×6 mm²	m	640	
5	电力电缆	W22-1000,3×10 mm²	m	930	
4	电力电缆	W22-1000,3×16+2×10 mm²	m	70	电源进线
3	草坪灯	~220 V 60 W H=0.6 m	套	43	
2	路灯	~220 V 200 W H=4 m	套	40	
1	照明配电箱	E4FC18D	个	1	

图 8-11 小区环境照明平面图

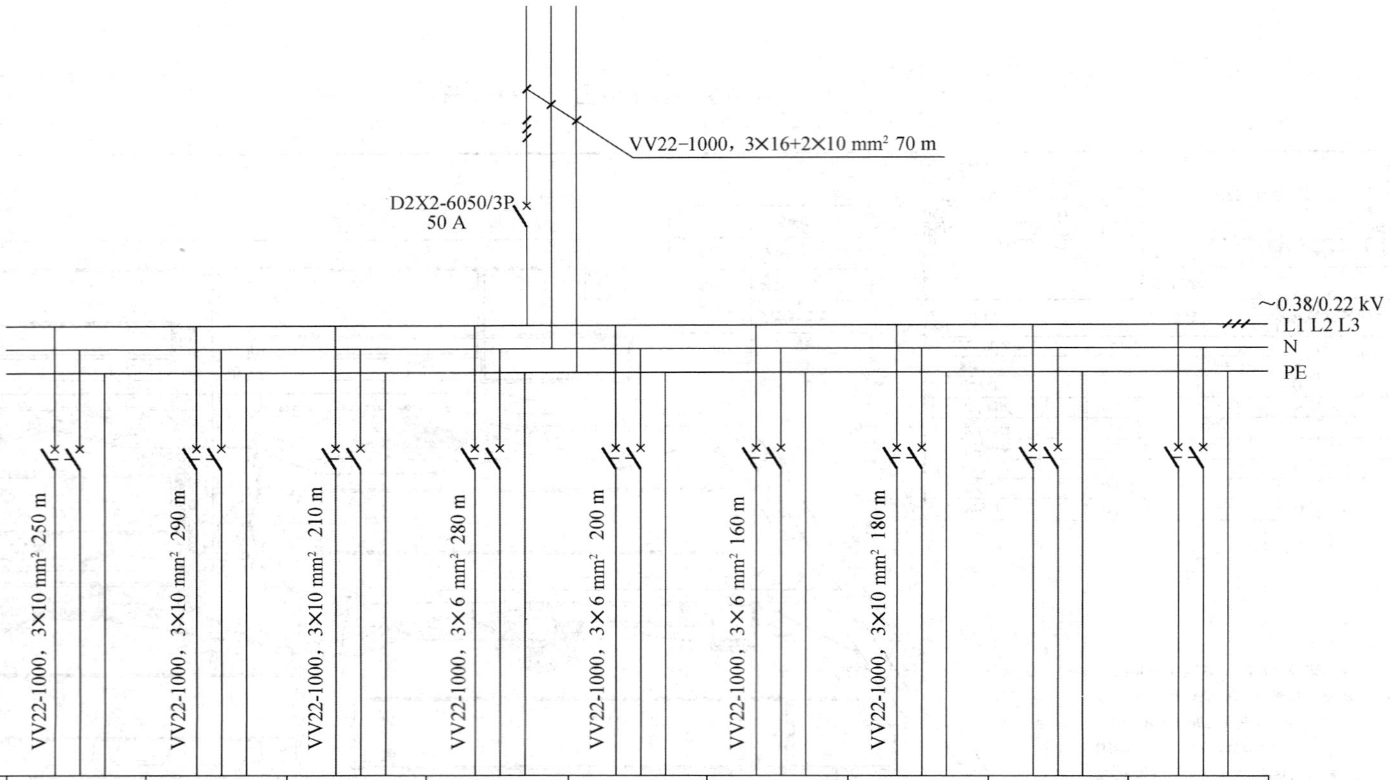

回路编号	①	②	③	④	⑤	⑥	⑦	⑧	⑨
照明箱型号及编号	E4FC18D No.1								
相序	L1	L2	L3	L1	L2	L3	L1	L2	L3
自动开关型号	DZX2-60/220	DZX2-60/220	DZX2-60/220	DZX2-60/220	DZX2-60/220	DZX2-60/220	DZX2-60/220	DZX2-60/220	DZX2-60/220
脱扣器电流	25 A 30 mA	25 A 30 mA	25 A 30 mA	10 A 30 mA	10 A 30 mA	10 A 30 mA	20 A 30 mA	25 A 30 mA	25 A 30 mA
设备功率/kW	2.00	2.20	2.20	0.90	0.78	0.90	1.60		
用途	路灯	路灯	路灯	草坪灯	草坪灯	草坪灯	路灯	备用	备用

图 8-12　电气系统图

8.4 技能训练

1. 阅读附录Ⅱ园林制图案例中园林建筑施工设计图并用文字描述。
2. 阅读附录Ⅱ园林制图案例中园林给排水设计图和园林水景给水管道施工图。

Appendix

附　　录

附录Ⅰ　园林要素色彩表现简介

进行园林要素着色时，应注意色彩变化，如彩图1所示。

附Ⅰ.1　彩色铅笔着色技法

1. 平涂

首先完成黑白稿的绘制，轻轻平涂树例，先从浅色开始平涂过渡，要求涂均匀，尽量不出或少出笔痕，留出树枝不要涂色，如彩图2(a)所示。

2. 加深背光区

在平涂的基础上画出明暗，形成半圆形的背光区，注意色彩的冷暖变化，要根据不同的树例使用不同色彩。加深树枝、树例周围，如彩图2(b)所示。

3. 投影

在完成上述步骤后，再用黑色铅笔描绘树例的轮廓线，使树冠与树叶增加空间感。用黑色铅笔轻轻画出树例的投影，注意投影的虚实过渡，如彩图2(c)所示。

其他园林要素彩色铅笔着色步骤与树例类似，如彩图3至彩图5所示。

附Ⅰ.2　马克笔着色技法

1. 平涂

平涂树例时要从树例轮廓线内侧开始，防止渗色，一定要在线条未干时连续着色，使其融合，如彩图6(a)所示。

2. 加深

平涂完成后，要加深色调，画树例的暗部进行叠加，画出层次，如彩图6(b)所示。

3. 投影

画树例投影用灰色马克笔平涂，用黑色马克笔画投影最深的地方，使得投影过渡协调，如彩图6(c)所示。

4. 注意事项

用黑色马克笔画树例轮廓线时，一定要颜色完全干后再进行，否则，黑色会与其他颜色融合在一起。重复画轮廓线能增加树例之间的空间感。

其他园林要素的马克笔着色步骤与树例类似，如彩图7至彩图9所示。

5. 强调

(1)点画强调　在马克笔平涂完颜色后，用马克笔进行点画处理，形成不同虚实感觉，如彩图10(a)所示。

(2)铅笔强调　用彩色铅笔在马克笔着色的树例上画细部，非常适合表现针叶树例、木板年轮等，如彩图10(b)所示。注意不要在彩色铅笔着色的地方使用马克笔。

附录Ⅱ　园林制图案例

附Ⅱ.1　环境设计总平面图 1

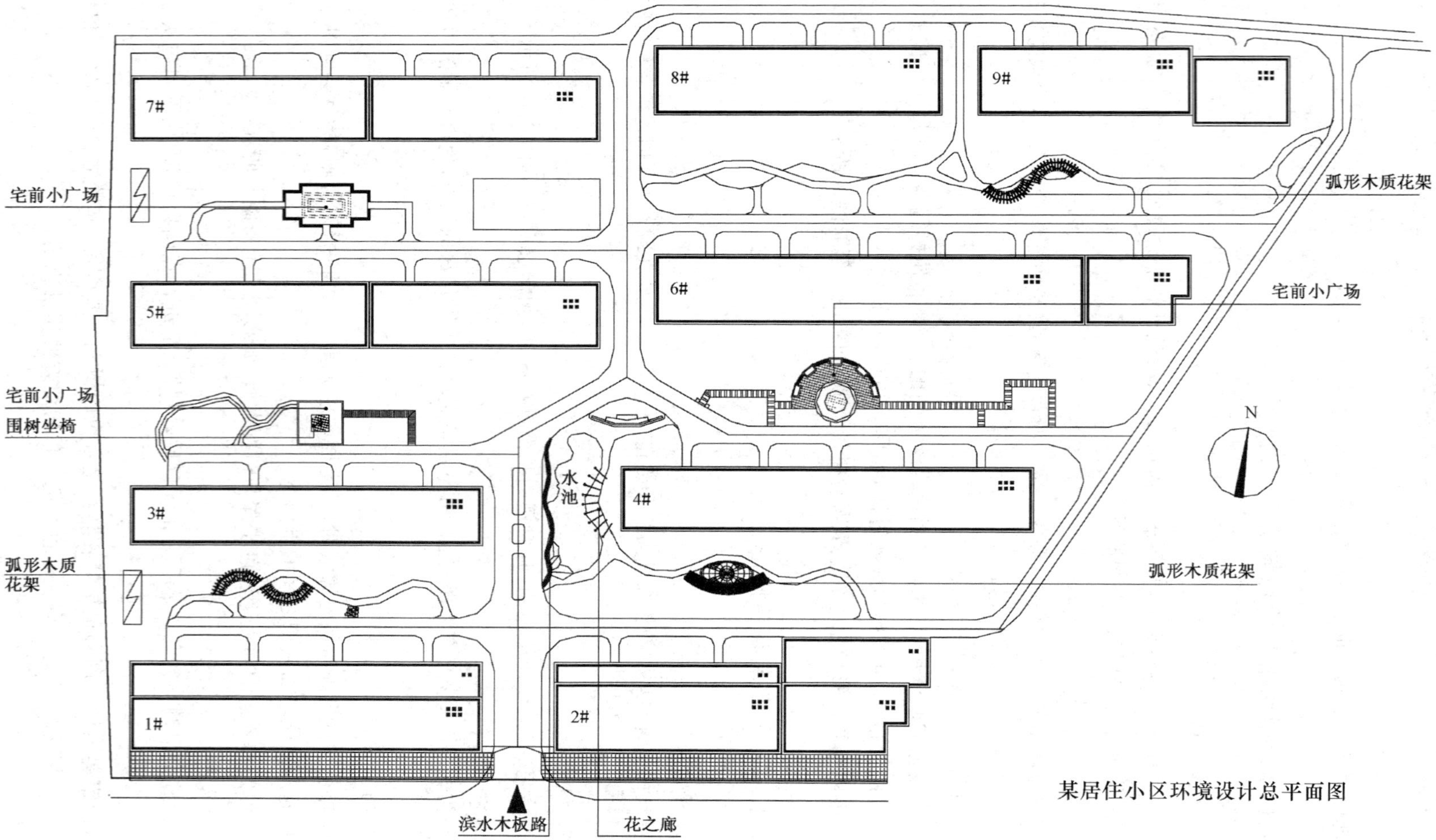

某居住小区环境设计总平面图

附Ⅱ.2 环境设计总平面图 2

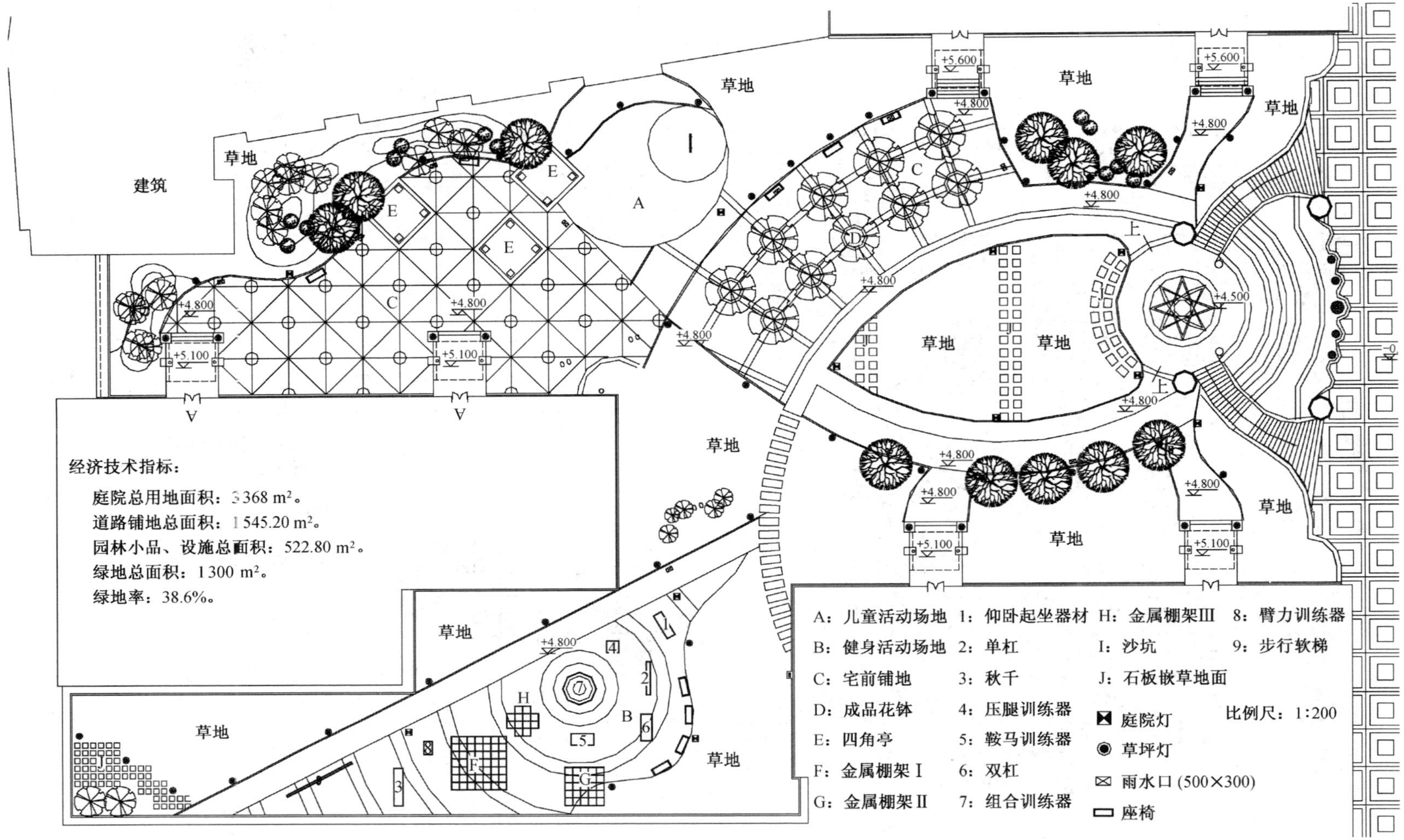

某游园入口环境设计总平面图

附Ⅱ.3 园林种植设计图

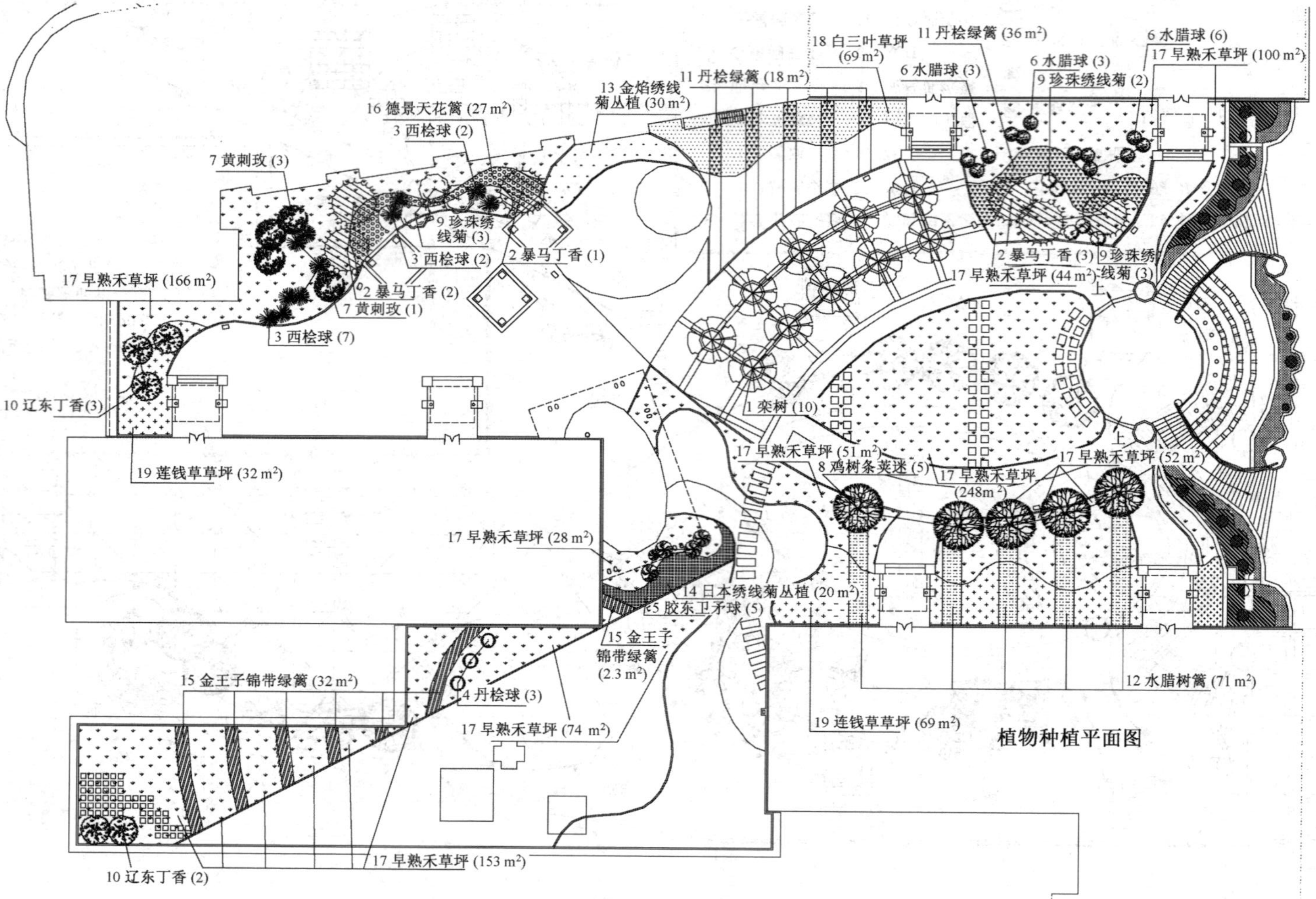

某游园入口种植设计图

附Ⅱ.4　园林竖向设计图

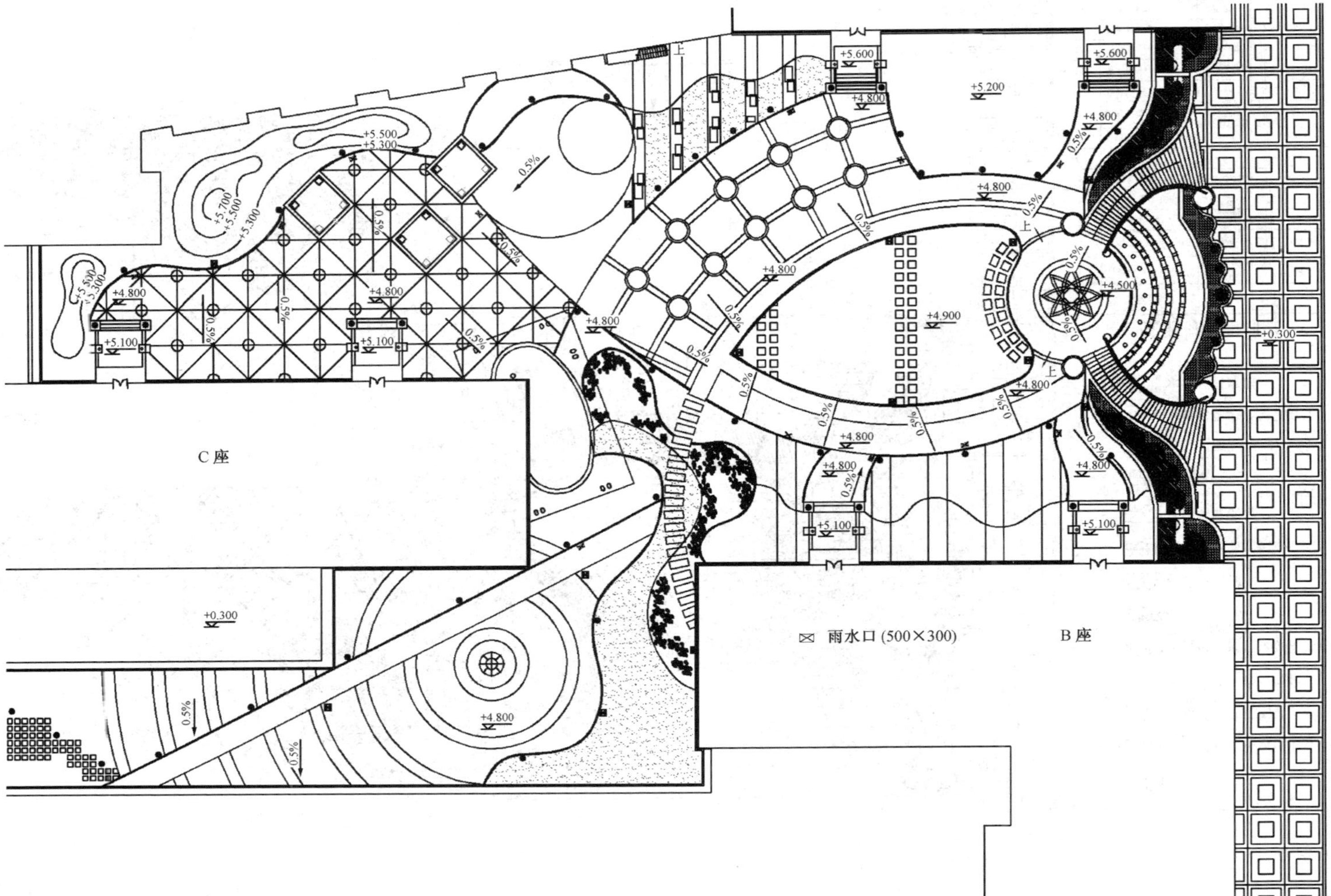

某游园入口竖向设计图

附Ⅱ.5 园林铺装设计图

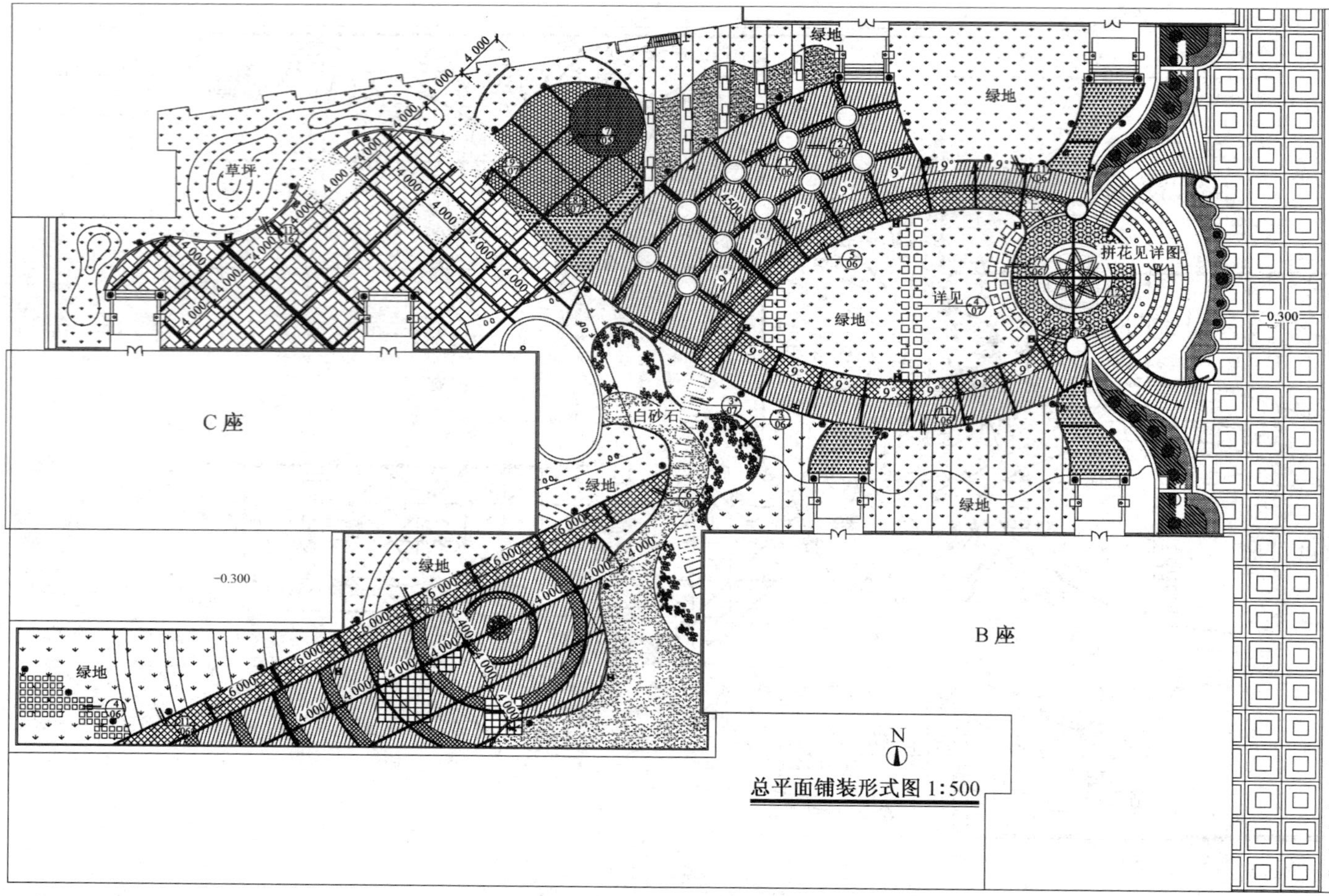

图例

- 米黄色瓷质麻面砖扇形铺砌 100×100×10
- 红褐色磨光花岗岩 500×500×20
- 浅灰色花岗岩火烧板 500×500×20
- 米黄色花岗岩火烧板扇形铺砌 500×500×20
- 砂坑
- 白砂石活铺
- 黑色海卵石活铺
- C 座宅前铺装
- 石板嵌草
- 塑胶地面
- 不规则花岗岩条石块厚 300 ～ 500
- 水泥压模路面

铺地材料明细表

编号	材料名称	规格 (mm)	数量 (m^2)	合计	备注
1	红褐色磨光花岗岩	500×500×20	180	232 m^2	
		400×400×20	17		
		不规则形状	135		
2	浅灰色花岗岩火烧板	500×500×20	195	222 m^2	
		1500×600×50	17		
		不规则形状	10		
3	米黄色花岗岩火烧板	500×500×20	50	60 m^2	
		不规则形状	10		
4	米黄色瓷质麻面砖	100×100×10	820	820 m^2	
5	浅灰色瓷质麻面砖	100×100×10	95	95 m^2	
6	水泥压模	—	104	104 m^2	
7	不规则花岗岩条石块	—	30	30 m^2	
8	花岗岩边石	100×100×500	150m	395 m	
		150×200×500	105m		
		150×400×500	140m		
9	塑胶地面	—	96	96 m^2	
10	青石板	400×400×50	10	32 m^2	
		600×600×50	22		
11	白砂石	ϕ10 ～ 20	260	260 m^2	
12	黑色海卵石	ϕ20 ～ 30	100	100 m^2	
13	净砂（砂坑）	细砂	30	30 m^2	

某游园入口铺装设计图

附Ⅱ.6 园林特置石设计图

园林特置石平、立面图

附Ⅱ.7 园林假山设计图

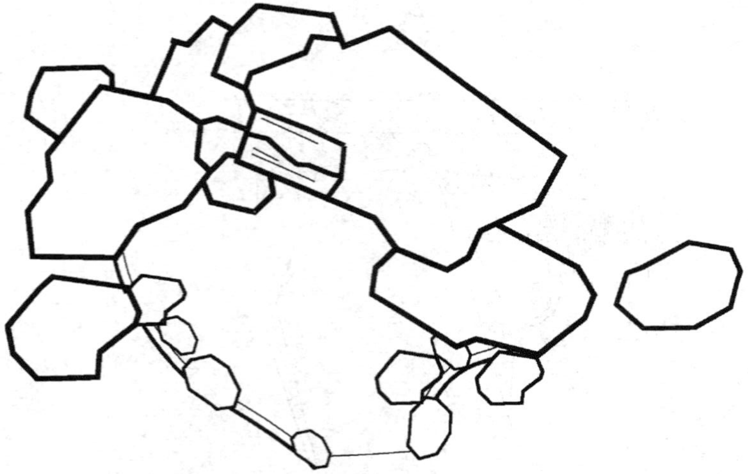

假山平面图 1:20

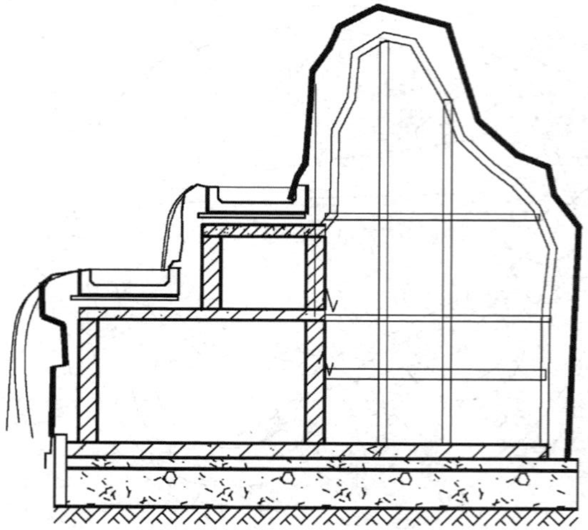

假山剖面图 1:20

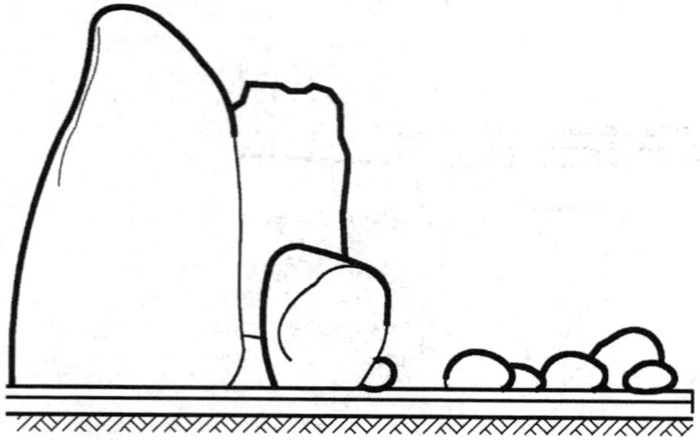

假山侧立面图 1:20

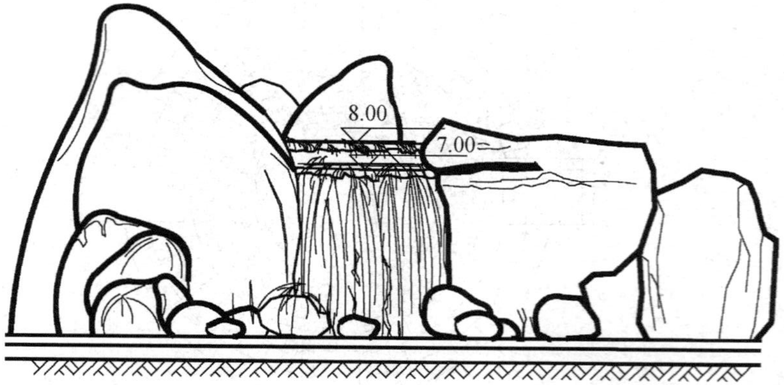

假山正面图 1:20

园林假山设计图

附Ⅱ.8 园林水景工程施工图

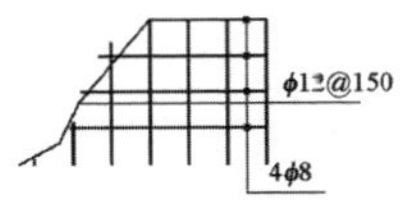

ⓑ池壁立面配筋图 1:20

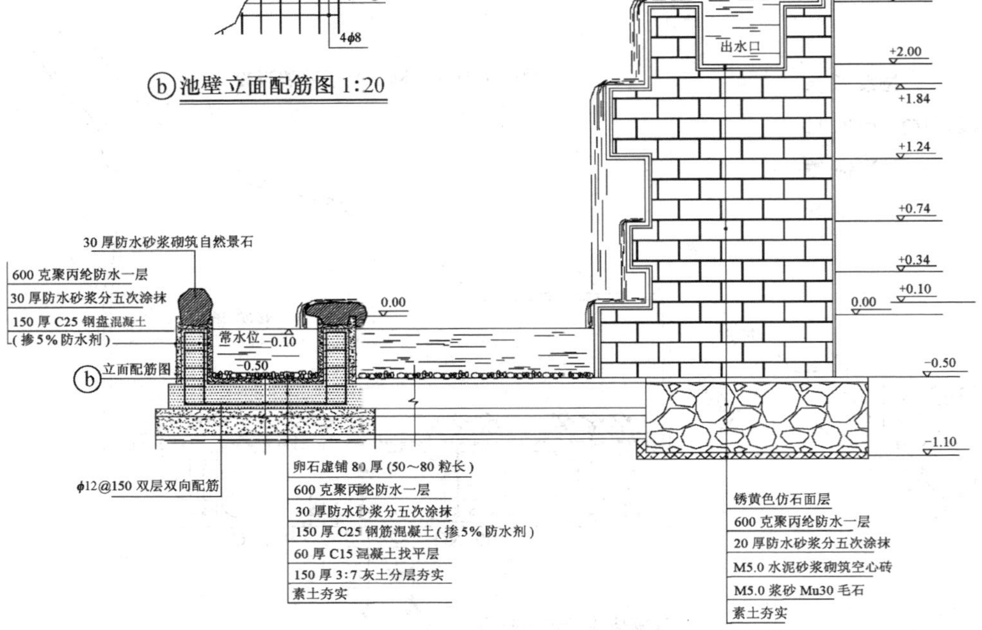

A—A 假山叠水剖面图 1:20

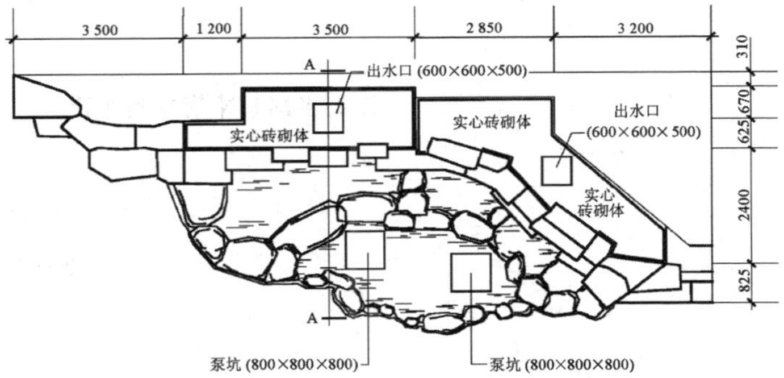

①假山叠水平面详图 1:60

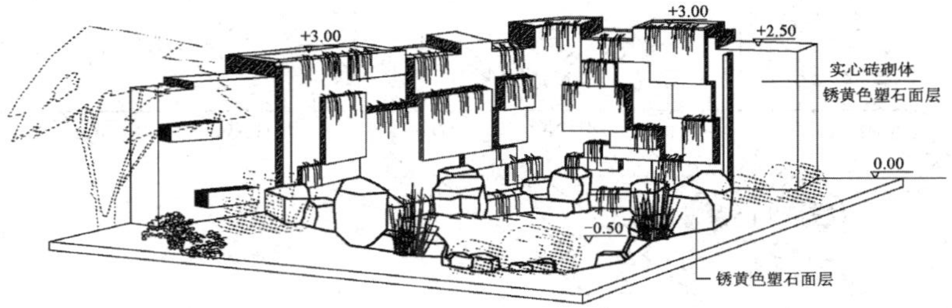

②假山叠水作法立面示意图 1:60

园林水景施工图

附Ⅱ.9 园林水景给水管道施工图

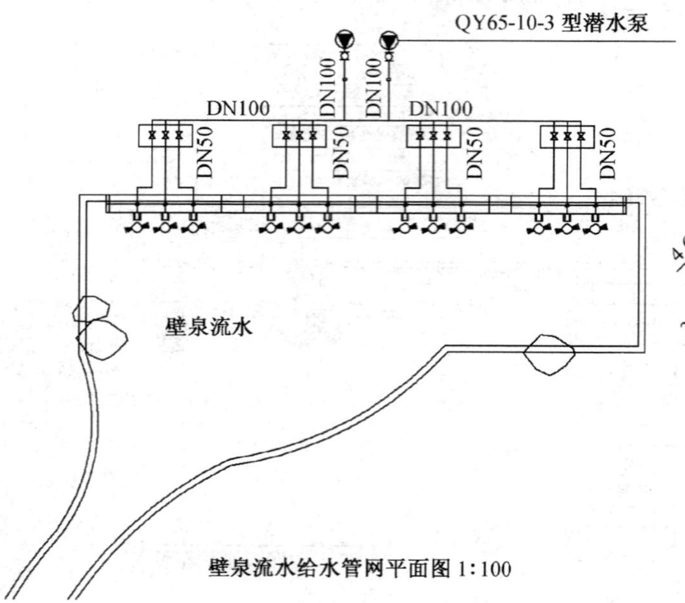

壁泉流水给水管网平面图 1:100

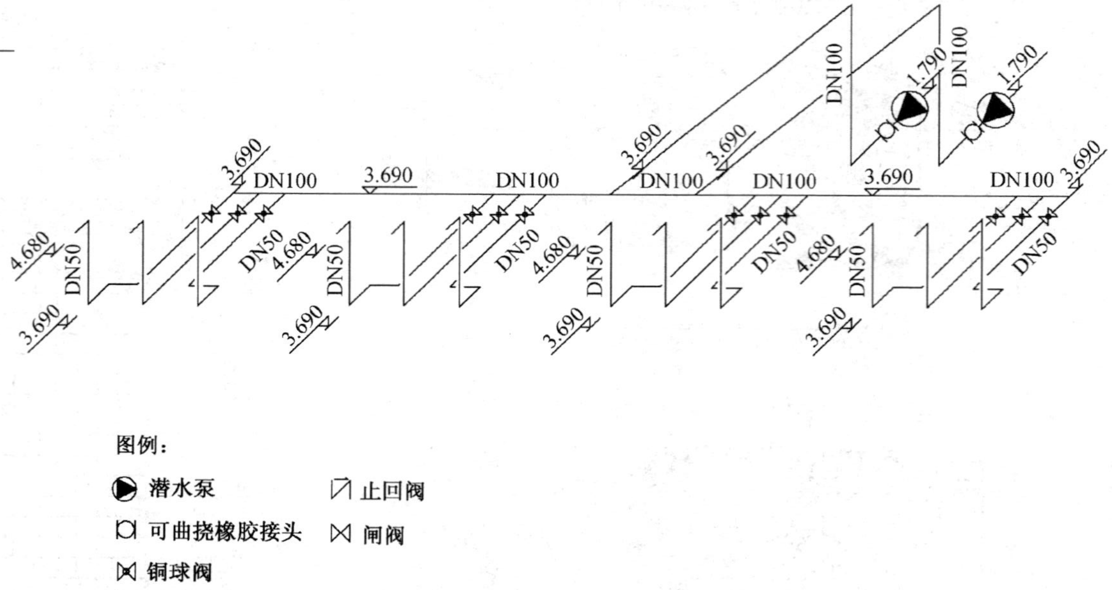

壁泉流水给水管网系统图

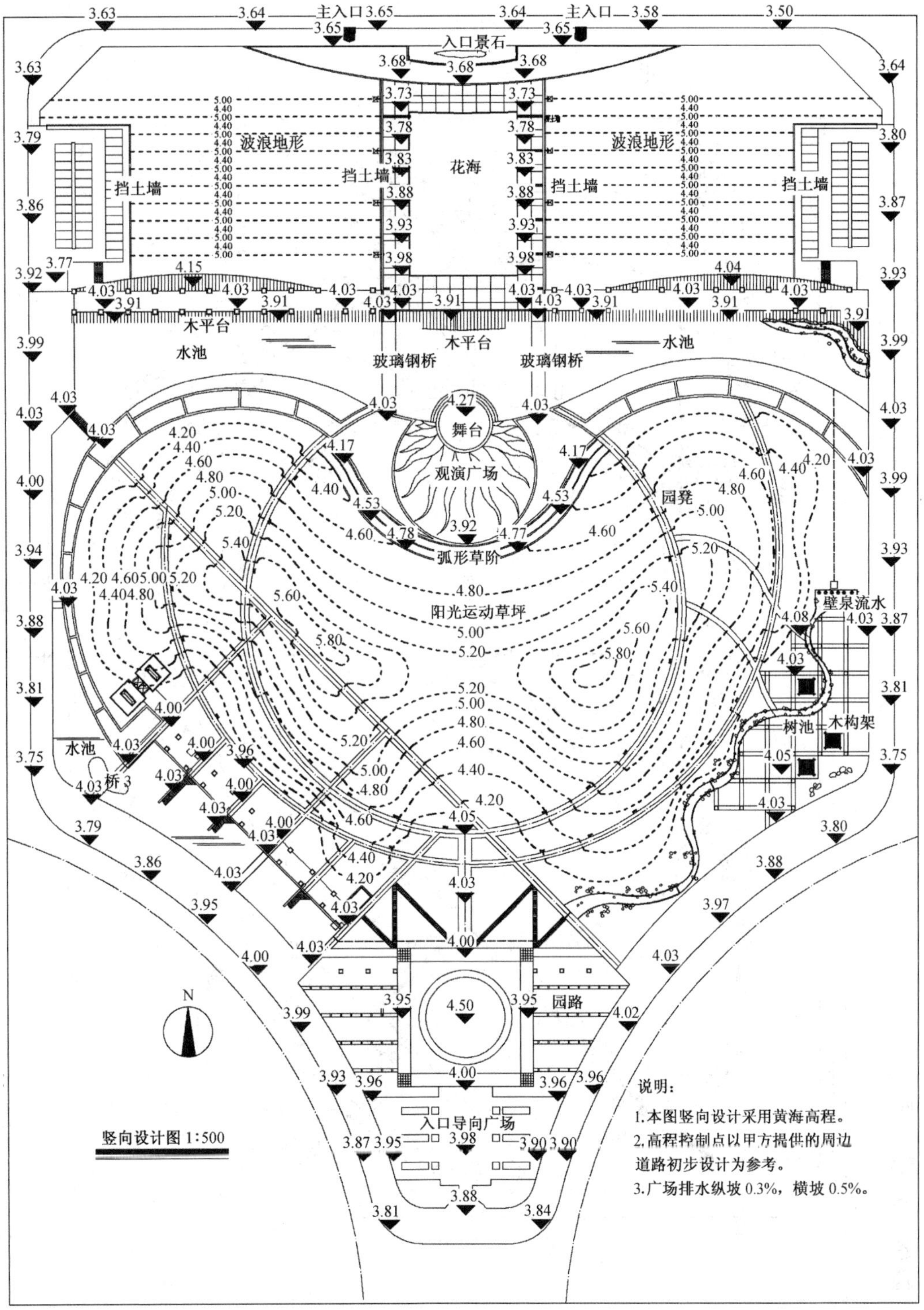

附Ⅱ.10 园林竖向设计图

附Ⅱ.11 园林给水设计图

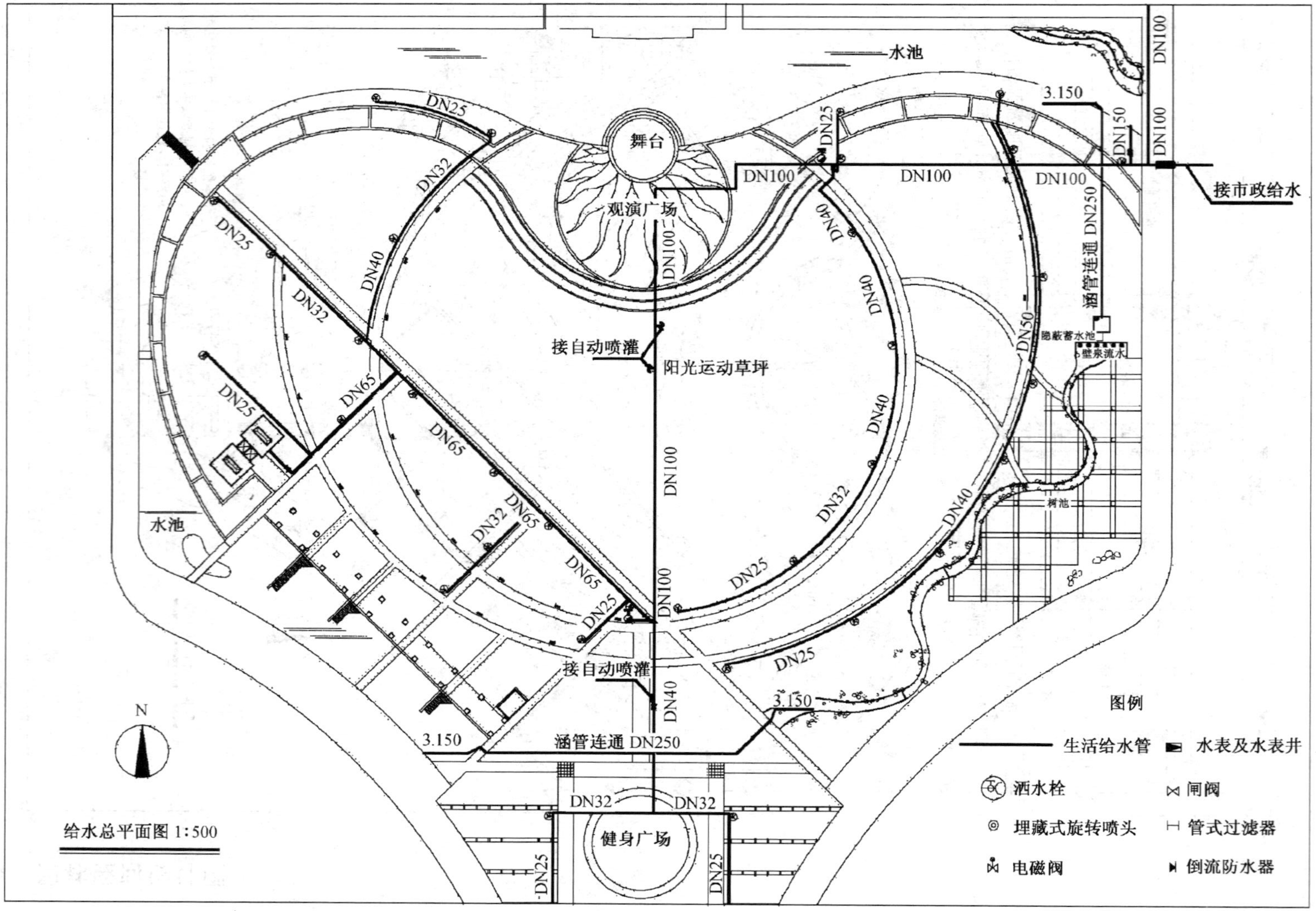

附Ⅱ.12 园林排水设计图

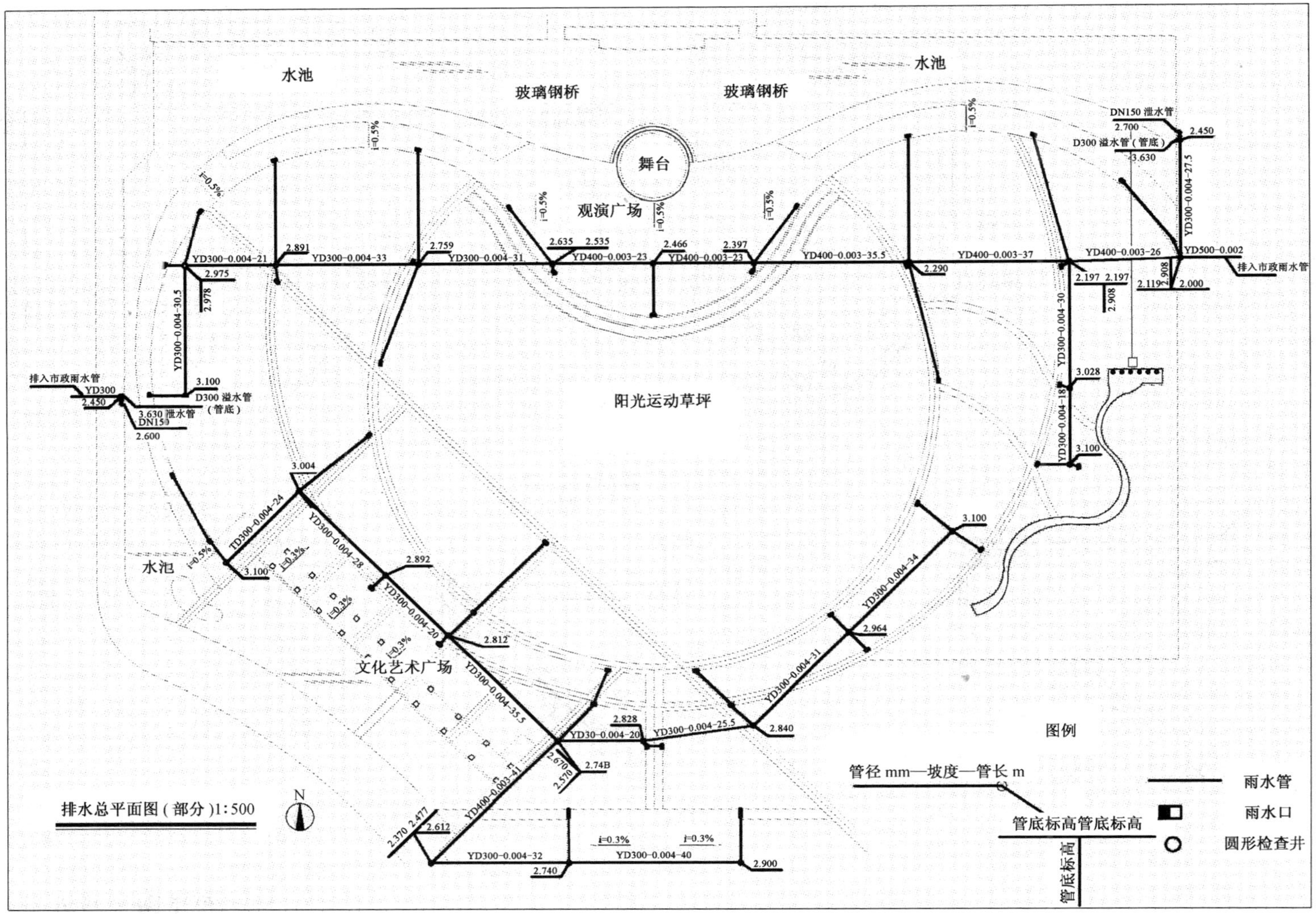

附Ⅱ.13 园林建筑施工设计图

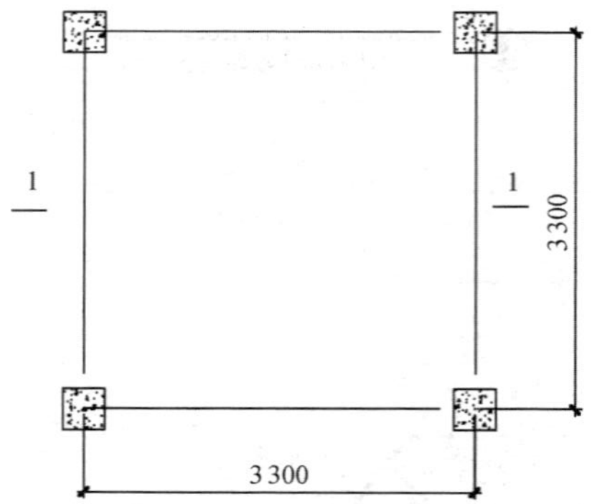

柱平面布置图 1:50

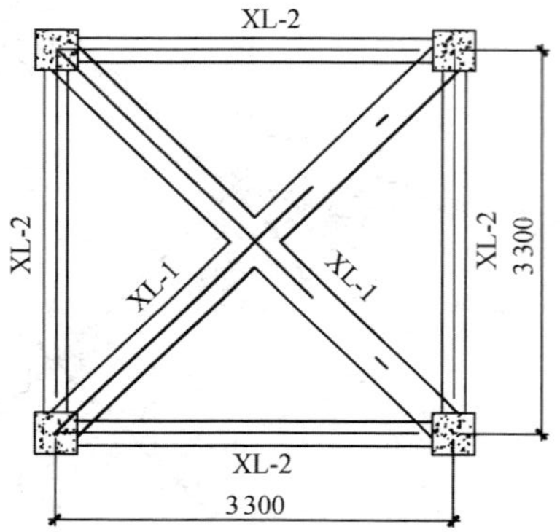

顶梁平面布置图 1:50

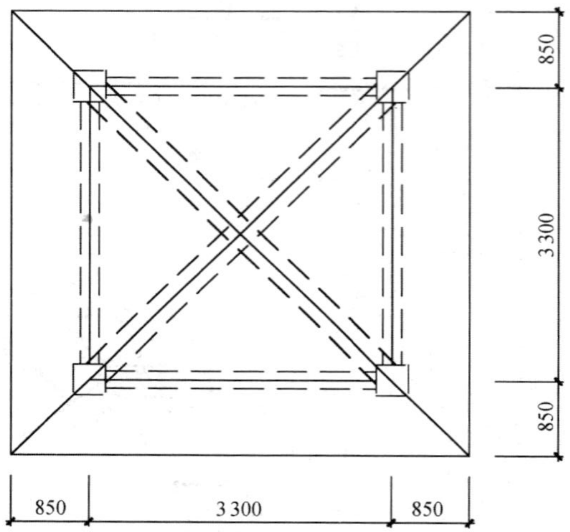

顶板平面布置图 1:50

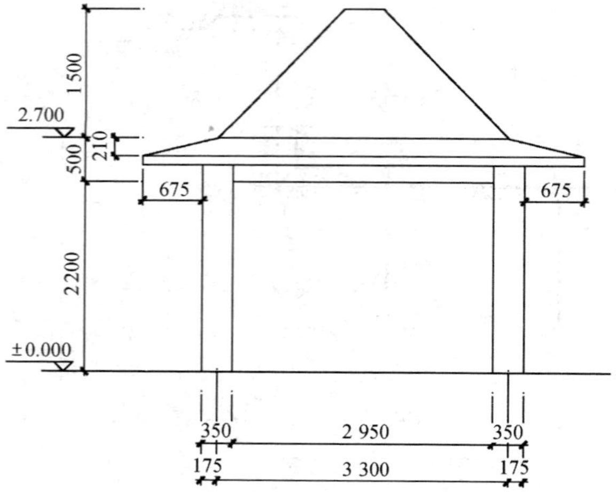

立面图 1:50

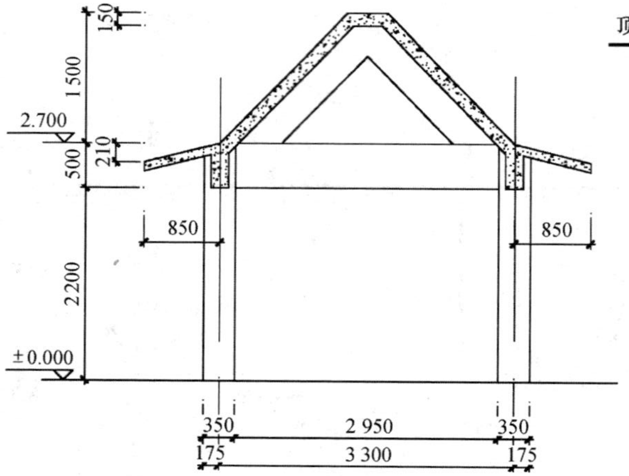

1-1 剖面图 1:50

仿木方亭平、立、剖面图

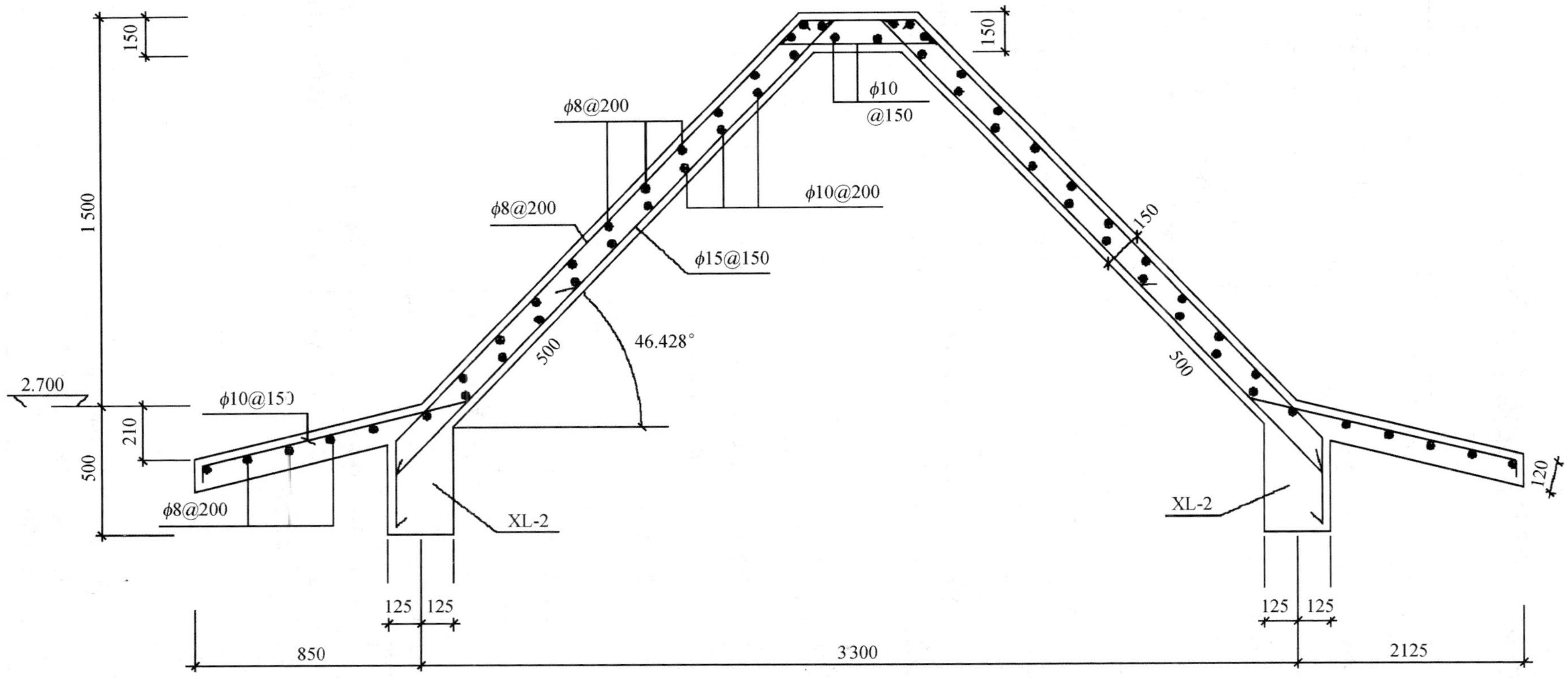

1-1 剖面配筋图 1:20

1. 砼采用 C30。
2. 钢筋 φ 为 HPB235，钢筋 φ 为 HRB335 钢。
3. 钢筋砼保护层厚度板为 30 mm。
4. 钢筋的搭接长度，锚固长度及其构造要求应按造规范的要求进行施工。

仿木方亭结构详图

附录Ⅲ 常用建筑材料图例(房屋建筑制图统一标准)

序号	名称	图例	说明	画法提示
1	自然土壤		包括各种自然土壤	图中的“黑三角”是徒手画横划重叠而成
2	夯实土壤			
3	砂、灰土	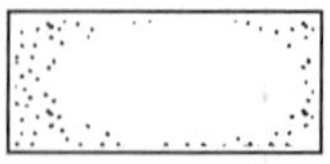		靠近轮廓线的点较密。画点时不必太密,太多,而且不能带“毛”
4	粉刷	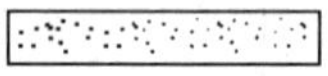		
5	砂砾石 碎砖三合土	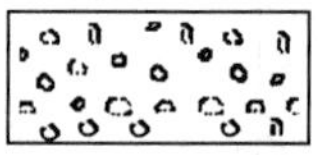		图中三角形、方形不必画得太多、太密,也不必画得很有规律
6	石材	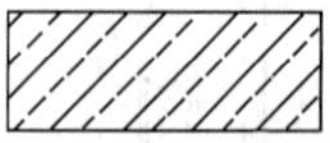	斜线间距太小随图形的比例和复杂程度而不同	斜线的斜度为45°,图例线间互相平行、间距相等
7	毛石			
8	普通砖	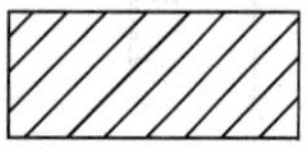	包括实心砖、多孔砖、砌块等砌体	断面较窄、不易画出图例线时,可涂红
9	耐火砖	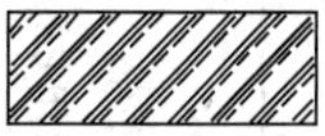	包括耐酸砖等砌体	
10	空心砖		指非承重砖砌体	
11	饰面砖		包括铺地砖、马赛克、陶瓷锦砖、人造大理石等	
12	混凝土	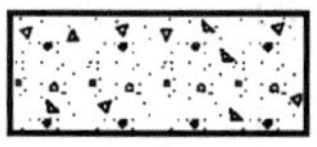	图例仅适用于能承重的混凝土及钢筋混凝土;包括各种强度等级、骨料、添加剂的混凝土	在剖面图上画出钢筋时,不画图例线;当断面较窄,不易画出图例线时,可涂黑
13	钢筋混凝土	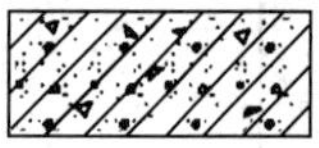		
14	焦渣、矿渣	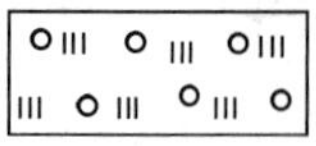		
15	多孔材料	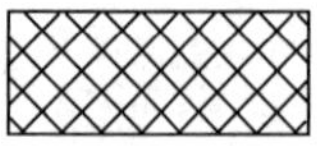	包括水泥珍珠岩、沥青珍珠岩、泡沫混凝土、非承重加气混凝土、软木、蛭石制品等	

附录Ⅳ　CJJ 67—95 风景园林图例图示标准

表附Ⅳ-1　建筑

序号	名称	图例	说明
54	规划的建筑物		用粗实线表示
55	原有的建筑	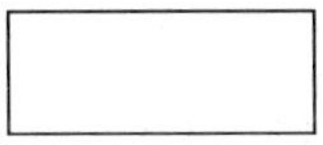	用细实线表示
56	规划扩建的预留地或建筑物		用中虚线表示
57	拆除的建筑物	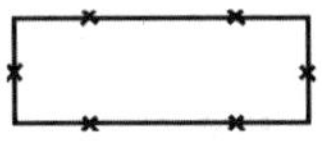	用细实线表示
58	地下建筑		用粗虚线表示
59	坡屋顶建筑	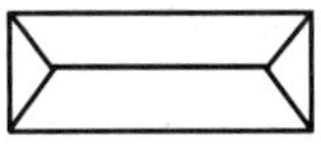	包括瓦顶、石片顶、饰面砖顶等
60	草顶建筑或简易建筑	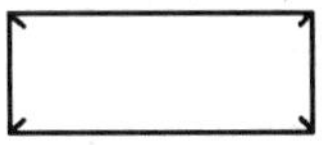	用草类材料作为屋顶面层或有棚顶，四周无墙或仅用简陋墙壁的建筑物
61	温室建筑		用玻璃等透光材料作为屋顶或墙面的暖房、温室、展览画舫等建筑物

表附Ⅳ-2　山石

序号	名称	图例	说明
62	自然山石假山		
63	人工塑石假山		
64	土石假山		包括土包石、石包土及土假山
65	独立景石		由形态奇特、色彩美观的天然块石，如湖石、黄蜡石独置而成的石景

表附Ⅳ-3　水体

序号	名称	图例	说明
66	自然形水体		岸线是自然形的水体
67	规则形水体	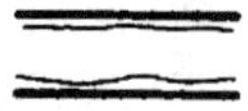	岸线呈规则形的水体
68	跌水瀑布	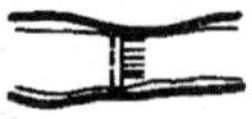	
69	旱涧		旱季一般无水或断续有水的山涧
70	溪涧		指山间两岸多石滩的小溪

表附Ⅳ-4　小品设施

序号	名称	图例	说明
71	喷泉		
72	雕塑		
73	花台	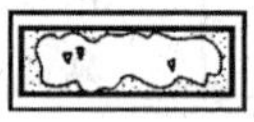	
74	座凳		
75	花架		
76	围墙	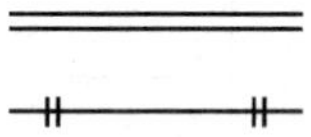	上图为实砌或漏空围墙 下图为栅栏或篱笆围墙
77	栏杆	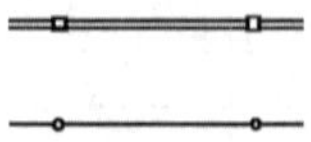	上图为非金属栏杆 下图为金属栏杆
78	园灯		
79	饮水台		
80	指示牌		设置在园林绿地中提供导游用的标牌

表附Ⅳ-5　工程设施

序号	名称	图例	说明
81	护坡		
82	挡土墙	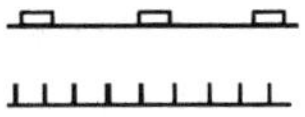	突出的一侧表示被挡土的一方
83	排水明沟	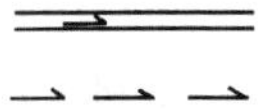	上图用于比例较大的图面 下图用于比例较小的图面
84	有盖的排水沟	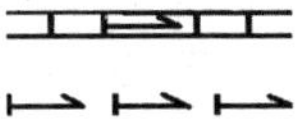	上图用于比例较大的图面 下图用于比例较小的图面
85	雨水井		
86	消火栓井		
87	喷灌点		
88	道路	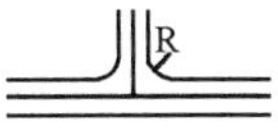	
89	铺装路面	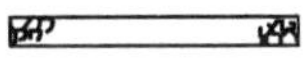	
90	台阶		箭头指向表示向上
91	铺砌场地	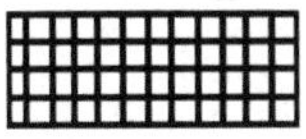	也可依据设计形态表示
92	车行桥		也可依据设计形态表示
93	人行桥		
94	亭桥		
95	铁索桥		
96	汀步		
97	涵洞	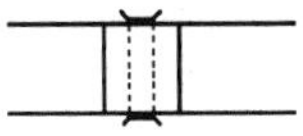	
98	水闸		
99	码头	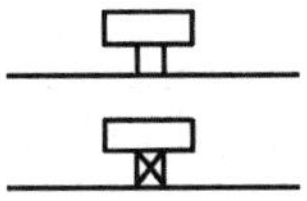	上图为固定码头 下图为浮动码头
100	驳岸		上图为假山石自然式驳岸 下图为整形砌筑规则式驳岸

表附Ⅳ-6　植物

序号	名称	图例	说明
3.6.1	落叶阔叶乔木		3.6.1～3.6.14 中： 落叶乔、灌木均不填斜线； 常绿乔、灌木加画 45°细斜线； 阔叶树的外围线用弧裂形或圆形线； 针叶树的外围线用锯齿形或斜刺形线； 乔木外形成圆形； 灌木外形成不规则形，乔木图例中粗线小圆表示现有乔木，细线小十字表示设计乔木； 灌木图例中黑点表示种植位置； 凡大片树林可省略图例中的小圆、小十字及黑点
3.6.2	常绿阔叶乔木		
3.6.3	落叶针叶乔木	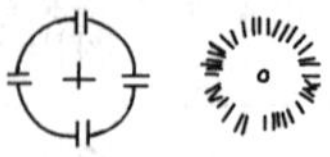	
3.6.4	常绿针叶乔木	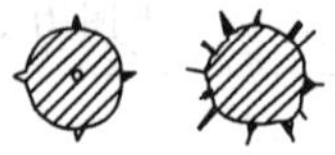	
3.6.5	落叶灌木		
3.6.6	常绿灌木		
3.6.7	阔叶乔木疏林		
3.6.8	针叶乔木疏林		常绿林或落叶林根据图面表现的需要加或不加 45°细斜线
3.6.9	阔叶乔木密林		
3.6.10	针叶乔木密林	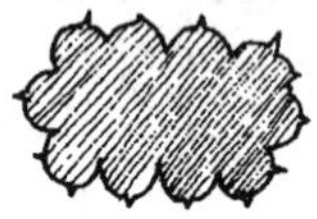	
3.6.11	落叶灌木疏林		
3.6.12	落叶花灌木疏林	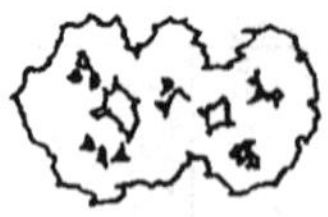	
3.6.13	常绿灌木密林		
3.6.14	常绿花灌木密林	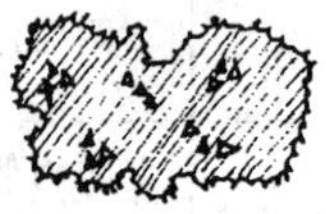	

续表附Ⅳ-6

序号	名称	图例	说明
3.6.15	自然形绿篱		
3.6.16	整形绿篱		
3.6.17	镶边植物		
3.6.18	一二年生草本花卉	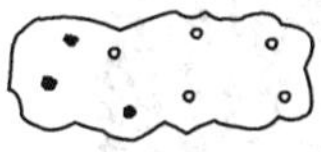	
3.6.19	多年生及宿根草本花卉		
3.6.20	一般草皮	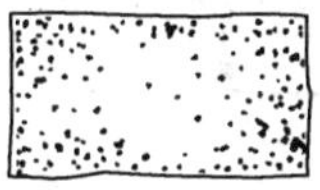	
3.6.21	缀花草皮		
3.6.22	整形树木		
3.6.23	竹丛		
3.6.24	棕榈植物	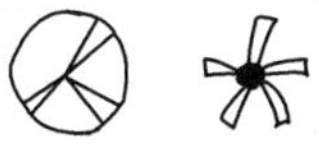	
3.6.25	仙人掌植物		
3.6.26	藤本植物		
3.6.27	水生植物		

表附Ⅳ-7　枝干形态

序号	名称	图例	说明
4.1.1	主轴干侧分枝形		
4.1.2	主轴干无分枝形		
4.1.3	无主轴干多枝形		
4.1.4	无主轴干垂枝形		
4.1.5	无主轴干丛生形		
4.1.6	无主轴干匍匐形		

表附Ⅳ-8　树冠形态

序号	名称	图例	说明
4.2.1	圆锥形		树冠轮廓线，凡针叶树用锯齿形；凡阔叶树用弧裂形表示
4.2.2	椭圆形		

续表附Ⅳ-8

序号	名称	图例	说明
4.2.3	圆球形		
4.2.4	垂枝形		
4.2.5	伞形		
4.2.6	匍匐形		

参考文献

[1] 谷康.园林制图与识图.南京:东南大学出版社,2003.

[2] 张淑英.园林工程制图.北京:高等教育出版社,2005.

[3] [美]T. Tony Bertauski 著,园林设计初步.北京:化学工业出版社,2006.

[4] 常会宁.园林制图.北京:中国农业大学出版社,2007.

[5] 常会宁.园林制图习题集.北京:中国农业大学出版社,2008.

[6] 夏振平.园林制图.北京:中国农业出版社,2008.

[7] 尤长军.园林美术.北京:中国农业大学出版社,2010.

[8] 任全伟.园林景观手绘表现技法.北京:科学出版社,2009.

[9] 李随文,刘成达.园林制图.郑州:黄河水利出版社,2010.